智能电网技术与装备丛书

分布式发电集群并网消纳专题

可再生能源发电集群技术与实践

Technology and Application of Renewable Energy Power Generation Cluster

盛万兴 等 著

科学出版社

北京

内 容 简 介

近年来分布式可再生能源发电及并网技术在国内外得到快速发展，本书基于2016年首批国家重点研发计划项目“分布式可再生能源发电集群并网消纳关键技术及示范应用”的研发工作，系统阐述了大规模分布式可再生能源发电并网与消纳的关键科学技术和示范应用成果。全书共分为7章：第1章介绍分布式发电发展现状、并网挑战和亟待解决的难题；第2章介绍分布式可再生能源发电并网优化规划关键技术，包括分布式电源优化规划和分布式发电集群接入规划；第3章介绍新型分布式电源灵活并网装备原理、优化控制技术；第4章介绍分布式发电集群优化调度关键技术，包括分布式发电集群动态自治、区域集群间互补协同调控、输配两级电网协调优化；第5章介绍分布式发电集群等值建模关键技术与实时仿真测试；第6章介绍分散型和集中型分布式可再生能源发电并网工程实践；第7章对本书及分布式可再生能源发电领域进行了总结和展望。

本书涵盖知识面广泛、注重理论知识与工程实际相结合，配以图、表等帮助读者对知识点加以理解，可作为科研工作者和供电企业技术人员的参考用书，也可以作为学习分布式电源专业知识的配套学习材料。

图书在版编目(CIP)数据

可再生能源发电集群技术与实践 = Technology and Application of Renewable Energy Power Generation Cluster / 盛万兴等著. —北京：科学出版社，2020.1

(智能电网技术与装备丛书)

ISBN 978-7-03-061560-2

Ⅰ. ①可… Ⅱ. ①盛… Ⅲ. ①再生能源-发电-研究- Ⅳ. ①TM619.

中国版本图书馆CIP数据核字(2019)第112003号

责任编辑：范运年 / 责任校对：王萌萌
责任印制：吴兆东 / 封面设计：蓝正设计

科 学 出 版 社 出版
北京东黄城根北街16号
邮政编码：100717
http://www.sciencep.com
北京建宏印刷有限公司 印刷
科学出版社发行 各地新华书店经销
*
2020年1月第 一 版 开本：720×1000 1/16
2023年1月第三次印刷 印张：15 1/4
字数：302 000

定价：138.00 元

(如有印装质量问题，我社负责调换)

“分布式发电集群并网消纳专题”编写组

组　　长：盛万兴（中国电力科学研究院有限公司）

成　　员：吴　鸣（中国电力科学研究院有限公司）

郭　力（天津大学）

吴文传（清华大学）

顾　伟（东南大学）

潘　静（国网安徽省电力有限公司）

季　宇（中国电力科学研究院有限公司）

寇凌峰（中国电力科学研究院有限公司）

“智能电网技术与装备丛书”序

国家重点研发计划由原来的“国家重点基础研究发展计划”（973 计划）、“国家高技术研究发展计划”（863 计划）、国家科技支撑计划、国际科技合作与交流专项、产业技术研究与开发基金和公益性行业科研专项等整合而成，是针对事关国计民生的重大社会公益性研究的计划。国家重点研发计划事关产业核心竞争力、整体自主创新能力和国家安全的战略性、基础性、前瞻性重大科学问题、重大共性关键技术和产品，为我国国民经济和社会发展主要领域提供持续性的支撑和引领。

“智能电网技术与装备”重点专项是国家重点研发计划第一批启动的重点专项，是国家创新驱动发展战略的重要组成部分。该专项通过各项目的实施和研究，持续推动智能电网领域技术创新，支撑能源结构清洁化转型和能源消费革命。该专项从基础研究、重大共性关键技术研究到典型应用示范，全链条创新设计、一体化组织实施，实现智能电网关键装备国产化。

“十三五”期间，智能电网专项重点研究大规模可再生能源并网消纳、大电网柔性互联、大规模用户供需互动用电、多能源互补的分布式供能与微网等关键技术，并对智能电网涉及到的大规模长寿命低成本储能、高压大功率电力电子器件、先进电工材料以及能源互联网理论等基础理论与材料等开展基础研究，专项还部署了部分重大示范工程。“十三五”期间专项任务部署中基础理论研究项目占 24%；共性关键技术项目占 54%；应用示范任务项目占 22%。

“智能电网技术与装备”重点专项实施总体进展顺利，突破了一批事关产业核心竞争力的重大共性关键技术，研发了一批具有整体自主创新能力的装备，形成了一批应用示范带动和世界领先的技术成果。预期通过专项实施，可显著提升我国智能电网技术和装备的水平。

基于加强推广专项成果的良好愿景，工业和信息化部产业发展促进中心与科学出版社联合策划以智能电网专项优秀科技成果为基础，组织出版“智能电网技术与装备丛书”，丛书为承担重点专项的各位专家和工作人员提供一个展示的平台。出版著作是一个非常艰苦的过程，耗人、耗时，通常是几年磨一剑，在此感谢承担“智能电网技术与装备”重点专项的所有参与人员和为丛书出版做出贡献的作者和工作人员。我们期望将这套丛书做成智能电网领域权威的出版物！

我相信这套丛书的出版，将是我国智能电网领域技术发展的重要标志，不仅能使更多的电力行业从业人员学习和借鉴，也能促使更多的读者了解我国智能电网技术的发展和成就，共同推动我国智能电网领域的进步和发展。

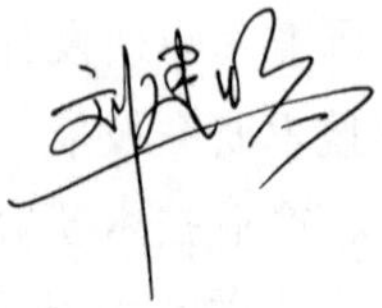

2019-8-30

前　言

分布式可再生能源发电（下称“分布式发电”）是指利用各种分散存在的可再生能源（如太阳能、生物质能、小型风能、小型水能等）进行发电供能的技术。由于分布式发电靠近用户侧，产生的一系列问题较集中式更为复杂，对用户用电质量和效益的影响更为直接。

“十三五”期间，随着国家大力推动可再生能源发展的一系列政策落地，分布式可再生能源发电并网在我国得到迅速发展，分布式发电接入配电网已成为必然趋势且需求日益迫切，配电网正面临着大规模分布式发电并网带来的巨大挑战，集中体现在：大量具有间歇性、随机性的分布式电源接入配电网，从根本上改变了电网的构成，极大地增加了电网的复杂性和管控难度，从而对电网的安全、可靠、经济运行产生重大影响。如何保障分布式发电能够规模有序、安全可靠、经济高效地接入配电网，实现可再生能源与电网友好协调及最大化利用，业已成为能源与电网领域的重大科学命题。

为了贯彻落实《关于印发 2016 年定点扶贫与对口支援工作要点的通知》、《关于实施光伏发电扶贫工作的意见》等系列文件，促进光伏扶贫工程获得更好的效益，由科技部和工信部支持，中国电力科学研究院联合天津大学、清华大学、东南大学、中国科学院电工研究所等单位的专家组成攻关团队，共同承担国家重点研发计划项目“分布式可再生能源发电集群并网消纳关键技术及示范应用”（2016YFB0900400），课题组针对分布式发电规模化、集群化接入电网带来的问题，围绕大规模分布式发电集群接入配电网的有序接入、灵活并网，优化调度等关键科学技术难题，开展了系统深入的研究工作：一是因地制宜的提出大规模分布式电源与配电网联合优化规划方法，构建典型建设模式和运营模式，实现有序接入；二是研制了高功率密度、高效率并网关键装备，实现可控并网；三是开发了大规模分布式电源群控群调系统，实现优化调度。在本书完稿之际，依托课题研究成果，国家质检总局、国家标准委员会正式发布了《村镇光伏发电站集群接入电网规划设计导则》、《村镇光伏发电站集群控制系统功能要求》、《精准扶贫 村级光伏电站管理与评价导则》、《精准扶贫 村级光伏电站技术导则》（2018 年第 3 号）等 5 项国家标准，针对多个村级光伏电站采用集群方式接入电网的情况，从光伏电站集群规划设计原则、接入系统分析、接入系统规划、集群控制系统架构及功能等方面进行了综合规定，填补了我国光伏电站集群并网领域的技术标准空白。在引导光伏扶贫电站不断提升建设质量和运维水平、提高光伏扶贫效果效益、助力贫困地区经济发展和民生改善方面发挥了重要的技术支撑作用。

本书的工作由国家重点研发计划项目支持与资助，系统地阐述了集群并网规划、装备研发、优化调度、仿真测试等关键技术，并着重介绍了安徽金寨和浙江海宁长达两年多的勘察调研、工程建设和运行状态评估工作，运用前期规划-高效并网-优化调度等手段实现分布式可再生能源“发得出、并得上、用得掉”。在集群并网规划关键技术方面，介绍了高渗透率分布式发电集群规划方法，重点关注分布式发电优化规划以及源-荷协调互动；在灵活并网装备方面，介绍了基于宽禁带功率半导体的新型功率变换技术，实现分布式电源逆变器、储能双向变流器功率密度与效率提升；介绍了分布式电源即插即用并网控制与保护策略，实现分布式电源灵活并网和智能保护；在集群优化调度方面，重点介绍了可再生能源集群协调控制与优化调度系统，协同输配两级电网，进行有功无功优化控制；在工程应用方面，介绍安徽金寨和浙江海宁工程系统集成和工程实践经验，通过协调多种可再生能源集群发电，提高配网运行效益和消纳能力，保障大规模可再生能源安全、可靠、灵活并网消纳。

本书共 7 章，全书由盛万兴统稿。参加编写工作的有盛万兴、潘静、寇凌峰、刘海涛、吴鸣、徐斌、郭力、吴文传、顾伟、吴红斌、宋振浩、孙玉树、季宇、骆晨、柴园园、张宇轩、刘昊天、何叶、孙丽敬、张茂松、郑楠、于辉、牛耕、张颖。在本书写作过程中，科技部和工信部领导、中国电机工程学会刘建明教授、浙江大学韦巍教授、中国电工技术学会李崇坚教授给予了多方面的支持和鼓励，出版社编辑为本书的顺利出版做了大量细致而辛苦的工作，作者对他们的辛勤劳动表示衷心的感谢。

本书在编写过程中采用了安徽金寨和浙江海宁示范工程实践资料和大量国内外的数据和资料，若有出入及变化以实际情况和实际数据为准。

本专题系统地介绍了国家重点研发计划项目的主要研究成果和两年来的工程实践经验，共包括 5 本著作，另外还有《可再生能源发电集群优化规划》、《可再生能源发电并网技术与装备》、《可再生能源发电集群控制与优化调度》、《可再生能源发电集群实时仿真与测试》，希望本专题的出版对分布式可再生能源集群优化规划、灵活并网、优化调度、实时仿真及工程建设的推广和应用能起到参考和借鉴作用。谨此对所有与本书作者进行过合作、研究的人员以及在本书编写过程中给予支持和帮助的人员表示诚挚的谢意！由于本书的编写时间比较仓促，如有疏漏之处，敬请广大读者批评指正。

作　者

2019 年 5 月 20 日

目　录

第1章　概　　述

1.1　分布式可再生能源发电发展现状

能源是人类社会生存和发展的基础，是现代社会的经济命脉，也是影响国家安全的重要因素。纵观世界各国的发展历程，经济稳定增长必须以能源可靠供应为保障。自21世纪以来，绿色能源革命逐步在西方发达国家相继上升为国家战略。德国以实现减少能源消耗总量为目标的“能源转型计划”已取得重要进展，并计划于2050年将再生能源发电比率提高到80%;美国成功开发了价格仅相当于传统天然气1/3的页岩气，大大加快了对传统能源的替代进程；日本在2011年福岛核电站事故后，加快了可燃冰开采技术研发，同时将可再生能源的开发利用作为能源发展首要目标。

我国作为世界上最大的发展中国家和能源消费国，单位GDP能耗是世界平均水平的2.4倍，同时能源供应任务持续艰巨、能源消费结构不尽合理、能源利用方式粗放低效、环境污染及温室气体减排压力巨大[1]。针对上述问题，中央财经领导小组提出了“能源革命”的理念，阐述了能源消费、能源供给、能源技术和能源体制四方面的革命，为我国新时代能源战略发展指明了方向。根据国家能源“十三五”规划，预计到2020年我国非化石能源消费比重提高到15%以上，煤炭消费比重降低到58%以下。

电力作为清洁、高效、便利的能源形式，既是国民经济的命脉，也是其他行业发展的重要支撑。提高能源利用效率、开发新能源、加强可再生能源的利用，是解决中国经济和社会快速发展过程中日益凸显的需求增长与能源紧缺、能源利用与环境保护之间矛盾的必然选择。《国家中长期科学和技术发展规划纲要(2006-2020年)》明确提出要大力开展可再生能源低成本、规模化的开发利用，开展间歇式能源并网与输配技术，以及分布式发电供能技术方面的研究[2]。与此同时，为了有效应对能源危机、治理环境污染，实施清洁能源替代、发展可再生能源发电也已成为全球性的共识，国际能源界已将更多目光投向了能够充分利用各种可再生能源的分布式发电技术的相关研究领域[3-7]。

大规模可再生能源以分布式发电方式接入电网，是大规模可再生能源发电并网消纳的重要方式，也是大规模可再生能源集中式发电的重要补充。分布式发电技术发展迅速且应用广泛，国际电力行业对于分布式发电给出了定义。根据国际大电网会议(International Council on Large Electric systems，CIGRE)和国际供电会议(Centre for International Research of Environment and Development，CIRED)给出的定义，分布式发电一般指接入电压等级在 220V～110kV 配电网、容量小于50MW(各国定义不同，英国达到 100MW，美国、法国、丹麦等为 10MW 左右，详见表 1.1)、地理上接近负荷侧的分散型发电装置[8]。在分布式发电技术应用最早的北欧地区，早在 10 年前，丹麦、芬兰等国的分布式发电装机容量就已接近或超过其总装机容量的 50%[9]，欧盟自 2001 年资助实施“可再生能源和分布式发电在欧洲电网中的集成应用”项目以来，先后在第五、第六、第七框架计划中支持了一系列与可再生能源和分布式发电接入技术有关的研究项目[10]。美国政府也组织了包括美国电力科学研究院(Electric Power Research Institute，EPRI)等研究机构、高校、企业在内的多家单位开展分布式发电技术研究，其研究成果在国际处于领先地位[11]，美国电科院和美国能源部(United States Department of Energy，DOE)专门成立了分布式发电部门，对分布式发电并网后对电力系统的影响进行分析，为其研究和应用提供指导。

表 1.1　世界各主要国家对分布式发电接入电压及容量的限值

国家	英国	美国	中国	法国	丹麦	新西兰	瑞典
容量上限/MW	100	10	20	10	10	5	1.5
电压上限/kV	66	35	35	35	10	10	10

从表 1.1 可以看出，世界各主要国家对于分布式发电接入电压及容量的限值大都是在 35kV 电压等级以下，容量为 10MW 以内的并网型分布式电源。

在我国，国家针对大力支持分布式可再生能源发电的推广与应用出台了一系列政策文件，例如“国务院关于促进光伏产业健康发展的若干意见”[12]、国家能源局“分布式光伏发电示范区工作方案”[13]、国家发改委“关于发挥价格杠杆作用促进光伏产业健康发展的通知”[14]、国家能源局与国务院扶贫办出台的“光伏扶贫”计划[15]等，国家电网公司也出台了“关于做好分布式电源并网服务工作的意见”[16]等相关文件，鼓励促进可再生能源分布式发电的发展。

在国家相关政策的支持下，我国可再生能源发电装机规模不断扩大，其中光伏发电成为电源增长的主力，新增装机容量首次超过火电，分布式光伏更是迎来了爆发式增长。截至 2017 年，我国可再生能源发电累计装机容量 29393 万 kW，同比增长 31%，2017 年新增可再生能源发电装机容量 6809 万 kW，占全部电源新增装机容量的 52%[17]。

由图 1.1 可知，截至 2017 年底，我国可再生能源发电装机容量逐年上升，同比增长高于 30%。2017 年国家电网公司经营区分布式光伏发电累计并网容量 2810 万 kW，同比增长 207%，累计并网户数约 74.28 万户，同比增长 265%，如图 1.2 所示。8 个省份分布式光伏发电累计并网容量超过 100 万 kW，全部在国家电网公司经营区内，如图 1.3 所示。

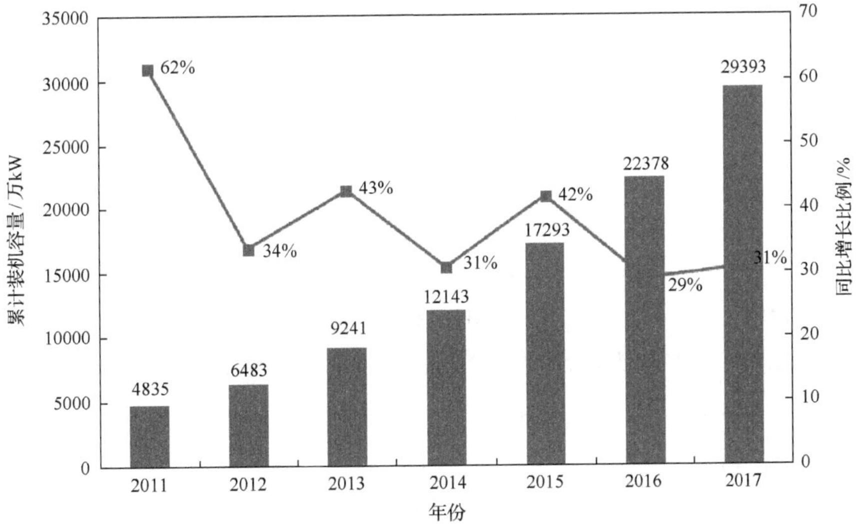

图 1.1　2011～2017 年我国可再生能源发电累计装机容量和同比增长比例

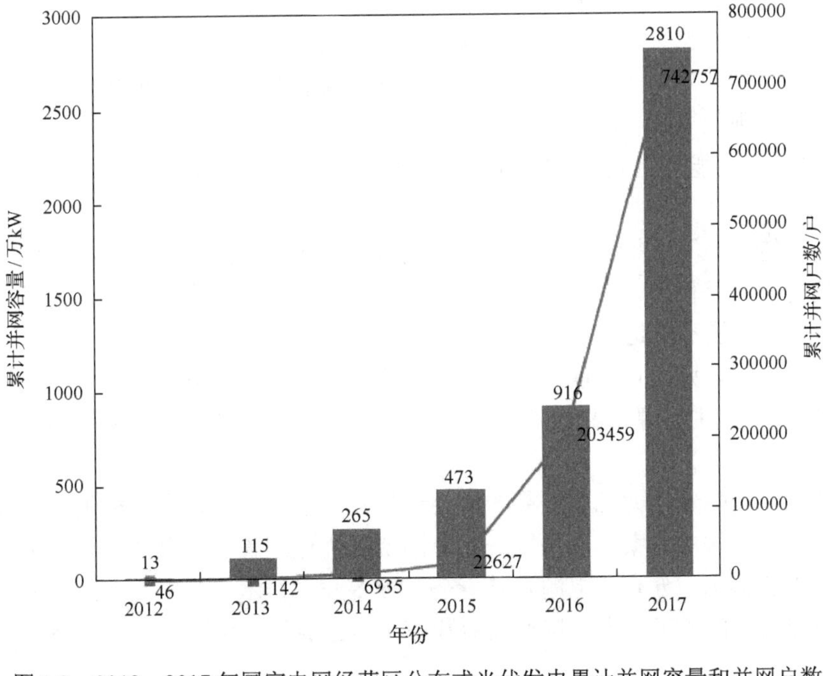

图 1.2　2012～2017 年国家电网经营区分布式光伏发电累计并网容量和并网户数

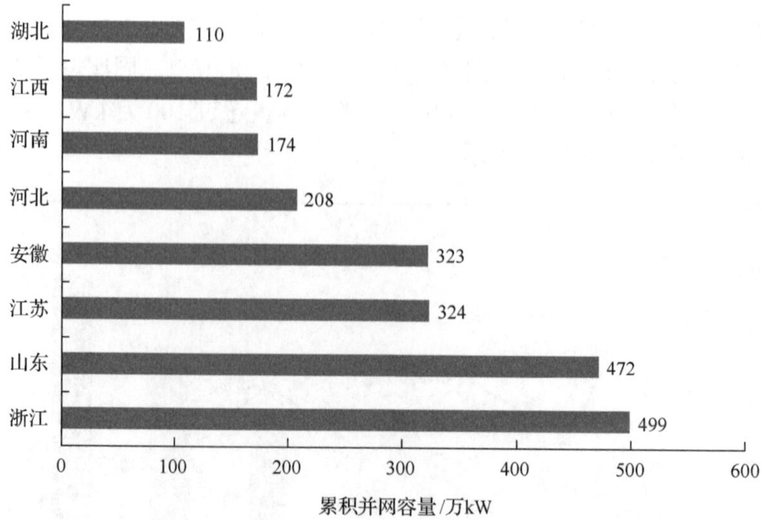

图 1.3　2017 年我国分布式光伏发电累计并网容量超过百万千瓦的省份

此外，光伏扶贫项目也是我国可再生能源建设的重要组成部分，主要包括户用分布式光伏和集体光伏电站等类型，主要有三种模式。一是容量为 3～5kW 的户用光伏发电系统；二是容量为 100～200kW 的村级光伏电站；三是容量为 10MW 以上的光伏地面电站。

大规模分布式电源接入电网将对电网带来较大的影响，随着分布式电源在电网中所占的比重越来越大，使电网潮流由单向变为双向，大大增加了电网的复杂性和不确定性。展望未来，我们认为分布式电源将是必不可少的组成部分，而未来电网将呈现如下几种趋势。

(1) 可再生能源将成为电网的主要一次能源来源，分布式电源将作为电网的有益补充。

化石能源是不可持续的能源已经得到世界各国的广泛认识，有必要大力发展可再生能源来替代之。据统计，地球上接收的太阳能是人类目前能源需求总量的 10000 倍，风能资源是需求总量的 5 倍，如果算上水力资源、生物质能源、地热能、海洋能等，则可再生能源开发大潜力更大。欧共体联合研究中心预测认为：到 2050 年可再生能源将占总能源需求的 52%，电网一次能源将主要来自于可再生能源。

大电网是随着电力工业发展的需要逐步发展起来的，作为大机组、大电源高效开发利用的解决方案，以及实现大范围资源优化配置的平台，是目前世界各国电网的主要形态。分布式电源是随着热电冷多联供技术和风电、太阳能等可再生能源发电技术的进步，得到快速发展和应用，已成为大电网的有益补充。

(2)电网的结构和运行模式将发生重大变化。

随着可再生能源越来越多接入电网，电网面临一系列新的严峻挑战，主要是由可再生能源具有不可调度性、波动性、分散性、发电方式多样性和时空互补性等特点决定的。从改变电网结构和运行模式入手，是解决电网现有问题和应对未来挑战的重要手段之一。一般而言，分布式电源接入大电网，依托大电网提供运行支撑和经营服务，可以充分发挥技术经济优势。一方面，出于提高供电可靠性的考虑，除少数偏远地区独立运行的分布式电源外，分布式电源一般均接入大电网，由大电网为其提供电压频率支撑、系统备用等服务，发生故障或检修退出时，由大电网继续为其用户提供可靠的电力服务，以满足电力用户的可靠供电要求。另一方面，为了节约投资，获得最优的经济效益，分布式电源在设计时，往往以用户的基本用电负荷、部分重要用电负荷或是供热需求作为容量选择的参考。因此，在用户的用电高峰时期，分布式电源很有可能无法完全满足用户的用电需求，或在用户用电低谷时期，分布式电源电量过剩，此时需要大电网为分布式电源和用户提供电量调剂余缺。

目前，我国正在加快建设坚强的智能电网，适应大规模可再生能源和分布式电源开发的需求，提高电网抵御风险的能力。智能配电网作为智能电网的一部分，以灵活、可靠、高效的配电网网架结构和高可靠性、高安全性的通信网络为基础，采用自愈技术、高级配电自动化、快速仿真和模拟技术，支持灵活自适应的故障处理和自愈，可满足分布式电源接入的要求，满足用户供电可靠性的要求。智能电网的建设将为我国分布式电源的发展提供重要的保障。

(3)分布式电源大量接入驱动电网向更加智能、更大互联方向发展。

分布式电源大量接入将导致配电网潮流双向流动，成为有源网络，进而出现本地分布式电源发电过剩而频繁向主网送电情况(如德国大量分布式光伏发电接入，每年约有400h向主网送电)。分布式电源改变了传统电力输送模式，必然要求主网网架结构更加坚强、功能更加完善，不仅能够应对分布式电源大量接入对大电网安全稳定的影响，还进一步要求主网与配电网建立起更加紧密的联系，将分布式电源纳入到主网监控范围内，在全网范围内优化配置分布式电源。

1.2 分布式可再生能源发电研究现状

国内外分布式发电发展模式差异显著。欧美国家多表现为户用分散建设、逐步接入的发展模式，虽然整体装机容量较大，但目前主要以自发自用的就地消纳为主，其技术研发侧重于单点并网和微网运行控制问题。国内在重大利好政策激励下，展现出区域化和园区化的快速发展态势，逐步形成了系列含大规模、高渗透率分布式发电的区域性电网，大规模、集群化分布式发电并网将是未来重点发展方向和研究热点。

在分布式发电规划和评估方面，国内外学者的研究主要侧重于分布式可再生能源优化布点、优化配置以及源网协同规划等。国内外研究机构围绕电网中分布式电源的定容和选址问题开展了对规划建模、指标评估方法和规划工具的大量研究[18]，但仍无法解决分布式发电大规模并网和消纳问题。近年来，加拿大滑铁卢大学提出了考虑可再生能源波动性的随机优化规划模型[19]，天津大学则提出了反映不同电压等级配电系统的发展协调性等系列技术评价指标和方法[20]。国内学者提出了分布式发电集群的概念，采用集群角度对分布式电源进行优化规划[21]。分布式发电集群可看做一种新型的能源聚合方式，将大量分散在中压配电网的不同类型分布式电源进行聚合。与虚拟电厂的相同之处，分布式发电集群不局限于分布式电源，还可以加入储能装置和可控负荷。与虚拟电厂的不同之处，分布式发电集群对于分布式电源划分层次更加细致，需要考虑电压灵敏度、电气距离、模块化指数、有功和无功功率平衡度、集群电压优化控制目标等指标；对于系统平衡、能源需求响应速度要求更高，可以直接参与电网协调运行和辅助服务。现阶段，分布式发电集群规划在集群划分、集群优化、设备优化配置和综合评估等四个方面取得了一定成果。随着配电网分布式电源渗透率的提高，电网供电安全性和可靠性需要得到进一步保障，分布式发电集群规划和评估的准确性将作为未来配电网规划评估的重要组成部分。

在分布式发电并网装备方面，国外研发的新型半导体器件实现了较高功率密度，并成功应用于电动汽车等领域，而国内的高功率密度并网变流器及其控制技术的研究也正在逐步缩小与欧美国家的差距[22]。中国电力科学研究院创新发展了虚拟同步理论及技术，提高了分布式电源并网灵活性[23]。在分布式电源保护方面，部分学者采用正反馈主动频率偏移法等解决了单机电源并网安全运行问题[24]。在此基础上，国内学者主要开展了三个方面的研究：分布式电源灵活并网控制、高效高功率密度变换和智能测控保护。在分布式电源灵活并网控制方面，随着配电网电力电子化趋势的加快，需要构建全电力电子化配电网模型，研究全电力电子化系统控制技术，为大规模分布式电源接入导致呈现电力电子化的配电网安全稳定运行做好技术储备。在并网变流器的方面，提出图腾 PFC 过零点干扰抑制方法及输入电流畸变优化方法，减少采样干扰和数字控制器延时影响，改善其输入电流波形质量。在高功率密度控制技术方面，结合交错并联技术和磁集成技术，在进一步提升单相并网逆变器功率密度的同时保证了超高的变换效率。在下一步研究中，需要考虑复杂应用场合下，进一步探索电感值变化情况逆变器的性能表现。在智能测控保护技术方面，现有集群式反孤岛保护方法还需要综合考虑现场变压器、光伏容量和本地负载等特性才能取得良好效果，开发不依赖现场系统参数的新方法仍然任重道远。

在分布式发电调控方面，欧美国家围绕分布式发电并网协调控制开展了大量研究。近年来，考虑分布式电源接入配电网后的区域优化调控问题成为了国外学者和机构研究的热点。丹麦奥尔堡大学和西班牙加泰罗尼亚理工大学针对分布式发电集群自治控制问题，进行了深入研究并建立了支撑分布式自治控制的智能实验平台[25]，英国爱丁堡大学则在主动配电网基础分析和区域协调优化方面开展了很多有代表性的工作[26]。在国内，清华大学在主动配电网区域协调调控和集群分布式自治控制方面开展了很多具有创新性的研究[27,28]并开发了配电网高级应用软件[29]，清华大学与中国电力科学研究院均研发了大型光伏电站和风电场的集群控制系统，但都存在分布式电源单体可控性差和集中调控通信负担重的问题。国内学者提出采用自治-协同的群控群调技术实现分布式电源灵活并网与高效消纳，在集群规划的基础上，重点开展了三个方面的研究：集群自治、群间协同、输配协调。集群自治方面，考虑时空相关性进行分布式发电出力统计分析和功率预测，并基于预测数据协调控制分布式电源变流器和储能装置，实现集群电能质量的快速自治调节和集群功率平抑，减小对电网带来的不良影响和冲击。群间协调控制方面，建立以降低配电网运行成本、提高分布式光伏并网能力、消除过电压为目的的特性各异集群间的有功-无功协调调度模型，采用二阶锥松弛技术进行有效求解。输配协调方面，在保证输电网与配电网调度独立性的前提下，针对输配联合经济调度与无功优化问题开展了研究，同时基于配网内部多利益主体间的完全信息动态博弈行为，探讨了输配协调调控背景下多配网互动交易机制。

在分布式发电集群实时仿真测试方面，美国电力科学研究院开发了新能源并网仿真测试平台[30]。在国内，中国电力科学研究院、东南大学等高校和研究机构在集中式风电/分布式光伏的聚类等值建模方面也取得了突破[31]。大规模分布式发电集群并网在仿真规模和精度方面对仿真测试平台提出了更高要求，因此研发分布式发电集群实时仿真测试平台是工程实践的重要基础。国内学者开发了分布式发电集群聚类等值系统，能支持 1 万个分布式电源的等值建模，实现 6 种类型的分布式电源聚类等值建模，面向多集群复杂配电网的动态全过程数字仿真子系统也已经开发完成，系统中包含的分布式电源模型超过 6 种，分布式发电集群模型超过 5 种，具备模型优选与自动切换、自动变步长等功能，与商业化软件 DIgSILENT 相比，仿真速度更快，可实现集群规划/调控策略验证，能够为示范工程提供工程验证。

国内外从事相关研究的主要机构、研究内容、研究成果和应用情况如表 1.2 和表 1.3 所示。表 1.2 介绍了美国国家能源部可再生能源实验室、美国的电力电子系统研发中心、美国电力科学研究院、丹麦奥尔堡大学、英国曼彻斯特大学的相关研究成果。

表 1.2 国外从事相关研究的主要机构、成果及应用情况

序号	机构名称	相关研究成果	成果应用情况
1	美国国家能源部可再生能源实验室	(1)参与制定分布式电源规划和控制标准 P1547.4 和 P1547-2003； (2)提出光伏发电系统控制与保护技术； (3)研发了转换效率达 31.1%的双结太阳能电池	(1)建立了分布式电源并网示范项目； (2)风电集群控制技术在 305 英亩的落基山风场得到应用
2	美国的电力电子系统研发中心	(1)SiC(silicon carbide，碳化硅)工作结温可耐受 250℃以上； (2)基于高温丝线焊接技术的 SiC 器件集成封装技术； (3)变流器重量功率密度达到 3.46kW/kg； (4)集成式 EMI 滤波器设计方法	10kW 实验室样机
3	美国电力科学研究院	(1)开发了分布式电源接入配电网辅助设计软件 Opendss(Open distribution system simulator，开放式配电系统仿真)； (2)参与了 IEEE 1547 标准制定； (3)利用 PowerWorld33(电力系统可视化分析程序)结合 PWM 建立配电网仿真测试平台进行电力通信仿真测试	(1)1EEE 1547 作为首个分布式电源接入标准，对于国内外分布式电源并网工程和标准的制定具有引领作用； (2)所开发的开源 Opendss 软件在国内外分布式光伏、储能系统工程建设中起到了辅助设计作用
4	丹麦奥尔堡大学	(1)提出了基于稀疏通信的分布式发电集群全分布式自治控制技术； (2)提出了基于逆变器协调控制的微电网分层分级频率、电压控制技术； (3)提出了基于高频信号的主动孤岛检测技术； (4)提出了基于谐波补偿控制的电能质量主动管理技术	(1)建立了支撑分布式控制的电源集群实验平台； (2)全分布式自治控制技术还处于实验室研究阶段，并未在实际项目中推广使用
5	英国曼彻斯特大学	(1)建立了考虑风机容量和风速差异的风电场概率聚类等值模型； (2)提出了储能调节电力系统惯性响应的控制方法	还处于理论研究阶段，并未在实际项目中推广使用

表 1.3 介绍了中国电力科学研究院、天津大学、中国科学院电工研究所、清华大学、东南大学的相关研究成果。

表 1.3 国内从事相关研究的主要机构、成果及应用情况

序号	机构名称	相关研究成果	成果应用情况
1	中国电力科学研究院	(1)开发了“分布式电源/微电网运行控制与能量管理系统”、“分布式电源运营管理系统”、“城市电网规划计算分析软件”等软件系统； (2)研制了微电网集中控制器、虚拟同步发电机、分布式电源并网双向自适应保护装置、分布式光伏低压并网断路器/反孤岛装置等； (3)在分布式电源与微电网研究领域，发表 SCI/EI 学术论文 200 余篇；编制国际/国家/行业等重要标准规范 90 余项	(1)承担了中新天津生态城智能营业厅微电网示范工程、河南财专微电网示范工程、蒙东分布式电源与微网接入与控制试点工程、新奥集团未来能源生态城微电网示范工程、青海农网光伏电站综合技术示范工程、厦门五缘湾微电网建设工程、浙江宁波分布式电源接入系统工程等多个分布式电源并网及微电网试点工程； (2)开发的软硬件设备在实际工程中得到了应用，发挥了重要的作用

续表

序号	机构名称	相关研究成果	成果应用情况
2	天津大学	(1)开创性地建立了配电网多电压级网架协调优化供电理论，提出了考虑负荷不确定性的配电网故障安全性快速区间分析技术；提出了网架结构与运行方式的双层联合优化决策方法； (2)首次提出了反映不同电压等级配电系统的发展协调性、变电站容量与馈线容量间的匹配性、系统对未来区域发展适应性等一系列新的技术评价指标体系和评价方法； (3)开发了具备多电压级网架协调优化能力的配电网优化规划决策系统； (4)提出了微电网优化规划与运行控制技术； (5)获国家级科学技术进步奖一项（“复杂配电系统综合技术评价方法研究”），天津市科学技术进步奖两项	(1)所开发的配电网优化规划设计和评估软件在国内100多个城市电网规划设计中得到应用，有效地指导了配电网的规划建设； (2)微电网方面的相关软硬件已应用国内数十个微电网示范工程； (3)研究成果取得了巨大的经济效益
3	中国科学院电工研究所	(1)5～150kW系列光伏逆变器、30～500kW系列储能并网变换器产品； (2)分布式电网能量管理系统、区域反孤岛保护装置、分布式测控系统、光伏发电谐波分析与谐振抑制方法； (3)在IEEE Trans等高水平刊物上发表论文40余篇，获国家发明专利20余件	(1)光伏变流器、储能变流器系列设备已形成系列产品； (2)储能设备与即插即用并网控制技术已应用于中科院北京延庆MW级可再生能源综合利用微网研究示范基地； (3)分布式电网能量管理系统、反孤岛保护装置和分布式测控系统应用于相关863项目； (4)谐振抑制和谐波治理方法应用于金太阳示范项目
4	清华大学	(1)研发了配电网高级应用软件； (2)相关研究内容在国际顶级期刊上发表论文20余篇； (3)提出的配电网有功—无功电压协调控制方法入选中国精品科技期刊； (4)配电网络分析基础技术、有功—无功协调的电压优化技术、多区域分布式无功优化和有功调度、自治集群分布式自治控制技术等均取得相关专利	(1)开发的能量管理系统应用软件出口到美国最大的区域电网——PJM (Pennsylvania—New Jersey—Maryland, 美国PJM独立系统运营商)电网； (2)研发的配电网管理系统已在国内十余个城市应用； (3)研发的风电场/光伏电站集群控制系统在我国100多个场(站)投运
5	东南大学	(1)提出了分布式光伏静态聚类和集群建模方法；开发了国内首套全分布式微电网实验系统和RTLAB-MATLAB-OPNET“物数信”联合仿真实验平台，具备规模化的数模和通信仿真与实验能力； (2)在IEEE Trans等高水平刊物上发表论文150篇，获国家发明专利40余件、参与制定分布式电源/微电网标准5件	研究成果已成功运用于南极冰穹A科考支撑平台智能化供电系统、中新生态城智能电网综合示范项目智能营业厅微电网系统、北京市新能源产业基地智能微电网建设工程、江西电科院微电网示范系统、江西婺源基于光水协调控制的智能微网系统、银川太阳能试验电站、中国水利水电科学研究院微电网实验室、山东长岛微电网系统、江苏宿迁戴场岛微电网示范系统、浙江嘉兴区域分布式电源调控及运营平台，以及其他企业用户微电网

1.3　分布式可再生能源发电工程现状

大量具有间歇性、随机性的分布式电源接入电网，极大地增加了电网复杂性和管控难度，对电网的安全、可靠、经济运行产生重大影响。电网面临着大规模、集群式分布式发电并网带来的巨大挑战。如何保障分布式发电规模有序、安全可靠、灵活高效地接入电网，实现分布式电源与电网友好协调及高效消纳，已成为能源与电网领域的重大科学命题。

一般情况下，由于配电网规模较大，单个分布式电源接入对于电网的影响较小，但高渗透率分布式电源接入必将对配电网潮流、运行电压、网络损耗等造成较大的影响。通常所说的分布式电源渗透率又称之为容量渗透率和能量渗透率，其中容量渗透率指的是分布式电源全年最大小时发电量与系统负荷全年最大小时用电量的百分比；能量渗透率指的是分布式电源全年提供的电量与系统全年负荷耗电总量的百分比。本书所提的高渗透率指的是高能量渗透率，即分布式电源全年提供的电量占系统全年负荷耗电总量比例达到30%以上。高渗透率分布式电源的接入，会对配电网的潮流分布、电能质量、继电保护和可靠性产生重大影响。

我国高渗透率分布式电源接入配电网主要分为两类场景：一是“区域分散型”可再生能源接入，即大规模小容量分散型分布式电源接入配电网，代表地区主要是光伏扶贫地区；二是“区域集中型”可再生能源接入，即大容量集中型分布式电源接入配电网，代表地区主要是经济发达区域。

1.3.1　区域分散型接入的现状

区域分散型分布式发电接入问题较为突出的区域主要集中于欠发达地区，以光伏扶贫为例，普遍存在农村电网结构薄弱、用电量小、用电负荷分布不均等特点，大规模扶贫光伏的无序接入将对配电网的安全运行造成较大冲击，同时影响扶贫地区农村电网的运行经济性和电能质量，也降低了扶贫光伏的经济和社会效益。主要问题体现在以下几个方面。

1) 低压“裸接”现象普遍

区域分散型光伏扶贫电站接入电网普遍缺少统一规划，主要根据贫困户所在位置进行建设，通常采用户用电站和村集体电站就近“裸接”低压配电网，一般只配置计量单元，监控和保护不配置或者简化配置。由于该类区域配电网建设基础相对薄弱，电网接纳分布式电源能力较弱，小型光伏电站接入电网存在设备容量不足、接入难度大、末端电压高等诸多难题。

2) 负荷消纳送出难

光伏扶贫地区大多地处偏远地区，当地高中压配电网网架结构大多为辐射型，设备容量配置较小，电网输送容量和负荷转供能力相对较弱；此外偏远农村地区用户负荷较小，低压户均容量配置大多低于 2kW，而光伏扶贫按照每户 3kW 配置，光伏发电高峰期恰逢用电低谷时期，电网功率返送较多，线路损耗急剧增大，且存在设备超载甚至烧毁的风险，给电网运行的安全稳定性和经济性带来了极大的挑战。此外，大量扶贫光伏接入电网末端，极有可能造成光伏出力时序变化条件下电压双向越限，对光伏设备本身和用户用电造成较大影响，严重降低了扶贫地区农村电力用户的用电质量和扶贫收益。有些光伏扶贫区域的用电负荷呈现明显的季节性变化，例如北方的部分农村地区，一年中大部分时间用电负荷很小，但是春季灌溉期间用电负荷激增，而且当地农村配电网普遍存在网架薄弱、供电半径大等实际情况，这些因素对于扶贫光伏的接入容量、接入位置和接入方式都提出了要求，需要予以充分研究。

按照目前的扶贫光伏接入方式，为了满足大规模扶贫光伏的接入需求，需要对扶贫地区配网进行被动的适应性改造，而对于光伏友好接入模式探讨的关注较少。因此，需要分析光伏扶贫地区电网的消纳能力和承载能力，通过提前规划分析缓解农村配电网、用户收益低和光伏容量之间的矛盾，同时积极探索扶贫光伏的友好接入模式，形成多方共赢的扶贫局面。

3) 安全运行控制难

受电网结构、负荷特性等因素制约，特别是比较薄弱的农村配电网，要保证大规模、离散分布的光伏能源全部接入和安全运行，还存在较大的困难。分布式光伏短期内快速发展，网源关系发生巨大变化，电网由用电端转为发电端，局部电网存在孤岛运行的可能，给电网安全运行和用户安全用电带来新的挑战，电网运行方式安排、调峰措施、电压控制等问题更为复杂，实时监控及负荷预测难以掌握。

1.3.2 区域集中型接入的现状

区域集中型可再生能源发电接入存在突出问题的一般属于经济发达地区，具有地域面积小、负荷密度高，在当前分布式新能源快速发展形势下，存在大量光伏并网接入需求大、安全管控难等问题，主要体现在以下几方面。

1) 间歇性功率倒送问题

光伏发电出力特性与用电负荷基本相同，但在节假日等特殊时间段、特殊运行方式下，光伏发电将引起变压器过载甚至超载等问题，给电网安全供电带来了隐患。迫切需要对分布式电源进行有效管控，同时进一步促进分布式电源的全额消纳，降低分布式电源大规模接入带给配网设备重过载运行的风险，保证含高渗透率分布式电源的配电网安全可靠运行。

2）大规模分布式电源接入引起的电能质量问题

与传统电网谐波相比，首先，分布式电源数量众多，不同谐波源产生谐波不同，并且新能源接入使用的换流器的开关频率更高，使谐波本身的产生机理、传播特性更加复杂，更易引发谐波谐振及稳定性问题；其次，分布式电源接入电网，其参数具有较强的波动性与随机性，产生的谐波使电网参数随时变化，谐波分析噪声干扰大。再次，分布式电源距离负荷近，产生的谐波对附近负荷供电质量影响更明显。由于接入配电网电压等级低，阻抗标幺值相对大，谐波电流产生的情况下，线路两端的谐波电压更明显。从调研情况来看，光伏接入较多的变电站母线和出口处，电压总谐波畸变率及 5 次谐波有时有超标现象，对电网安全运行造成一定影响。

3）配电网保护问题

高渗透率分布式电源接入将对配电网保护产生一定影响，需要进一步明确配电网与大规模分布式电源的保护配置和保护区间，防范分布式电源接入对配电网带来安全运行风险。调研中，有些地区分布式电源接入有光伏电源的线路，系统侧未启用重合闸检无压。近期的异常跳闸中，出现系统线路跳闸时，光伏电源未解列的情况，在系统重合时会存在冲击过电压的可能性，对电网的安全稳定运行带来风险。

4）配电网运行控制缺乏手段

随着电动汽车充电站等多样化负荷和分布式电源的快速发展，配电网络越来越复杂，需要建设配电网主动控制系统，实时监测配电网源侧、网侧、负荷侧的变化情况，建立高效的网源荷储协调机制，提高区域电网供电可靠性，提高配电网对分布式电源的接纳能力和配电网的综合能源利用效率。

参考文献

[1] 刘建平，杨健，刘涛，等. 能源中国能源革命的目标与路径——从能源互联网到智慧能源（上）[J]. 能源，2017(07)：84-86.

[2] 中华人民共和国国务院. 国家中长期科学和技术发展规划纲要(2006—2020 年)[EB/OL]. 北京，2006 [2016-08-01]. http: //www. gov. cn/jrzg.

[3] Putton H B, Macgregor P R, Lanbert F C. Distributed generation: semantic hype or the dawn of a new era[J]. IEEE Power and Energy Magzine, 2003, 1(1): 22-29.

[4] Electric Power Research Institute. Distributed energy resources: current landscape and a roadmap[R]. California: EPRI, 2004.

[5] Electric Power Research Institute. Renewable energy technical assessment guide-TAG-RE[R]. California: EPRI, 2005.
[6] International Renewable Energy Development. Integration of renewable energy sources and distributed generation into the European electricity grid[EB/OL]. [2016-08-02]. http: //ired-cluster. org.
[7] IEEE Std 1547-2003. IEEE standard for interconnecting distributed resources with electric power systems[S]. California: IEEE, 2003.
[8] International Council on Large Electric Systems. Definitions for distributed generation: a revision[R]. Paris: CIGRE, 2007.
[9] World Alliance of Decentralized Energy. World survey of decentralized energy[R]. Scotland: WADE, 2006.
[10] European Commission. Towards smart power networks: lessons from European research FP5 projects[R]. Luxembourg: Office for Official Publications of the European Communities, 2005.
[11] Mcdermott T E, Samaan N. Distribution system design for strategic use of distributed generation[R]. California: EPRI, 2005.
[12] 中华人民共和国国务院. 国务院关于促进光伏产业健康发展的若干意见[EB/OL]. 北京，2013[2016-08-01]. http: //www. gov. cn/zwgk.
[13] 国家能源局. 分布式光伏发电示范区工作方案[EB/OL]. 北京, 2013 [2016-08-01]. http: //www. nea. gov. cn.
[14] 国家发展和改革委员会. 关于发挥价格杠杆作用促进光伏产业健康发展的通知[EB/OL]. 北京，2013 [2016-08-01]. http: //www. sdpc. gov. cn.
[15] 国家能源局, 国务院扶贫开发领导小组办公室. 关于印发实施光伏扶贫工程工作方案的通知[EB/OL]. 北京: 国家能源局, 2014 [2016-08-01]. http: //zfxxgk. nea. gov. cn.
[16] 国家电网有限公司. 关于做好分布式电源并网服务工作的意见[EB/OL]. 北京，2013[2016-08-01]. http: //www. sgcc. com. cn/ztzl.
[17] 国网能源研究院有限公司. 中国新能源发电分析报告[R]. 北京, 2018.
[18] Sheng W, Liu K, Liu Y, et al. Optimal placement and sizing of distributed generation based on an improved nondominated sorting genetic algorithm II[J]. IEEE Transactions on Power Delivery, 2015, 30(2): 569-578.
[19] Atwa Y M, El-Saadany E F, Salama M M A, et al. Optimal renewable resources mix for distribution system energy loss minimization[J]. IEEE Transactions on Power Systems, 2010, 25(1): 360-370.
[20] Guo L, Liu W, Jiao B, et al. Multi-objective stochastic optimal planning method for stand-alone microgrid system[J]. IET Generation, Transmission & Distribution, 2014, 8(7): 1263-1273.
[21] 盛万兴，吴鸣，季宇，等. 分布式可再生能源并网消纳关键技术与工程实践[J]. 中国电机工程学报，2019, 39(8): 2175-2186.
[22] Tang X, Hu X, Li N, et al. A novel frequency and voltage control method for islanded microgrid based on multienergy storages[J]. IEEE Transactions on Smart Grid, 2016, 7(1): 410-419.
[23] 吕志鹏, 盛万兴, 钟庆昌, 等. 虚拟同步发电机及其在微电网中的应用[J]. 中国电机工程学报, 2014, 34(16): 2591-2603.
[24] 张学广, 王瑞, 刘鑫龙, 等. 改进的主动频率偏移孤岛检测算法[J]. 电力系统自动化, 2012, 36(14): 200-204.
[25] Guerrero J M, Chandorkar M, Lee T L, et al. Advanced control architectures for intelligent microgrids—part I: decentralized and hierarchical control[J]. IEEE Transactions on Industrial Electronics, 2013, 60(4): 1254-1262.
[26] Keane A, Ochoa L F, Borges C L T, et al. State-of-the-art techniques and challenges ahead for distributed generation planning and optimization[J]. IEEE Transactions on Power Systems, 2013, 28(2): 1493-1502.

[27] Zheng W, Wu W, Zhang B. A fully distributed reactive power optimization and control method for active distribution networks[J]. IEEE Transactions on Smart Grid, 2016, 7(2): 1021-1033.
[28] Wang Z, Wu W, Zhang B. A fully distributed power dispatch method for fast frequency recovery and minimal generation cost in autonomous microgrids[J]. IEEE Transactions on Smart Grid, 2016, 7(1): 19-31.
[29] 吴文传, 张伯明, 巨云涛, 等. 配电网高级应用软件及其实用化关键技术[J]. 电力系统自动化, 2015, 39(1): 212-219.
[30] Dugan R C, McDermott T E. An open source platform for collaborating on smart grid research[C]. IEEE Power and Energy Society General Meeting, Detroit, 2011.
[31] 王芳, 顾伟, 袁晓冬, 等. 面向智能电网的新一代电能质量管理平台[J]. 电力自动化设备, 2012, 32(7): 134-139.

第 2 章　高渗透率分布式发电并网规划

2.1　高渗透率分布式发电规划面临的挑战

2.1.1　分布式电源接入规划研究现状

传统的配电网涉及高压配电线路和变电站、中压配电线路和配电变压器、低压配电线路、用户等 4 个紧密关联的层级。35～110kV 配电网多由环网和链式两种接线模式构成，10kV 配电网一般采用多分段适度联络和环式结构，不同电压等级电网的运行方式灵活多样，但相互之间存在密切的联系，是一个有机统一的整体。因此，含分布式电源的配电网规划也包含多个电压等级的配电网作为整体开展规划，并且考虑与配电网网架、联络开关等的协同规划，以满足各层级之间的协调配合和时空优化布局的合理过度。目前，在规划目标选取、模型构成和研究对象等方面均取得了一定的研究成果。

在规划目标选取方面，根据规划目标数量，分布式电源规划模型可以分为单目标规划与多目标规划。多目标规划通常同时考虑技术性、经济性和环保性多个方面。此外，由于电网公司主要关注配电网运行情况，分布式电源投资运营商则更多关注分布式电源的经济效益，所以考虑不同利益主体的多目标规划是分布式电源接入规划的研究热点。随着分布式电源的广泛接入，分布式电源运营商成为配电网中新增的利益主体[1]。当分布式电源运营商在进行分布式电源规划时，如何根据配电公司的投资行为采取最优的决策方案，是目前亟须解决的重要问题。目前，国内外学者对分布式电源投资商成本费用的构建主要包括两部分，分别是分布式电源的初始投资费用和后期运行维护费用。从配电公司的角度出发，则更多考虑网络损耗费用及电能质量、供电可靠性方面提高带来的等值收益，在一些研究中，考虑了分布式电源产生的环境效益[2]，同时引入了购电策略、无功优化调度、适当的有功削减及网络动态重构等运行策略。此外还涉及新建联络线及引入电容器等设备后对规划方案的影响[3]。

在规划模型构成方法上，规划目标的选取存在多样性和综合性，双层规划模型是一种常用的分布式电源接入规划数学模型。在一般的双层规划模型构成上，上层优化模型一般为分布式电源选址定容规划，配合下层的配电网运营商对电压调整、降低网损的控制要求，或进行无功调节设备规划和可控设备的调节策略，以实现分布式电源投资商和配电公司利益协调的目标。在上层模型对分布式电源的选址定容规划中，大量研究中都采用遗传算法来随机生成初始的电源位置和容量，但近年来，部分研究还以等效微增率等方法构建分布式电源的最优安装位置[4]。此外，大量的数值计算方法同样被应用到规划问题的求解中，如梯度搜索、线性规划、序贯二次规划、非线性规划、动态规划、穷举搜索等。

在研究的对象方面，目前的研究进一步考虑了储能系统及主动配电网运行的管理措施对分布式电源接入规划的影响。储能系统具有灵活的充放电功率调节和供蓄能力，能够有效缓解分布式电源出力与负荷需求间的时序不匹配性[5]。针对储能系统，国内外研究或以经济性指标为目标，包括项目投资期内的储能系统总成本或收益、与外部电网交互的总能量成本以及配电网总经济成本；或以配电网运行指标为目标，包括配电网电压偏差、电压波动、负荷波动、负荷峰谷差及全网网损等指标[6-9]。大量分布式电源接入配电网后，有必要考虑主动配电网运行时主动控制管理措施的影响。目前，对主动配电网的研究中，以光伏逆变器补偿无功、储能系统和缩减光伏有功功率、投切电容器组等作为主动管理手段进行了运行状态中的主动管理。此外，由于网架规划以辐射型结构为主，考虑主动配电网运行时网架结构的动态重构和最优潮流运行控制对电网规划同样会产生重要影响[10]。

在分布式电源的接入规划研究中，随着分布式电源在配电网的大量接入，配电网中的光伏渗透率将会大大提高。在高渗透率分布式电源的规划中，集群规划可以有效降低系统网损和增加区域电网的分布式电源接纳能力，而且在调压能力以及调压范围也优于就地控制方式和分布式控制方式[11,12]。现有的研究主要分为两部分：分别是集群划分研究和集群规划研究。在集群划分方面，研究重点侧重于对集群划分的判据进行研究，其中，划分集群的判据包括电气距离、模块化指数、区域有功、无功功率平衡度、集群电压优化控制目标[13]等。在集群规划方面，现有研究侧重于通过集群划分的方式解决分布式电源接入配电网后引起的分布式电源出力与负荷不匹配的匹配性问题、功率渗透率过高的问题、电压调节困难及网损偏高的问题，并在此基础上将配电网不同利益主体的经济利益作为目标函数进行规划[14]。

2.1.2　高渗透率分布式电源规划的难点

目前，配电网中高渗透率分布式电源的接入规划存在诸多问题。首先，分布式电源发电功率的随机、间歇特性使配电网的负荷预测和电源接入规划具有更大的不确定性，会严重影响分布式电源接入规划的结果。其次，分布式电源发电用户增大装机容量和提高发电效益的诉求与配电网公司提高供电质量的需求存在一定的冲突。此外，我国部分地区分布式电源前期接入缺乏合理的规划，使配电网消纳问题突出，造成潮流倒送和过电压问题。

高渗透率分布式电源接入电网规划存在以下难点。

(1)分布式电源的不同接入规划方案会对系统中各利益主体产生不同的影响。

对于电网公司，分布式电源的引入在一定程度上会降低网损，但同时也会影响系统的安全性和稳定性，而对此进行的升级改造和更改保护配置不但增加了投资费用，还加大了电网运维人员的工作强度；对于分布式电源发电公司，分布式电源建设的初期投资费用相对高昂，出于对成本回收的考虑，发电公司必然希望最大化分布式电源出力；对于用户，分布式电源的接入很容易降低电能质量和供电可靠性，直接影响用户的正常生产生活。如何平衡三者矛盾是配电网规划的重要任务[15]。

(2) 分布式电源接入虽然可以减少电能损耗和配电系统的建设投资费用，但分布式电源接入位置和规模不合理可能导致配电网的某些设备利用率低，增大电能损耗，同时可能造成网络中某些节点的电压越限，改变故障电流的大小、持续时间及其方向，还可能影响到系统的可靠性。因此规划模型必须充分考虑到分布式电源带来的各种影响，使规划模型变得更加复杂[16]。

(3) 传统配电网的规划年限内，通常假定电网负荷逐年增长，新的中压/低压节点不断出现。由于规划问题的动态属性同其维数相关联，新出现的许多发电机节点将使在所有可能的网络结构中寻找到最优的网络布置方案(即可以使建造成本、维护成本和电能损耗最小的方案)更加困难[17]。

(4) 高渗透率分布式电源的接入将会导致一定的消纳问题，较为严重的情况时，0.4kV 网络中的分布式电源输出功率需要通过 35kV 甚至 110kV 网络的外送实现功率平衡，这将导致下级配电网中出现严重的电压越限和网损偏高问题。如何在规划中合理地考虑就地消纳也将是高渗透率分布式电源规划中的重要难点。

(5) 由于分布式可再生能源具有较强的随机性和间歇性，加之负荷本身的扰动，使准确预测负荷增长和空间分布情况难度增大，大大增加了配网规划的难度，进而影响配电网规划的合理性；不同类型分布式电源的季节特性、波动特性和相关特性存在较大差别，如何协调和有效地利用不同类型分布式电源的时空互补特性，提高区域配电网的供电质量和可靠性，同样是分布式电源接入规划的一个难点。

2.2　分布式电源接入电网规划

2.2.1　常用规划模型和求解方法

分布式电源的接入规划问题是指分布式电源在满足一定约束条件下，在电力网络中接入位置和接入容量的优化问题，通常是复杂的混合整数非线性规划问题。

1. 分布式电源规划的通用模型

分布式电源规划模型通常以投资运行维护等费用最小为目标函数，以满足配电网安全、可靠运行的各种限制为约束条件，通过优化求解得到满足要求的规划变量的结果，最终得到最优分布式电源接入方案。分布式电源规划问题通常是复杂的混合整数非线性规划问题，可以表述为式(2.1)所示：

$$\begin{aligned}&\text{Min}\quad f_{\text{Target}}(\boldsymbol{x})=\left(f_1(\boldsymbol{x}),f_2(\boldsymbol{x}),\cdots,f_m(\boldsymbol{x})\right)\\&\text{s.t.}\begin{cases}g_i(\boldsymbol{x})\leqslant 0,\ i=1,2,\cdots,p\\h_r(\boldsymbol{x})=0,\ r=1,2,\cdots,q\end{cases}\end{aligned}\tag{2.1}$$

式中，$\boldsymbol{x}$ 为 n 维决策向量；$f_{\text{Target}}(\boldsymbol{x})$ 为规划总目标函数；$g_i(\boldsymbol{x})\leqslant 0$ 和 $h_r(\boldsymbol{x})=0$ 分别为规划的不等式约束和等式约束；p 为不等式约束的个数；q 为等式约束的个数；$f_1(\boldsymbol{x})$ 为规划目标中一个子目标函数，共有 m 个子目标函数。记可行域为式(2.2)所示：

$$\boldsymbol{X}=\left\{\boldsymbol{x}\in\mathbf{R}^n\,\middle|\,g_i(\boldsymbol{x})\leqslant 0,i=1,2,\cdots,p,h_r(\boldsymbol{x})\leqslant 0,r=1,2,\cdots,q\right\}\tag{2.2}$$

规划目标根据目标数量可以分为单目标和多目标，根据目标的属性可以分为技术性指标、经济性指标和环境指标。规划变量一般包括分布式电源的接入位置、接入容量、接入类型、接入数量、接入时间及协议电价等其他因素。约束条件一般包括潮流等式约束以及其他不等式约束。表 2.1 所示为常见的分布式电源(distributed generation，DG)规划模型。

表 2.1 常见的分布式电源规划模型构成要素的使用统计表

规划目标	规划变量	约束条件
最小化系统总网络损耗	位置	潮流等式约束
最小化系统电压偏差	容量	电压约束
最小化系统平均停电时间	位置+容量	线路容量约束
最大化电网负载能力	位置+容量+协议电价	谐波污染约束
最大化电压稳定性指标	位置+容量+DG 接入时间	可靠性约束
最小化碳排放量	位置+容量+DG 类型	发电功率约束
最大化 DG 接入容量	位置+容量+DG 数量	DG 渗透率约束
最大化投资收益	位置+容量+DG 数量、类型	DG 数量约束
最大化收益成本比		DG 离散性约束
最大化内部收益率		接入位置约束
最小化投资回收期		

2. 求解算法

分布式电源规划的数学模型目前已经比较完备，然而对模型的求解比较困难。配电网电源规划是一个非常复杂的大规模组合优化问题，属于非确定性多项式(non-deterministic polynomial，NP)问题，简称 NP 难问题。国内外关于配电网规划的算法主要可以分为经典数学优化方法、启发式优化方法和随机化优化方法。

经典数学优化方法包括分支定界法、松弛法、割平面法、外部近似法等。但这类优化方法不可避免地存在“维数灾”问题。为了避免计算时间爆炸式激增，通常采用强行终止的方法，当计算时间或迭代次数达到某种程度时停止继续寻优，以当前找到的最好解作为问题的“最优解”。由于求解方法机理或本质的不同，效果也大不一样。对于经典数学优化方法强制终止，将导致该类方法虽然理论上可进行全局寻优，实际上只能对解空间的很小一部分进行搜索，得到的仅仅是局部范围内的最优解。

启发式优化方法是基于人的一些直观想法建立起来，通过启发式过程实现的。算法在性能方面不要求得出最优解，只希望近似解尽可能“接近”最优解，但在时间复杂性方面要求有一个多项式时间界。在电力系统中常用的灵敏度分析法、支路交换法及专家系统的方法就属于启发式方法。总体来说，启发式方法简单、直观、计算速度快，但得到的最优解或者缺乏数学意义上最优性或者只是局部最优解。

随机化优化方法包括模拟退火算法、遗传算法、TaBu 搜索和蚁群算法等。实践证明，这些随机化方法普遍来说具有比传统方法更好的全局优化能力，但存在计算量大、求解时间长的缺点。

2.2.2　分布式电源接入规划

采用不同角度对分布式电源接入进行优化研究，可以提出各种目标不同的分布式电源优化配置的计算模型。例如，从费用角度，以配电公司或者分布式电源独立投资商的投资和运行费用最小为优化目标；从可靠性角度，以停电损失最小为优化目标；从降低损耗角度，以配电网损耗最小为目标；从环保和节能角度，以分布式电源装机容量最多为最优。

本节从配电网公司的角度进行分布式电源接入规划的决策，考虑了投资、运营和报废三个阶段的配电系统费用及配电系统的等年值年收益对配电网公司收益的影响，结合系统潮流和配电系统运行约束构建了分布式电源接入规划模型，以获得最优的分布式电源接入规划方案。

1. 目标函数

以配电网公司的经济效益为出发点时，单位收益的成本费用越小，配电网公司的经济效益越好。因此，在计及可供负荷对配电网经济效益的影响下，以单位收益年费用最小为目标函数如式(2.3)所示：

$$\text{Min } f_{\text{Plan1}} = C_{\text{dno}}^{\text{ni}} / B = P_{\text{peak}} C_{\text{OR}} / (P_{\text{max}} B) \tag{2.3}$$

式中，f_{Plan1} 为规划目标；$C_{\text{dno}}^{\text{ni}}$ 为配电网系统等值年成本费用；B 为配电网售电年

收益；P_{peak} 为网供峰值负荷；C_{OR} 为未考虑可供负荷的影响时配电系统总费用；P_{max} 为所研究配电网最大负荷。

1) 不考虑可供负荷影响时配电系统的总费用

不考虑可供负荷影响时，配电系统费用 C 依时间维度可划分为投资阶段、运行阶段和报废阶段。投资阶段的成本即为投资费用包括购买设备费用和安装费用；运行阶段的成本包括运行费用和维护费用；报废阶段的成本为设备残值。

投资阶段费用 C_{eq0} 表示，由线路购买、安装费用两部分构成，如式(2.4)所示：

$$C_{eq0} = C_b + C_i \tag{2.4}$$

式中，C_b、C_i 分别为配电网线路购买、安装费用，因 DG 由独立投资商投资建设，不计及 DG 购买安装费用。

运行阶段的费用 C_1 由运行费用和维护费用两部分构成，如式(2.5)所示：

$$\begin{cases} C_1 = C_{up}^{op} + C_{mi} \\ C_{mi} = C_{eq0} \times k \\ C_{up}^{op} = W_{total} \times c_{up} \end{cases} \tag{2.5}$$

式中，C_{up}^{op} 为运行费用，即配电网公司向上级电网购电所需成本费用；C_{mi} 为维护费用，一般取初始投资 C_{eq0} 的某一比例 k；W_{total} 为所研究配电网的年总输电量，电网的网络损耗也包含在内，当网络损耗减小时，配电网公司购电成本将降低；c_{up} 为电网公司向上级电网购电的电价。

报废阶段费用 C_2 为设备的残值费用，一般取投资总额 C_{eq0} 的百分之五，如式(2.6)所示：

$$C_2 = C_{eq0} \times 5\% \tag{2.6}$$

初次投资成本为现值，而运行阶段和报废阶段的成本不属于现值，由于资金具有时间价值，为具有可比性，需要将运行阶段和报废阶段成本进行折现值计算。具体折算表达式如式(2.7)所示：

$$\begin{cases} C_{eq1} = (C_{op} + C_{mi}) \times \mu_1(r, T_p) \\ C_{eq2} = C_{eq0} \times 5\% \times \mu_2(r, T_p) \end{cases} \tag{2.7}$$

式中，C_{op} 为运行费用；$\mu_1(r,T_p)$、$\mu_2(r,T_p)$ 分别为等年值求现比率和将来值求现比率，是关于折现率 r 和项目全寿命周期年限 T_p 的函数，数学表达式如式(2.8)所示：

$$\begin{cases} \mu_1(r,T_{\text{p}}) = \dfrac{(1+r)^{T_{\text{p}}} - 1}{r(1+r)^{T_{\text{p}}}} \\ \mu_2(r,T_{\text{p}}) = \dfrac{1}{(1+r)^{T_{\text{p}}}} \end{cases} \tag{2.8}$$

2) 电网公司的等年值收益

电网公司的等年值收益为其全年售电毛利润，如式(2.9)所示：

$$B = (W_{\text{total}} - W_{\text{loss}}) \times C_{\text{s}} \times \mu_1(r,T_{\text{p}}) \tag{2.9}$$

式中，W_{loss} 为所研究系统的全年总网损；C_{s} 为电网公司售电电价。

3) 网供峰值负荷

计算网供峰值负荷 P_{peak}，如式(2.10)所示：

$$P_{\text{peak}} = \text{Max}\left[e_{\max}(t)\right] \tag{2.10}$$

式中，$e_{\max}(t)$ 为第 t 个场景中可信度为 0.98 时的网供峰值负荷。

综上所述，目标函数 f_{Bne} 如式(2.11)所示：

$$\text{Min}\, f_{\text{Bne}} = \frac{C_{\text{dno}}^{\text{ni}}}{B} = \frac{(C_{\text{eq0}} + C_{\text{eq1}} - C_{\text{eq2}})P_{\text{peak}}}{\mu_1(W_{\text{total}} - W_{\text{loss}})C_{\text{s}}P_{\max}} \tag{2.11}$$

模型没有依据传统全寿命周期算法将售电年收益视为负成本费用计入运行费用中，而以电网成本费用 $(C_{\text{eq0}} + C_{\text{eq1}} - B - C_{\text{eq2}})P_{\text{peak}}/P_{\max}$ 为目标函数，是由于当总费用 $\text{CB}_{\text{dno}}^{\text{tol}} = C_{\text{eq0}} + C_{\text{eq1}} - B - C_{\text{eq2}}$ 为负数，而 $\text{CB}_{\text{dno}}^{\text{tol}}$ 与 P_{peak} 同时减小时，目标函数值却不一定减小，这与等效成本下降的事实不相符。

2. 约束条件建立

配电网中分布式电源的优化配置问题是在保证配电网的安全可靠运行的前提下进行的，因此分布式电源优化配置问题需满足配电网的潮流约束、设备容量约束、传输功率约束以及节点电压约束。

(1)配电网络的潮流约束，其数学表达式如式(2.12)所示：

$$\begin{cases} P_i = U_i \sum\limits_{j \in i} U_j (G_{ij} \cos\theta_{ij} + B_{ij} \sin\theta_{ij}) \\ Q_i = U_i \sum\limits_{j \in i} U_j (G_{ij} \sin\theta_{ij} - B_{ij} \cos\theta_{ij}) \end{cases} \tag{2.12}$$

式中，P_i、Q_i为节点i处有功、无功注入功率；U_i、U_j为节点i、j电压幅值；G_{ij}、B_{ij}为支路ij的电导、电纳；θ_{ij}为节点i、j间电压相角差。

(2)设备容量约束，即分布式电源出力不大于其额定功率，数学表达式如式(2.13)所示：

$$\begin{cases} P_{\mathrm{WT}} \leqslant P_{\mathrm{WTmax}} \\ P_{\mathrm{PV}} \leqslant P_{\mathrm{PVmax}} \end{cases} \tag{2.13}$$

式中，P_{WT}、P_{PV}为风机和光伏实际发电功率；$P_{\mathrm{WT\,max}}$、$P_{\mathrm{PV\,max}}$分别为风机和光伏的额定功率。

(3)传输功率约束，数学表达式如式(2.14)所示：

$$S_j \leqslant S_{j,\max}\,,\quad j \in S_{\mathrm{L}} \tag{2.14}$$

式中，S_j为线路j的视在功率；$S_{j,\max}$为线路j允许通过的视在功率上限；S_{L}为线路集合。

(4)节点电压约束，为维护配电网的安全运行，配电网中各节点电压不可超出其约束范围，但实际上该约束可以允许短时间某种程度上的过电压，对于该问题可以用机会约束条件解决，数学表达式如式(2.15)所示：

$$\Pr\left\{U_i \left| U_{i,\min} < U_i < U_{i,\max}\right.\right\} \geqslant \lambda \tag{2.15}$$

式中，$\Pr\{\cdot\}$为$\{\cdot\}$成立的概率；$U_{i,\min}$、$U_{i,\max}$为其上、下限；λ为置信水平。

2.2.3 含分布式电源的储能规划

分布式电源接入配电网中会造成潮流方向改变、电压分布的变化等影响。在无严格电能质量约束时，可能会引起过电压问题，进而对用户的用电安全构成威胁；而严格保证电能质量则可能使分布式电源的输出功率受到限制，单位时间的发电量下降。在配电网中接入储能系统(energy storage system，ESS)可以改善配电网电能质量、降低配电网网损、提高分布式电源的发电量。

本节模型以运行指标和经济指标作为目标，找到储能系统经济成本和电压改善综合效益的最优平衡点。在配电网和储能系统的运行约束下优化规划储能系统的安装容量。

1. 目标函数

本节模型以运行指标和经济指标作为目标，优化规划储能容量。规划中，运行指标f_{Inp}主要考虑ESS对于配电网电压的改善作用，以系统电压指标作为目标函数；经济指标 f_{Eco} 主要考虑储能系统的配置替换、运行维护等费用，以项目投资期内的储能总成本作为目标函数。则目标函数如式(2.16)所示：

$$f_{\text{Plan2}} = \text{Min}\ \left\{-f_{\text{Inp}}, f_{\text{Eco}}\right\} \tag{2.16}$$

为了定量反映 ESS 对于配电系统电压水平的改善作用，可采用能反映馈线综合电压水平的系统电压偏移指标 U_{vf} 作为目标函数，如式(2.17)～式(2.20)所示：

$$f_{\text{Inp}} = U_{\text{vf}} \tag{2.17}$$

$$U_{\text{vp},t,i} = \frac{(U_{i,t} - U_{\min})(U_{\max} - U_{i,t})\left|P_{i,t}\right|}{(U_{\text{n}} - U_{\min})(U_{\max} - U_{\text{n}})\sum_{j=1}^{N_{\text{bus}}}\left|P_{j,t}\right|} \tag{2.18}$$

$$U_{\text{vf},t} = \sum_{i=1}^{N_{\text{bus}}} I_{\text{vp},t,i} \tag{2.19}$$

$$U_{\text{vf}} = \sum_{t=1}^{24} I_{\text{vf},t} \tag{2.20}$$

式中，$U_{\text{vp},t,i}$ 为第 i 个节点在时刻 t 的电压偏移指标；$U_{i,t}$ 为第 i 个节点在时刻 t 的电压标幺值；$U_{\max}$ 和 $U_{\min}$ 分别为允许的节点电压上下限值；U_{n} 为系统的额定电压；$P_{i,t}$ 第 i 个节点在时刻 t 的节点注入的有功功率；N_{bus} 为母线节点数量。

其中，节点电压指标 $U_{\text{vp},t,i}$ 能够反映 t 时刻第 i 个节点电压偏离额定电压的程度，且通过节点注入功率反映该节点对整个配电网电压的影响程度。节点电压偏离额定电压越大，$U_{\text{vp},t,i}$ 值越小，当节点电压越限时，$U_{\text{vp},t,i}$ 值为负。$U_{\text{vp},t}$ 能够反映 t 时刻配电网络的电压水平，其值越接近于 1，则表明此时刻网络电压水平越接近于额定电压。系统电压指标 U_{vp} 能够反映 24 个时段内的综合电压水平，其值越接近 24，则表明 24 时段内的电压水平越接近额定电压。配电网中接入 ESS 后，当节点电压越限时，可通过 ESS 吸收或放出功率，改善电压水平从而提高 U_{vf} 值。

考虑储能对于配电网节点电压越限情况改善的同时，也需要考虑其各项成本。为此，可以将项目投资期内储能总成本作为目标函数，如式(2.21)所示：

$$f_{\text{Eco}} = C_{\text{inv,re}}^{\text{ESS}} + C_{\text{op,ma}}^{\text{ESS}} \tag{2.21}$$

式中，$C_{\text{inv,re}}^{\text{ESS}}$ 为储能系统总配置替换成本；$C_{\text{op,ma}}^{\text{ESS}}$ 为储能系统日常总运行维护成本。两变量的计算公式分别为式(2.22)和式(2.23)所示：

$$C_{\text{inv,re}}^{\text{ESS}}=\sum_{t=1}^{T_{\text{p}}}\sum_{n=1}^{N_{\text{ESS}}}(E_{n,t}^{\text{ESS}}c_{\text{invE},t}^{\text{ESS}}+P_{n,t}^{\text{ESS}}c_{\text{invP},t}^{\text{ESS}})/(1+r)^{t-1} \tag{2.22}$$

$$C_{\text{op,ma}}^{\text{ESS}}=T_{\text{d\_season}}\sum_{t=1}^{T}\sum_{i=1}^{4}\sum_{n=1}^{N}(E_{n,i}^{\text{ESS\_D}}c_{\text{op,ma}}^{\text{ESS}})/(1+r)^{t} \tag{2.23}$$

式中，N_{ESS}为配网中安装 ESS 的个数；$c_{\text{invE},t}^{\text{ESS}}$、$E_{n,t}^{\text{ESS}}$分别为 ESS 在第 t 年的单位容量投资成本和新安装容量；$c_{\text{invP},t}^{\text{ESS}}$、$P_{n,t}^{\text{ESS}}$分别为储能在第 t 年的单位功率投资成本和的新安装电池的额定功率；$T_{\text{d_season}}$为一年每个季节中的天数；$c_{\text{op,ma}}^{\text{ESS}}$为 ESS 的单位运维成本；$E_{n,\text{s}}^{\text{ESS_D}}$为第 n 个 ESS 在第 i 个典型日的日放电量。

2. 约束条件

储能规划模型中，主要考虑配电网及储能系统的运行约束。配电网运行约束包括基本的潮流约束、节点电压约束、支路潮流约束等约束条件；储能运行约束包括充放电功率约束、剩余容量约束、能量平衡及充放电次数的约束。

1) 配电网运行约束

(1) 潮流约束。其构成如式(2.12)所示。

(2) 节点电压约束。其数学表达式如式(2.24)所示：

$$U_{\min}\leqslant U_i\leqslant U_{\max},\quad i\in\psi_{\text{Node}} \tag{2.24}$$

式中，ψ_{Node}为节点集合。

(3) 支路潮流约束。其数学表达式如式(2.14)所示。

2) 储能运行约束

(1) 充放电功率约束。数学表达式如式(2.25)和式(2.26)所示：

$$\begin{cases}0\leqslant \text{sta}_{\text{ESSc},t}\leqslant 1\\ 0\leqslant \text{sta}_{\text{ESSd},t}\leqslant 1\\ \text{sta}_{\text{ESSc},t}+\text{sta}_{\text{ESSd},t}\leqslant 1\end{cases} \tag{2.25}$$

式中，$\text{sta}_{\text{ESSc},t}$为 t 时刻的充电标志位，即储能装置充电时为 1，不充电时为 0；$\text{sta}_{\text{ESSd},t}$为 t 时刻的放电标志位，即储能装置放电时为 1，不放电时为 0。

$$\begin{cases}0\leqslant P_{\text{c},t}\leqslant \text{sta}_{\text{ESSc},t}P_{\text{c}\max}\\ 0\leqslant P_{\text{d},t}\leqslant \text{sta}_{\text{ESSd},t}P_{\text{d}\max}\end{cases} \tag{2.26}$$

式中，$P_{\text{c},t}$为 t 时刻的实际充电功率；$P_{\text{d},t}$为 t 时刻的实际放电功率；$P_{\text{c}\max}$为最大

充电功率；$P_{\mathrm{d\,max}}$ 为最大放电功率。

(2) 剩余容量约束。储能装置的寿命一般与充放电深度相关，过充或过放都会加快储能装置的寿命损耗，所以需要对 t 时刻储能装置的剩余容量及荷电状态进行约束，数学表达式如式(2.27)所示：

$$\mathrm{SOC}_{\min}E_{\mathrm{ESS}} \leqslant E_{\mathrm{SOC},t} \leqslant \mathrm{SOC}_{\max}E_{\mathrm{ESS}} \tag{2.27}$$

式中，$\mathrm{SOC}_{\min}$ 为最小荷电状态；E_{ESS} 为储能额定容量；$E_{\mathrm{SOC},t}$ 为 t 时刻的储能剩余容量；$\mathrm{SOC}_{\max}$ 为最大荷电状态。其中，$E_{\mathrm{SOC},t}$ 的具体推导如式(2.28)所示：

$$E_{\mathrm{SOC},t+1}=E_{\mathrm{SOC},t}+\left(\mathrm{sta}_{\mathrm{ESSc},t}P_{\mathrm{c},t}\eta_{\mathrm{ESS,c}}-\mathrm{sta}_{\mathrm{ESSd},t}\frac{P_{\mathrm{d},t}}{\eta_{\mathrm{ESS,d}}}\right)\Delta t \tag{2.28}$$

式中，$\eta_{\mathrm{ESS,c}}$ 为储能装置的充电效率；$\eta_{\mathrm{ESS,d}}$ 为放电效率；Δt 为充放电时间间隔。

(3) 能量平衡及充放电次数约束。一个完整的充电周期内，需保证储能装置的起始时刻剩余电量与终止时刻的剩余电量相等，即在一个周期内，储能充电电量与储能放电电量需一致。数学表达式如式(2.29)所示：

$$\sum_{t}^{T_N}P_{\mathrm{c},t}\eta_{\mathrm{ESS,c}}=\sum_{t}^{T_N}\frac{P_{\mathrm{d},t}}{\eta_{\mathrm{ESS,d}}} \tag{2.29}$$

式中，T_N 为一个完整的充放电周期时段数。此外，储能系统的运行寿命受到放电深度及充放电循环次数的影响，为减少储能电池损坏，延长其寿命，模型中可以设置在一天之内只允许电池充放电循环一次。

2.2.4　含分布式电源的配电网扩展规划

1. 上层模型目标函数

本节从配网企业和用户两方面的角度进行配电网的扩展规划决策，所建立的双层规划模型综合考虑了包括配电企业新建线路、用户安装光伏和储能设备在内的配网企业总成本和用户总成本，在配电网络运行约束、配电网络结构约束以及设备的运行约束下，获得最优的配电线路的建设方案和光伏储能的容量布置方案。

考虑配网企业总成本最优的目标函数如式(2.30)所示：

$$f_{\mathrm{Plan3}}=\mathrm{CB}_{\mathrm{dno}}^{\mathrm{tol}}=B_{\mathrm{dno}}^{\mathrm{trans}}-C_{\mathrm{dno}}^{\mathrm{ni}}-C_{\mathrm{net}}^{\mathrm{los}}-C_{\mathrm{up}}^{\mathrm{op}} \tag{2.30}$$

式中，f_{Plan3} 为规划目标函数，表示配网企业的总成本/收益，当值为正时，表示配网企业可获得收益，值为负时，表示配网企业亏损；$B_{\mathrm{dno}}^{\mathrm{trans}}$ 为与用户交易所取得的收益，即配网企业与用户进行电能交易的收益，若用户向配电网倒送功率，配网企业向用户支付上网费用，若配电网向用户输送功率满足负荷需求，配网企业从用户侧获取售电收益；即配网企业在进行扩展规划的过程中新建线路和转供路径的投资成本，可采用其等年值进行计算；$C_{\text{net}}^{\text{los}}$表示网损成本，即配电网在运行过程中产生的网络损耗成本。各项成本/收益的具体计算公式如式(2.31)～式(2.34)所示：

$$C_{\text{dno}}^{\text{ni}}=\frac{r(1+r)^T}{(1+r)^T-1}\sum_{k=1}^{N_{\text{b}}}c_{\text{nl}}x_k^N l_k \tag{2.31}$$

式中，c_{nl}为投资建设单位长度线路的费用；x_k^N为第k条待新建线路或转供路径的状态，1表示该线路被选择新建，0表示未被选择新建，l_k为第k条待新建线路或转供路径的长度；N_{b}为网络中待新建线路和转供路径的总数。

$$C_{\text{net}}^{\text{los}}=\sum_{d=1}^{365}\sum_{t=1}^{24}c_{\text{loss}}P_{\text{loss}(t)}^d \tag{2.32}$$

式中，c_{loss}为单位网损电量的费用；$P_{\text{loss}(t)}^d$为第d天第t小时的系统网损功率。

$$C_{\text{up}}^{\text{op}}=\sum_{d=1}^{365}\sum_{t=1}^{24}c_{\text{up}}\left(P_{\text{loss}(t)}^d+\sum_{i\in\Psi_{\text{LD}}}P_{\text{sup}(t,i)}^d\right) \tag{2.33}$$

式中，$P_{\text{sup}(t,i)}^d$为第i个负荷节点第d天第t小时的网供负荷功率。

$$B_{\text{dno}}^{\text{trans}}=\sum_{i\in\Psi_{\text{PV}}}B_{\text{pvess}(i)}^{\text{grid}}-\sum_{i\in\Psi_{\text{LD}}}C_{\text{load}(i)}^{\text{sup}} \tag{2.34}$$

式中，Ψ_{PV}为待安装光储系统的节点集合；$B_{\text{pvess}(i)}^{\text{grid}}$为节点$i$上的用户向电网倒送功率所获取的收益；$\Psi_{\text{LD}}$为负荷节点集合；$C_{\text{load}(i)}^{\text{Sup}}$为节点$i$上的用户向电网购电的购电成本。

2. 上层模型约束条件

配电网的扩展规划是在保证配电网的安全可靠运行的前提下进行的，因此分布式电源优化配置问题需满足配电网的潮流约束、节点电压约束、传输功率约束及环状供电消除约束。

(1)配电网的潮流约束，其数学表达式如式(2.12)所示。

(2)节点电压与潮流越限约束，数学表达式如式(2.14)和式(2.24)所示。

(3) 环状结构消除约束。配电线路在规划设计时需要满足“闭环设计、开环运行”的原则，因此，在进行配电网扩展规划的过程中，应避免出现环状供电结构，具体表达式如式(2.35)所示：

$$\sum_{k\in\Psi^{\mathrm{LL}}\cap\Psi^{\mathrm{EL}}}\mathrm{sta}_{\mathrm{line},k}+\sum_{k\in\Psi^{\mathrm{LL}}\cap\Psi^{\mathrm{NL}}}\mathrm{sta}_{\mathrm{line},k}\leqslant N^{\mathrm{LL}}-1,\forall\Psi^{\mathrm{LL}}\tag{2.35}$$

式中，Ψ^{LL} 为环状结构所含支路集；Ψ^{EL} 为原有线路支路集；Ψ^{NL} 为待新建线路支路集；N^{LL} 为支路集 Ψ^{LL} 中所含支路总数；$\mathrm{sta}_{\mathrm{line},k}$ 为第 k 条线路的开断状态，1 表示线路处于运行状态，0 则为线路处于断开状态。

(4) 馈线接线模式约束，正常运行状态下，同一负荷节点仅允许由一台主变进行供电，网络拓扑结构应避免出现多台主变同时向同一负荷节点供电的情况，数学表达式如式(2.36)所示：

$$\begin{cases}\displaystyle\sum_{k\in\Psi_{ij}^{\mathrm{SCL}}\cap\Psi^{\mathrm{EL}}}\mathrm{sta}_{\mathrm{line},k}+\sum_{k\in\Psi_{ij}^{\mathrm{SCL}}\cap\Psi^{\mathrm{NL}}}\mathrm{sta}_{\mathrm{line},k}+\sum_{k\in\Psi_{ij}^{\mathrm{SCL}}\cap\Psi^{\mathrm{CL}}}\mathrm{sta}_{\mathrm{line},k}\leqslant N_{ij}^{\mathrm{SCL}}\\ \displaystyle\sum_{j}\sum_{k\in\Psi_{ij}^{\mathrm{SCL}}\cap\Psi^{\mathrm{CL}}}\mathrm{sta}_{\mathrm{line},k}\geqslant 1\\ \displaystyle\sum_{k\in\Psi_{ij}^{\mathrm{SCL}}\cap\Psi^{\mathrm{CL}}}\mathrm{sta}_{\mathrm{line},k}\leqslant 1\end{cases}\tag{2.36}$$

式中，Ψ_{ij}^{SCL} 为变电站 i 和变电站 j 间相连的支路集合；Ψ^{CL} 为联络线集；N_{ij}^{SCL} 为支路集 Ψ_{ij}^{SCL} 中所含支路总数。

(5) 围栏约束。任何带有负荷的节点，以及由该节点和其邻近节点构成的集合，应当有支路与大电网相连(构成一个树)，即满足围栏约束。该约束的数学形式在此略去。

3. 下层模型目标函数

考虑用户总成本最优的目标函数如式(2.37)和式(2.38)所示：

$$f_{\mathrm{Plan3\_sub}}=\left\{\mathrm{CB}_{\mathrm{co}(1)}^{\mathrm{tol}},\cdots,\mathrm{CB}_{\mathrm{co}(i)}^{\mathrm{tol}},\cdots,\mathrm{CB}_{\mathrm{co}(n_{\mathrm{PV}})}^{\mathrm{tol}}\right\}\tag{2.37}$$

$$\mathrm{CB}_{\mathrm{co}(i)}^{\mathrm{tol}}=\mathrm{CB}_{\mathrm{PV}(i)}^{\mathrm{gen}}-\mathrm{CB}_{\mathrm{co}(i)}^{\mathrm{ins}}-\mathrm{CB}_{\mathrm{co}(i)}^{\mathrm{re}}-\mathrm{CB}_{\mathrm{co}(i)}^{\mathrm{ma}}-\mathrm{CB}_{\mathrm{co}(i)}^{\mathrm{trans}}\tag{2.38}$$

式中，$f_{\mathrm{Plan3\_sub}}$ 为下层目标函数表示用户的总成本/收益；n_{PV} 为安装光伏和储能系统的用户总数；$\mathrm{CB}_{\mathrm{co}(i)}^{\mathrm{tol}}$ 为用户 i 的成本/收益，值为正时，表示用户获得收益，值为负时，表示用户亏损；$\mathrm{CB}_{\mathrm{PV}(i)}^{\mathrm{gen}}$ 为用户 i 的光伏发电收益；$\mathrm{CB}_{\mathrm{co}(i)}^{\mathrm{ins}}$ 为用户 i 的设备安装成本，即安装光伏和储能装置的成本费用，计算中可采用等年值进行计算，认为光伏和储能完全对应；$CB_{co(i)}^{re}$ 为用户 i 的设备置换成本，考虑到光伏与储能装置具有使用寿命，当达到使用寿命的终期时，需要及时进行置换，光伏或储能装置在整个投资周期内进行置换所花费的成本，记为设备置换成本并采用等年值进行计算；$CB_{co(i)}^{ma}$ 为用户 i 的设备维护成本，即设备运行过程中所需维护的成本费用。$CB_{co(i)}^{trans}$ 为电能交易成本，当光储系统无法完全满足用户的用电需求时，用户需要通过向电网支付购电费用获取所需电量；当光储系统具有富余电量时，用户可将富余电量反送电网获取收益。

模型中，用户与电网交易产生的费用或收益记为用户的电能交易成本。通过读入光伏功率和负荷功率的全年小时数据，以 1h 为计算步长，产生功率平衡年数据。之后，以上文提到的光储运行策略为基础，计算出由光伏和储能产生的倒送功率和由电网提供的负荷功率。需要注意的是，用户的电能交易成本和配网企业与用户交易所取得的收益互为相反数。

各项成本的具体计算公式如式(2.39)～式(2.44)所示：

$$CB_{co(i)}^{trans} = C_{load(i)}^{sup} - B_{pvess(i)}^{grid} \tag{2.39}$$

式中，$C_{load(i)}^{sup}$ 为节点 i 上的用户向电网购电的购电成本；$B_{pvess(i)}^{grid}$ 为节点 i 上的用户向电网倒送功率所获取的收益。

$$CB_{co(i)}^{inv} = \frac{r(1+r)^{T_p}}{(1+r)^{T_p}-1}(N_{PV(i)}c_{PV}^{inv} + N_{ESS(i)}c_{ESS}^{inv}) - \alpha \cdot \frac{r}{(1+r)^{T_p}-1}(N_{PV(i)}c_{PV}^{inv} + N_{ESS(i)}c_{ESS}^{inv}) \tag{2.40}$$

式中，T_p 为规划年限；α 为设备残值占设备初值的百分比；$N_{PV(i)}$ 为节点 i 上的光伏安装数；c_{PV}^{inv} 为单个光伏安装成本；$N_{ESS(i)}$ 为节点 i 上的储能安装数；c_{ESS}^{inv} 为单个储能安装成本。

$$CB_{co(i)}^{re} = \frac{r(1+r)^{T_p}}{(1+r)^{T_p}-1}(N_{R,PV(i)}c_{PV}^{ins} + N_{R,ESS(i)}c_{PV}^{ins}) \tag{2.41}$$

式中，$N_{R,PV(i)}$ 为整个工程周期内节点 i 上的光伏的置换数；$N_{R,ESS(i)}$ 为整个工程周期内节点 i 上的储能置换数。

$$N_{R,PV(i)} = N_{PV(i)} \frac{T_p}{T_{PV\_Life}} \tag{2.42}$$

$$N_{R,ESS(i)} = N_{ESS(i)} \frac{T_p}{T_{ESS\_Life}} \tag{2.43}$$

$$\mathrm{CB}_{\mathrm{co}(i)}^{\mathrm{ma}} = N_{\mathrm{PV}(i)} c_{\mathrm{PV}}^{\mathrm{ma}} + N_{\mathrm{ESS}(i)} c_{\mathrm{ESS}}^{\mathrm{ma}} \tag{2.44}$$

式中，$N_{\mathrm{ESS}(i)}$为节点 i 上的储能置换数；$T_{\mathrm{PV_Life}}$为光伏使用寿命；$T_{\mathrm{ESS_Life}}$为储能使用寿命；$c_{\mathrm{PV}}^{\mathrm{ma}}$为单个光伏装置的维护成本；$c_{\mathrm{ESS}}^{\mathrm{ma}}$为单个储能装置的维护成本。

4. 下层模型约束条件

在储能的运行过程中，通常要考虑的约束条件主要包括充放电功率约束、剩余容量约束及始末容量约束，已在 2.2.3 节中介绍。此外，还应该包括倒送功率约束。过大的光储功率倒送会对电网的稳定性与经济性造成不利影响，因此需要对微电网的倒送功率有所限制，数学表达式如式(2.45)所示：

$$P_{\mathrm{PV,ESS}(i)}^{\mathrm{grid}} \leqslant P_{\mathrm{grid\,max}(i)} \tag{2.45}$$

式中，$P_{\mathrm{PV,ESS}(i)}^{\mathrm{grid}}$为节点 i 上安装的光伏或储能装置向电网传输的倒送功率；$P_{\mathrm{grid\,max}(i)}$为节点 i 上倒送功率允许的最大值。

2.3　分布式发电集群接入电网规划

常规的分布式电源接入规划技术多针对单个中压变电站的供电区域。基于辐射型供电网络，传统的单变电站规划方法通常以分布式电源容量不超过其最大负荷为标准，严格将分布式电源的功率渗透率限制在 100%以下，以防潮流倒送影响电力系统的安全稳定运行。但这种分布式电源规划方法没有考虑多个中压变电站之间的相互供电与功率双向流通，使分布式电源的接入规划十分保守。考虑到分布式电源接入点多、接入规模较大的实际情况，更高电压等级配电网的分布式电源整体接入规划会面临优化变量和计算复杂度大幅增加的问题。

相比于常规的配网整体规划方法，分布式发电集群规划方法具有诸多优势。一方面，集群规划方法能够计及集群内部无功功率的供需平衡和电压控制能力，考虑配电网运行控制的需求，减少无功功率的远途传输；另一方面，集群规划方法能够促进群内节点间有功功率的时序互补匹配程度，提高集群的自治能力，同时也为实现更高效的分布式电源分层分区优化规划提供了可能。

2.3.1　分布式发电集群划分方法

1. 分布式发电集群

集群(cluster)这一名词多见于计算机与通信领域。在计算机学科的术语中，集群是由一系列工作独立但通过高速网络连接的计算机组成的，对它们整体的管理则可以将它们看作一个整体。在通信领域中，集群通信系统是一种用于集团调度指挥的移动通信系统。从系统外部看，集群可以看成是一个单一系统，它可以高效地完成给定任务，并且具有便于管理维护等优点。从系统内部看，集群是由系列功能相似的运行单元构成，在工作时相互配合以达到效率上的优化或者成本减少等目的。

为应对风力发电、光伏发电等可再生能源接入配电网带来的挑战，分布式发电集群的概念逐渐得到认可。分布式发电集群是指空间地理位置相近、电气耦合程度紧密、无功功率就地供需平衡、有功功率时序互补匹配的分布式电源、负荷节点以及节点间支路构成的集合。分布式发电集群在解决大规模分布式电源接入以及就地消纳方面具有其自身的优势。当电源数量多且地理位置分散时，集群管理模式以其独特的“群间弱耦合以分工、群内强联系而协作”的特性引起了越来越多的关注和应用。分布式发电集群具有以下 3 种特性。

(1) 以分布式电源发电特性一致、电气距离接近、控制运行方式类似、利于集中管控为原则，进行分布式电源进行集群划分，以方便实现分布式发电集群的统一调度。

(2) 分布式发电集群应部署集群自治控制策略，通过管理分布式电源发电系统的有功功率和无功功率，实现集群内多分布式电源发电系统的协调控制，确保集群电压安全稳定和系统经济运行。

(3) 分布式发电集群应采用信息交互技术，通过多集群间的协调控制以及集群与配电网间的协同调度，实现分布式发电集群与配电网的灵活互动，实现全局最优运行目标。

分布式发电集群划分包括集群划分指标体系制定和集群划分算法实现两个过程。

2. 集群划分的指标体系

集群划分指标体系的选择主要由集群划分目标和原则决定。分布式发电集群划分指标包括三大类：一类是描述划分对象特征的指标，如节点间的空间距离、电气距离等指标；一类是描述集群结构性能的指标，如集群内部的关联程度、集群之间的关联程度、模块度指标等；一类是评价集群外特性的指标，如集群内部资源的调压能力、集群的功率平衡度等。三类集群划分指标用以描述集群划分过程的不同特征。

本节以分布式电源接入规划为导向，构建以模块度、无功平衡度和有功平衡度为核心的集群综合性能指标。在结构方面，集群划分应使集群内部电气联系紧密，集群之间电气联系松散，以便于集群的运行管理，其评价指标采用基于电气距离的模块度。在外特性方面，为兼顾控制性能，集群划分应使各集群拥有一定的电压自治和无功就地平衡的能力，其评价指标采用无功平衡度。同时，分布式发电集群规划是以集群功率匹配为原则，应充分发挥源荷互补特性，以提高有功功率互补和匹配程度，其评价指标采用有功平衡度。

1) 模块度指标

Girvan-Newman 提出模块度的概念并将其拓展到加权网络分区中，用以衡量复杂网络的社团结构强度[18]。模块度的定义如式(2.46)所示：

$$\rho_{\text{Index}} = \frac{1}{2m}\sum\nolimits_i \sum\nolimits_j \left(e_{ij} - \frac{k_i k_j}{2m} \right) \delta(i,j) \tag{2.46}$$

式中，ρ_{Index} 为模块度指标；e_{ij} 为连接节点 i 和节点 j 的边的权重，当节点 i 和节点 j 直接连接时，$e_{ij}=1$，不相连时，$e_{ij}=0$，也可设为空间距离或者电气距离；$m=\frac{1}{2}\sum\nolimits_i \sum\nolimits_j e_{ij}$ 为网络所有边的权重之和；$k_i=\sum\nolimits_j e_{ij}$ 表示所有与节点 i 相连的边的权重之和；k_j 表示与节点 j 相连的边的权重之和；当节点 i 和节点 j 在同一集群内时，$\delta(i,j)=1$，否则 $\delta(i,j)=0$。

本节模型将网络边的权重定义为电气距离。电气距离用以衡量网络中两节点之间电气耦合的紧密程度，通过电压对无功的灵敏度关系获得，具体表述如式(2.47)所示：

$$\Delta \boldsymbol{U} = \boldsymbol{S}_{\text{VQ}} \Delta \boldsymbol{Q} \tag{2.47}$$

式中，$\Delta \boldsymbol{U}$ 和 $\Delta \boldsymbol{Q}$ 分别为电压幅值和无功变化量；$\boldsymbol{S}_{\text{VQ}}$ 为无功电压灵敏度矩阵，矩阵 $\boldsymbol{S}_{\text{VQ}}$ 中，第 i 行 j 列元素 S_{VQ}^{ij} 为节点 j 无功功率变化单位值对应节点 i 电压的变化值。

取 d_{ij} 为节点 j 无功功率发生变化时其自身电压变化值与节点 i 电压变化值之比，值越大则表明节点 j 对节点 i 的影响越小，即两节点间距离越远。数学表达式如式(2.48)所示：

$$d_{ij} = \lg\left(S_{\text{VQ}}^{jj} \middle/ S_{\text{VQ}}^{ij}\right) \tag{2.48}$$

考虑到两个节点之间的关系不仅与其自身有关，还与网络中其他节点有关。可定义电器距离关系矩阵 $\boldsymbol{L}$。若网络中有 n 个节点，则节点 i 和节点 j 之间的电气距离可定义如式(2.49)所示：

$$L_{ij} = \sqrt{(d_{i1}-d_{j1})^2 + (d_{i2}-d_{j2})^2 + \cdots + (d_{in}-d_{jn})^2} \tag{2.49}$$

时变的负荷需求和电源出力对电气距离虽然也有一定的影响，但是为了避免电气距离的变化造成集群划分的动态变化，在计算时选择配电网中分布式电源功率渗透率最高的时刻，即 $R(t)=P_{\text{re}}(t)/P_{\text{load}}(t)$ 最大时的典型时间场景进行计算。其中，$R(t)$ 为分布式电源的功率渗透率，$P_{\text{re}}(t)$ 为 t 时刻分布式电源的发电功率值，$P_{\text{load}}(t)$ 为 t 时刻负荷的需求功率值。

以节点间电气距离为权重对模块度指标进行描述，不仅可以反映集群的结构性能，而且可以描述集群内部节点间的电气耦合程度。为满足节点间边权与电气距离关系，即电气距离越小边权越大，将节点间边权重设为 $e_{ij}=1-L_{ij}/\max(\boldsymbol{L})$。

2) 无功和有功平衡度指标

分布式电源功率渗透率较大的情况下，各集群应尽可能满足群内无功就地平衡的需求，以具备调节群内电压的能力，并减少跨集群的无功功率传输。无功平衡度指标如式(2.50)和式(2.51)所示：

$$Q_{\text{blan},k}=\begin{cases}Q_{\text{sup},k}/Q_{\text{need},k}, & Q_{\text{sup},k}<Q_{\text{need},k}\\ 1, & Q_{\text{sup},k}\geqslant Q_{\text{need},k}\end{cases} \tag{2.50}$$

$$\varphi_{\text{Q}}=\frac{1}{N_{\text{clu}}}\sum_{k=1}^{N_{\text{clu}}}Q_{\text{blan},k} \tag{2.51}$$

式(2.50)和式(2.51)中，$Q_{\text{blan},k}$ 为第 k 个集群的无功平衡度；$Q_{\text{sup},k}$ 为集群 k 内部无功功率供应的最大值，包括节点无功补偿装置提供的无功功率及分布式电源所能提供的无功功率；$Q_{\text{need},k}$ 为集群 k 内部无功功率的需求值；φ_{Q} 为无功平衡度指标；N_{clu} 为集群个数。在网络中分布式电源渗透率过高时，调节过电压所需的最小无功功率，数学表达式如式(2.52)所示：

$$Q_{V\_\text{need}}=\sum_{i\in\psi_{\text{clu},k}}\frac{\Delta U_i}{S_{\text{VQ},ii}} \tag{2.52}$$

式中，Q_{V_need} 为调节第 k 个集群过电压节点所需的最小无功功率；$\psi_{\text{clu},k}$ 为集群 k 内所有节点的集合；ΔU_i 为节点 i 的电压变化量；$S_{\text{VQ},ii}$ 为节点 i 关于自身的无功电压灵敏度。

有功平衡度指标是基于网络典型时变场景进行描述的指标，可充分发挥各集群分布式电源发电功率的自我消纳能力，减少有功功率外送，具体定义如式(2.53)和式(2.54)所示：

$$P_{\text{blan},i}=1-\frac{1}{T_{\text{scen}}}\sum_{t=1}^{T_{\text{scen}}}\left|P_{\text{clu}}(t)_i\right|/\max(\left|P_{\text{clu}}(t)_i\right|) \tag{2.53}$$

$$\varphi_{\text{P}}=\frac{1}{N_{\text{clu}}}\sum_{i=1}^{N_{\text{clu}}}P_{\text{blan},i} \tag{2.54}$$

式中，$P_{\text{blan},i}$ 为集群 i 的有功平衡度；T_{scen} 为典型时变场景的时间长度；$P_{\text{clu}}(t)_i$ 为集群 i 的净功率特性，是基于各节点典型时变场景获得的；φ_{P} 为有功平衡度指标。

有功平衡度指标根据节点的时变出力特性，利用节点间特性互补，即分布式电源之间的源-源互补及与负荷之间的源-荷互补，在实现集群功率一定平衡的同时，也可缓解分布式电源出力的波动性与间歇性。

综合以上各类指标，分布式发电集群综合性能指标 γ_{Index} 的表达式如式(2.55)所示：

$$\gamma_{\text{Index}} = \lambda_1 \rho_{\text{Index}} + \lambda_2 \varphi_{\text{P}} + \lambda_3 \varphi_{\text{Q}} \tag{2.55}$$

式中，λ_1、λ_2、λ_3 为权重系数。

3. 集群划分算法

现有的集群划分算法主要包括三大类，分别为聚类算法、社团发现算法和现代智能优化算法。

聚类算法是将数据划分成群组的过程，通过聚类的方法可对网络中的分布式电源系统进行组合行成群组，从而形成发电分布式发电集群。其中K-均值聚类算法(K-means 算法)是聚类算法中最为典型的方法，属于划分式聚类算法。划分式聚类算法需要预先指定聚类数目或聚类中心，通过反复迭代运算，逐步降低目标函数的误差值，使目标函数值收敛至最终聚类结果。基于划分的方法主要基于距离进行划分，通过给定要构建的分群数，划分方法首先创建一个初始化划分，然后，它采用一种迭代的重定位技术，通过把对象从一个组移动到另一个组来进行划分。

社团发现算法为近年发展迅速的复杂网络理论中最重要的分支之一，在各领域都取得了广泛的应用和成果，已被逐渐引入到电力网络的复杂行为研究中。社团划分中的一个重要指标为上节中所提的模块度指标，除此之外还有社团紧密程度参数 α、β、λ。其中，α 为网络社团结构间连边数占网络总边数的比例，反映网络整体社团结构之间连边的多少；β 为社团内部节点紧密度平均值，社团结构内部连边占相同节点数规则网络连边数的比例，反映网络社团内部联系的紧密程度；λ 为社团之间联系紧密度平均值，网络社团结构划分之后，将社团看做一个节点后，构成新网络的内部联系密度，反应社团之间联系紧密度。利用 α、β、λ 值变化能够反映网络社团划分的优劣，对社团算法选择和划分结果有很好的指导作用。

现代智能优化算法的典型代表为遗传算法、贪婪算法和禁忌算法等。相比于常规划分算法，遗传算法是全局优化算法，其全局搜索能力可以确保随着迭代次数的增加而逐渐靠近全局最优解。此外，当迭代次数达到一定值时，适应度值变化幅度逐渐平缓，若在不苛求全局最优解的情况下，还可以选择平缓值为近似最优解，这将会大大减少计算时间。

应用于集群划分问题的遗传算法，在求解过程中以集群划分综合指标为适应度函数，以集群划分结果为待求解问题进行寻优。遗传算法的解即为最终的集群划分结果，集群的个数由算法确定，无需人为设置。为适应集群的划分，对遗传算法的编码方式进行了如下改进。遗传算法的首要问题是染色体编码，考虑到集群划分问题的特殊性，即集群内部个体的连通性约束，因此以网络的邻接矩阵为基础，对染色体进行编码。这种编码方式不仅使得节点连通性得到了保证，而且由于每一个体都为满足连通性的个体，大大缩减了遗传算法的搜索范围，降低搜索时间。同时，这种编码方式的遗传算法不存在一般算法的节点合并过程，使用概率机制进行迭代，对不规则集群的搜索能力强。

网络的邻接矩阵表示网络中节点的连接情况，仅包含 0、1 元素，0 表示节点之间无连接，1 表示节点相连。在编码时搜索矩阵中的 1 元素并进行随机修改，修改值为 0 或者 1，分别表示断开连接或者保持连接。搜索完成后形成新的邻接矩阵，此矩阵即为一个编码后的个体，也代表一种集群划分结果。图 2.1 所示为染色体编码方式。

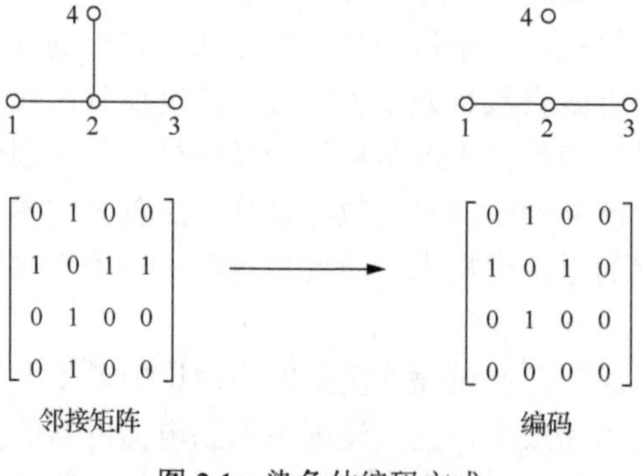

图 2.1　染色体编码方式

为了提高遗传算法的收敛速度和全局搜索能力，可以采用自适应遗传算法的思想，因而可采用 Srinivas 等[19]提出的调节方法，具体公式如式(2.56)所示：

$$
\begin{aligned}
&p_{\mathrm{c}}=\begin{cases} p_{\mathrm{c\_max}}-\left(\dfrac{p_{\mathrm{c\_max}}-p_{\mathrm{c\_min}}}{it_{\max}}\right)\times \mathrm{iter}, & \mathrm{adp}>\mathrm{adp}_{\mathrm{avg}} \\ p_{\mathrm{c\_max}}, & \mathrm{adp}\leqslant \mathrm{adp}_{\mathrm{avg}} \end{cases} \\
&p_{\mathrm{m}}=\begin{cases} p_{\mathrm{m\_min}}+\left(\dfrac{p_{\mathrm{m\_max}}-p_{\mathrm{m\_min}}}{it_{\max}}\right)\times \mathrm{iter}, & \mathrm{adp}'>\mathrm{adp}_{\mathrm{avg}} \\ p_{\mathrm{c\_min}}, & \mathrm{adp}'\leqslant \mathrm{adp}_{\mathrm{avg}} \end{cases}
\end{aligned}
\tag{2.56}
$$

式中，p_c 和 p_m 分别为交叉和变异概率；p_{c_max}、p_{c_min} 和 p_{m_max}、p_{m_min} 分别为交叉和变异概率的最大、最小值；iter 为迭代次数；adp 为进行交叉操作的两个个体中的较大适应度值；adp′为进行变异操作的个体适应度值；adp_{avg} 为种群的平均适应度。

2.3.2　分布式发电集群接入规划方法

本节从分布式电源发电商和电网运营商的角度进行分布式电源接入规划的决策，所建立的分布式发电集群接入规划模型同时包含分布式电源的投资规划和分布式电源的优化运行两个过程。不同于常规的双层优化规划模型，模型采用广义 Benders 分解算法将分布式电源规划模型转化为主问题(分布式电源投资规划)和子问题(分布式电源优化运行)的交替求解，以获得最优的分布式发电集群接入规划方案。

1. 目标函数

在开展分布式电源接入规划过程中，一方面分布式电源发电商能够通过分布式电源发电赚取卖电收益与补贴；另一方面，电网运营商通过分布式电源本地发电减少网络向输电网络的买电量并减少电能网络传输损耗。因此，规划目标函数综合考虑了分布式电源发电商与网络运营商的利益，其数学表达如式(2.57)所示：

$$
\begin{cases}
F_s = \sum\limits_{i=1}^{N_{\text{cand}}} \left[(c_{\text{PV}} S_{\text{PV},i} + c_{\text{WT}} S_{\text{WT},i}) \dfrac{r_{\text{int}}(1+r_{\text{int}})^{T_m}}{(1+r_{\text{int}})^{T_m} - 1} + c_{\text{OMPV}} S_{\text{PV},i} + c_{\text{OMWT}} S_{\text{WT},i} \right] \\
F_c = (c_{\text{sell}} + c_{\text{sub}}) \sum\limits_{t=1}^{T_p} \sum\limits_{i=1}^{N_{\text{cand}}} \left\{ [\widehat{P_{\text{PV},i}^{i}(t)} - P_{\text{PV},i}(t)] + [\widehat{P_{\text{WT},i}(t)} - P_{\text{WT},i}(t)] \right\} \\
F_d = \sum\limits_{t=1}^{T_p} \sum\limits_{k=1}^{N_{\text{clu}}} P_{\text{clu},k}^{t}(t) \\
F_e = c_{\text{up}} \sum\limits_{t=1}^{T_p} \sum\limits_{\text{clu}=1}^{N_{\text{clu}}} \sum\limits_{i=1}^{N_{\text{clu,line}}} r_i i_i^2(t)
\end{cases}
\tag{2.57}
$$

式中，F_s 为分布式电源投资与运行成本目标函数值，代表分布式电源发电商的利益；F_c 为分布式电源削减造成的卖电与补贴费用损失值，同样代表了分布式电源发电商的利益；F_d 为集群总流入电量的目标函数值，可用来表示集群内部的分布式电源出力与负荷之间的匹配程度，此目标函数代表了网络运营商减少向输电网络买电的目的；F_e 为集群内部网损费用函数值，此目标函数代表了网络运营商较少电能网络传输损耗的目的；N_{cand} 为所有备选接入节点的总数量；c_{PV} 和 c_{WT} 分别为单位容量的光伏和风电的投资成本；c_{OMPV} 和 c_{OMWT} 分别为单位容量的光伏和风电运行维护成本；$S_{\text{PV},i}$ 和 $S_{\text{WT},i}$ 分别为光伏和风电的规划容量；r_{int} 为银行利率；T_{m} 为投资回报期限；c_{sell} 和 c_{sub} 分别为分布式电源的上网电价和补贴电价；T_{p} 为最长仿真时间；$\widehat{P_{\text{PV},i}(t)}$ 和 $\widehat{P_{\text{WT},i}(t)}$ 分别为节点 i 的光伏和风电 t 时刻的预测发电功率；$P_{\text{PV},i}(t)$ 和 $P_{\text{WT},i}(t)$ 分别为节点 i 的光伏和风电 t 时刻的实际发电功率；$P_{\text{clu},k}^{t}$ 为在 t 时刻的网络流入集群 k 的功率；c_{up} 为购电费用；N_{clu} 为集群总数量；$N_{k,\text{line}}$ 为集群 k 包含的线路数量，r_i 为线路 i 的电阻值；$i_i(t)$ 为线路 i 在 t 时刻的电流值。

上述 4 个目标函数具有不同的量纲，且代表不同主体的利益，可采用目标规划法将多目标转化为单目标。假设4个目标的最优值分别为 $\operatorname{Min} F=\left\{F_{\text{s}}^{0}, F_{\text{c}}^{0}, F_{\text{d}}^{0}, F_{\text{e}}^{0}\right\}$，则目标函数最小转化为各目标函数与其理想点的偏移量最小，其表达式如式(2.58)所示：

$$\operatorname{Min} F=w_1 \frac{d_{\text{s}}^{+}+d_{\text{s}}^{-}}{F_{\text{s}}^{0}}+w_2 \frac{d_{\text{c}}^{+}+d_{\text{c}}^{-}}{F_{\text{c}}^{0}}+w_3 \frac{d_{\text{d}}^{+}+d_{\text{d}}^{-}}{F_{\text{d}}^{0}}+w_4 \frac{d_{\text{e}}^{+}+d_{\text{e}}^{-}}{F_{\text{e}}^{0}} \tag{2.58}$$

式中，d_{s}^{+} 与 d_{s}^{-} 分别为分布式电源投资与运行的实际值与理想目标函数值之间的正负差值；d_{c}^{+} 与 d_{c}^{-} 分别为分布式电源削减造成的损失卖电与补贴费用的实际值与理想目标值之间的正负差值；d_{d}^{+} 与 d_{d}^{-} 分别为集群间交互功率的实际值与目标值之间的正负差值；d_{e}^{+} 与 d_{e}^{-} 分别为集群内部网损的实际值与目标值之间的正负差值；$\{w_1, w_2, w_3, w_4\}$ 为每个部分的优先级，而各部分的理想值的倒数则作为各正负偏差变量的权系数。

为了确定其各部分的优先级，下文采用层次分析法，构造判断矩阵，首先判断分布式电源投资与弃风/光成本代表了分布式电源发电商的利益，而网损和集群流入功率代表了电网运营商的利益。假设发电商与电网运营商的利益同等重要，其中投资和弃风/光成本同等重要；集群交互比网损成本稍重要。根据以上分析得到判断矩阵如表 2.2 所示。

表 2.2　系数判断矩阵

项目	投资与维护	网损	弃风/光成本	集群流入功率
投资与维护	1	3	1	1
网损	1/3	1	1/3	1/3
弃风/光成本	1	3	1	1/2
集群间交互	1	3	2	1

根据以上判断矩阵可得到其最大特性值与对应的规范化特征向量如式(2.59)和式(2.60)所示：

$$\lambda = 4.1242 \tag{2.59}$$

$$\boldsymbol{W} = [0.296 \quad 0.099 \quad 0.252 \quad 0.354]^{\mathrm{T}} \tag{2.60}$$

进行一致性检验，数学表达式如式(2.61)和式(2.62)所示：

$$\mathrm{CI} = \frac{4.1242 - 4}{4 - 1} = 0.0414 \tag{2.61}$$

$$\mathrm{CR} = \frac{\mathrm{CI}}{\mathrm{RI}} = \frac{0.0414}{0.94} = 0.044 < 0.1 \tag{2.62}$$

式中，CI 为一致性指标；RI 为随机一致性指标；CR 为一致性比率。

由上可得，本节所提出的判断矩阵能够通过一致性检验，因此选取 $\boldsymbol{W}$ 作为优先级 $\{w_1, w_2, w_3, w_4\}$ 的实际值。

2. 约束条件

分布式发电集群规划模型的约束条件包括偏差变量约束、交流潮流约束、集群渗透率约束、分布式电源有功出力约束、分布式电源无功出力约束。

1) 偏差变量约束

目标规划模型中引入偏差变量表示优化目标值与理想值之间的差值，因此偏差变量需要满足式(2.63)等式约束：

$$\begin{cases} F_{\mathrm{s}} + d_{\mathrm{s}}^{-} - d_{\mathrm{s}}^{+} = F_{\mathrm{s}}^{0} \\ F_{\mathrm{c}} + d_{\mathrm{c}}^{-} - d_{\mathrm{c}}^{+} = F_{\mathrm{c}}^{0} \\ F_{\mathrm{d}} + d_{\mathrm{d}}^{-} - d_{\mathrm{d}}^{+} = F_{\mathrm{d}}^{0} \\ F_{\mathrm{e}} + d_{\mathrm{e}}^{-} - d_{\mathrm{e}}^{+} = F_{\mathrm{e}}^{0} \end{cases} \tag{2.63}$$

2) 交流潮流约束

由于在规划-运行过程中，电压为很重要的因素，所以模型需要考虑交流潮流模型；并且配电网络为辐射型网络，因此基于支路潮流模型，对交流潮流进行二阶锥松弛(second order conic relaxation，SOCR)转化，建立约束如式(2.64)和式(2.65)所示：

$$\begin{cases}\sum\limits_{i\in\psi_{\text{up}}(i)}[P_{ij}(t)-i_{ij}(t)r_{ij}]-P_{\text{L}}^{j}(t)+P_{\text{PV}}^{j}(t)+P_{\text{WT}}^{j}(t)=\sum\limits_{k\in\psi_{\text{down}}(i)}P_{jk}(t)\\ \sum\limits_{i\in\psi_{\text{up}}(i)}[Q_{ij}(t)-i_{ij}(t)x_{ij}]-Q_{\text{L}}^{j}(t)+Q_{\text{PV}}^{j}(t)+Q_{\text{WT}}^{j}(t)=\sum\limits_{k\in\psi_{\text{down}}(i)}Q_{jk}(t)\\ v_j(t)=v_i(t)-2\left[r_{ij}P_{ij}(t)+x_{ij}Q_{ij}(t)\right]+(r_{ij}^2+x_{ij}^2)i_{ij}(t)\\ \|\,2P_{ij}\quad 2Q_{ij}\quad i_{ij}-v_i\,\|_2\leqslant i_{ij}+v_i\end{cases}\tag{2.64}$$

$$\begin{cases}U_{\min}^2\leqslant U_i^2(t)\leqslant U_{\max}^2\\ 0\leqslant I_i^2(t)\leqslant I_{\max}^2\end{cases}\tag{2.65}$$

式中，i 和 j 代表网络中不同的节点；$\psi_{\text{up}}(i)$ 和 $\psi_{\text{down}}(i)$ 分别代表节点 i 的上游和下游节点集；P_{ij} 为线路从 i 点到 j 点的有功功率；P_{L}^{i} 为节点 i 的有功负荷；$Q_{\text{PV}}^{j}(t)$ 为节点 j 上安装的光伏在 t 时刻输出的无功功率；$Q_{\text{WT}}^{j}(t)$ 为节点 j 上安装的风机在 t 时刻输出的无功功率；U_i^t 为节点 i 在 t 时刻的电压幅值的平方；Q_{ij} 为线路从 i 到 j 的无功功率；Q_{L}^{i} 节点 i 的无功负荷；$U_{\max}$ 和 $U_{\min}$ 为节点电压平方的最大和最小限值；$I_{\max}$ 为线路最大电流限制。

3）集群渗透率约束

模型以集群作为反向潮流功率的计算单元，在集群内部的部分 35kV 电站的 DG 装机容量可以超过其自身最大负荷值，但集群内的总接入总量需以集群的总最大负荷设置接入限制，因此可把集群容量渗透率 P_ρ 作为约束对集群总体接入容量进行限制，其定义如式(2.66)所示：

$$P_\rho=\frac{\sum\limits_{i=1}^{N_{\text{clu}}^{i}}(S_{\text{T,PV}}^{i}+S_{\text{T,WT}}^{i})}{\sum\limits_{i=1}^{N_{\text{clu}}^{i}}S_{\text{T,max}}^{i}}\tag{2.66}$$

式中，N_{clu}^{i} 为集群 i 内的 35kV 变电站数；$S_{\text{T,PV}}^{i}$ 为集群内第 i 个 35kV 电站的光伏输出功率；$S_{\text{T,WT}}^{i}$ 为集群内第 i 个 35kV 电站的风电输出功率；$S_{\text{T,max}}^{i}$ 为集群内第 i 个 35kV 电站负荷的最大视在功率。

在规划过程中可规定预期集群渗透率，并评估在不同集群渗透率下的弃风/光率，数学表达式如式(2.67)所示：

$$P_\rho=\hat{P}_\rho\tag{2.67}$$

式中，$\widehat{P}_{\rho}$ 为预期假设渗透率。

4)分布式电源有功出力约束

在考虑各 35kV 电站下安装的分布式电源的有功出力削减时，若集群总体出现功率倒送或出现电压越线的情况，则需要对分布式电源出力进行削减，其削减约束如式(2.68)所示：

$$\begin{cases} 0 \leqslant P_{\mathrm{PV},i}(t) \leqslant \widehat{P_{\mathrm{PV},i}(t)} S_{\mathrm{PV},i} \\ 0 \leqslant P_{\mathrm{WT},i} i(t) \leqslant \widehat{P_{\mathrm{WT},i}(t)} S_{\mathrm{WT},i} \end{cases} \tag{2.68}$$

式中，$\widehat{P_{\mathrm{PV},i}(t)}$ 为光伏在 t 时刻的预测出力；$\widehat{P_{\mathrm{WT},i}(t)}$ 为风机在 t 时刻的预测出力。

5)分布式电源无功出力约束

模型中的分布式电源分为两种，其中一种不参与无功电压调节，其无功出力仅以功率因数作为限制，另一种参与无功电压调节，则其无功出力以额定容量进行限制。由于网络中并不允许大规模的分布式电源进行无功电压调节，所以只在网络中功率因数较低且易出现电压越限的个别 35kV 变电站进行布置参与电压无功调节的分布式电源。

(1)非电压无功调节分布式电源无功约束。其数学表达式如式(2.69)所示：

$$\begin{cases} -\dfrac{\sqrt{1-\cos^2\theta}}{\cos\theta} P_{\mathrm{PV},i} \leqslant Q_{\mathrm{PV},i} \leqslant \dfrac{\sqrt{1-\cos^2\theta}}{\cos\theta} P_{\mathrm{PV},i} \\ -\dfrac{\sqrt{1-\cos^2\theta}}{\cos\theta} P_{\mathrm{WT},i} \leqslant Q_{\mathrm{WT}} \leqslant \dfrac{\sqrt{1-\cos^2\theta}}{\cos\theta} P_{\mathrm{WT},i} \\ \sqrt{Q_{\mathrm{PV},i}^2 + P_{\mathrm{PV},i}^2} \leqslant S_{\mathrm{PV},i} \\ \sqrt{Q_{\mathrm{WT},i}^2 + P_{\mathrm{WT},i}^2} \leqslant S_{\mathrm{WT},i} \end{cases} \tag{2.69}$$

式中，$\cos\theta$ 为分布式电源输出功率的功率因数；$Q_{\mathrm{PV},i}$ 为 i 节点的光伏在 t 时刻的无功功率输出；$Q_{\mathrm{WT},i}$ 为 i 节点的风机在 t 时刻的无功功率输出。

(2)参与电压无功调节分布式电源无功约束。其数学表达式如式(2.70)所示：

$$\begin{cases} \sqrt{Q_{\mathrm{PV},i}^2 + P_{\mathrm{PV},i}^2} \leqslant S_{\mathrm{PV},i}^2 \\ \sqrt{Q_{\mathrm{WT},i}^2 + P_{\mathrm{WT},i}^2} \leqslant S_{\mathrm{WT},i}^2 \end{cases} \tag{2.70}$$

3. Benders 分解模型建立与求解

上述规划模型包含投资—运行两个步骤，直接进行求解比较困难，因此可采用广义 Benders 分解算法将规划模型拆解成主问题和子问题再交替迭代求解[20]。其中，上层主问题为投资规划，即其决策变量为安装容量，而下层子问题包括各时刻的最优潮流优化运行，则下层的决策变量则包括分布式电源的实际有功无功出力情况以及各潮流变量。规划模型可写成标准形式如数学表达式如式(2.71)所示：

$$
\begin{aligned}
\text{Min} \quad & \boldsymbol{a}^{\mathrm{T}}\boldsymbol{x}+\boldsymbol{b}^{\mathrm{T}}\boldsymbol{y} \\
\text{s.t.} \quad & \boldsymbol{Ax}=\boldsymbol{u} \\
& \boldsymbol{Ex}+\boldsymbol{Fy}\leqslant \boldsymbol{h} \\
& |\boldsymbol{Hy}|\leqslant \boldsymbol{Q}^{\mathrm{T}}\boldsymbol{y}+\boldsymbol{g}^{\mathrm{T}}\boldsymbol{x} \\
& \boldsymbol{By}\leqslant \boldsymbol{c} \\
& \boldsymbol{Ky}=\boldsymbol{k} \\
& \boldsymbol{x}\geqslant \boldsymbol{0},\ \boldsymbol{y}\geqslant \boldsymbol{0}
\end{aligned}
\tag{2.71}
$$

式中，所有矩阵及向量均为数学结构性质的变量，没有实际的物理意义，只作为模型的数学结构进行说明。$\boldsymbol{a}^{\mathrm{T}}\boldsymbol{x}+\boldsymbol{b}^{\mathrm{T}}\boldsymbol{y}$ 为规划目标式；$\boldsymbol{x}$ 和 $\boldsymbol{y}$ 为规划优化变量的向量形式；$\boldsymbol{Ax}=\boldsymbol{u}$、$\boldsymbol{Ky}=\boldsymbol{k}$ 为变量 $\boldsymbol{x}$、$\boldsymbol{y}$ 的等式约束；$\boldsymbol{By}\leqslant \boldsymbol{c}$ 为变量 $\boldsymbol{y}$ 的不等式约束；$\boldsymbol{Ex}+\boldsymbol{Fy}\leqslant \boldsymbol{h}$、$|\boldsymbol{Hy}|\leqslant \boldsymbol{Q}^{\mathrm{T}}\boldsymbol{y}+\boldsymbol{g}^{\mathrm{T}}\boldsymbol{x}$ 为 $\boldsymbol{x}$ 与 $\boldsymbol{y}$ 联立的不等式约束；$\boldsymbol{A}$、$\boldsymbol{B}$、$\boldsymbol{E}$、$\boldsymbol{F}$、$\boldsymbol{H}$、$\boldsymbol{K}$、$\boldsymbol{Q}$ 均为构成模型相应约束的矩阵；$\boldsymbol{a}$、$\boldsymbol{b}$、$\boldsymbol{c}$、$\boldsymbol{h}$、$\boldsymbol{k}$、$\boldsymbol{u}$ 均为构成模型相应约束和目标的向量。

规划模型的标准形式可以分解成主问题(main problem，MP)，数学表达式如式(2.72)所示：

$$
\begin{aligned}
\text{Min} \quad & Z \\
\text{s.t.} \quad & Z\geqslant \boldsymbol{a}^{\mathrm{T}}\boldsymbol{x} \\
& \boldsymbol{Ax}=\boldsymbol{u} \\
& \boldsymbol{x}\geqslant \boldsymbol{0}
\end{aligned}
\tag{2.72}
$$

为了方便 MP 与子问题的迭代，在 MP 引入 Z 变量，其最优解依然能保持和原优化问题结果一致。

其所嵌套的子问题(sub problem，SP)，数学表达式如式(2.73)所示：

$$
\begin{aligned}
\text{Min}\quad & \boldsymbol{b}^{\mathrm{T}}\boldsymbol{y} \\
\text{s.t.}\quad & \boldsymbol{F}\boldsymbol{y} \leqslant \boldsymbol{h} - \boldsymbol{E}\widehat{\boldsymbol{x}} \\
& \left|\boldsymbol{H}\boldsymbol{y}\right| \leqslant \boldsymbol{Q}^{\mathrm{T}}\boldsymbol{y} + \boldsymbol{g}^{\mathrm{T}}\widehat{\boldsymbol{x}} \\
& \boldsymbol{B}\boldsymbol{y} \leqslant \boldsymbol{c} \\
& \boldsymbol{K}\boldsymbol{y} = \boldsymbol{k} \\
& \boldsymbol{y} \geqslant \boldsymbol{0}
\end{aligned} \tag{2.73}
$$

由于式(2.73)中的部分约束在拉格朗日函数中均有相同的表达形式，因此合成一个约束式，合成之后的 SP 可表示为如式(2.74)所示：

$$
\begin{aligned}
\text{Min}\quad & \boldsymbol{b}^{\mathrm{T}}\boldsymbol{y} \\
\text{s.t.}\quad & \boldsymbol{F}_i^{\mathrm{T}}\boldsymbol{y} \leqslant h_i - \boldsymbol{E}_i^{\mathrm{T}}\widehat{x}_i : \tau_i,\ i=1,\cdots,N_1 \\
& \left|\boldsymbol{H}_i^{\mathrm{T}}\boldsymbol{y}\right| \leqslant \boldsymbol{Q}_i^{\mathrm{T}}\boldsymbol{y} + \boldsymbol{g}_i^{\mathrm{T}}\widehat{x}_i : (\mu_i,\lambda_i),\ i=1,\cdots,N_2 \\
& \boldsymbol{G}_i^{\mathrm{T}}\boldsymbol{y} \leqslant e_i : \delta_i,\ i=1,\cdots,N_3 \\
& \boldsymbol{y} \geqslant \boldsymbol{0}
\end{aligned} \tag{2.74}
$$

式中，$\boldsymbol{\tau}$、$\boldsymbol{\mu}$、$\boldsymbol{\lambda}$、$\boldsymbol{\delta}$ 分别为各约束的对偶乘子；$\boldsymbol{G}$ 为原始规划模型不等式约束公式重组后构成的矩阵；N_1 为 $\boldsymbol{F}$ 矩阵的行数；N_2 为 $\boldsymbol{H}$ 矩阵的行数；N_3 为 $\boldsymbol{G}$ 矩阵的行数。

SP 的对偶模型如式(2.75)所示：

$$
\begin{aligned}
\text{Max}\quad & -\sum_{i=1}^{N_1}\tau_i(h_i - \boldsymbol{E}_i\widehat{x}_i) - \sum_{i=1}^{N_2}\lambda_i\boldsymbol{g}_i^{\mathrm{T}}\widehat{\boldsymbol{x}}_i - \sum_{i=1}^{N_3}\delta_i e_i \\
\text{s.t.}\quad & \boldsymbol{b} + \sum_{i=1}^{N_1}\boldsymbol{F}_i\tau_i + \sum_{i=1}^{N_2}\boldsymbol{H}_i\mu_i - \sum_{i=1}^{N_2}\boldsymbol{Q}_i\lambda_i + \sum_{i=1}^{N_3}\boldsymbol{G}_i\delta_i = \boldsymbol{0} \\
& \left\|\boldsymbol{\mu}_i\right\| \leqslant \lambda_i \\
& \lambda_i,\delta_i \geqslant 0
\end{aligned} \tag{2.75}
$$

根据主 SP 的分解可得到 Benders 分解算法求解步骤。

步骤 1：求解 MP 后，获得原始问题的目标函数下界 $\widehat{Z}_{\text{lower}}$ 与优化变量 $\widehat{\boldsymbol{x}}$，如果 MP 无约束，则设置 $\widehat{Z}_{\text{lower}} = -\infty$，并对 $\widehat{\boldsymbol{x}}$ 取任意值。

步骤 2：求解 SP 或其对偶问题，得到原问题目标函数上界 $\widehat{Z}_{\text{up}}$，若求解 SP 原问题，则 $\widehat{Z}_{\text{up}} = \boldsymbol{a}^{\mathrm{T}}\widehat{\boldsymbol{x}} + \boldsymbol{b}^{\mathrm{T}}\widehat{\boldsymbol{y}}$，若求取对偶问题，得到式(2.76)：

$$
\widehat{Z}_{\text{up}} = \boldsymbol{a}^{\mathrm{T}}\widehat{\boldsymbol{x}} - \sum_{i=1}^{N_1}\tau_i(h_i - \boldsymbol{E}_i\widehat{\boldsymbol{x}}_i) - \sum_{i=1}^{N_2}\lambda_i\boldsymbol{g}_i^{\mathrm{T}}\widehat{\boldsymbol{x}}_i - \sum_{i=1}^{N_3}\delta_i e_i \tag{2.76}
$$

便可以直接求取 SP 得到原问题上界。

(1)若$\left|\widehat{Z}_{\text{up}}-\widehat{Z}_{\text{lower}}\right|\leqslant\varepsilon$，则停止迭代，否则由 SP 生成可行割，数学表达式如式(2.77)所示：

$$Z \geqslant \boldsymbol{a}^{\mathrm{T}}\boldsymbol{x}+\sum_{i=1}^{n}\widehat{\tau}_i\boldsymbol{E}_i(\boldsymbol{x}_i-\widehat{\boldsymbol{x}}_i)+\sum_{i=1}^{m}\widehat{\lambda}_i\boldsymbol{g}_i^{\mathrm{T}}(\boldsymbol{x}_i-\widehat{\boldsymbol{x}}_i) \tag{2.77}$$

(2)若 SP 不可行，则求解以下优化模型，引入松弛变量集合 $\boldsymbol{s}$；SP 转化为式(2.78)：

$$\begin{aligned}
&\text{Min}\quad \sum_{i=1}^{n}s_i'+\sum_{i=1}^{n}s_i''+\sum_{i=1}^{p}s_i'''\\
&\text{s.t.}\quad \boldsymbol{F}_i^{\mathrm{T}}\boldsymbol{y}+s_i'\leqslant h_i-\boldsymbol{E}_i\widehat{\boldsymbol{x}}_i:\tau_i',\ \ i=1,\cdots,N_1\\
&\qquad\ \|\boldsymbol{H}_i^{\mathrm{T}}\boldsymbol{y}+s_i''\|\leqslant\boldsymbol{Q}_i^{\mathrm{T}}\boldsymbol{y}+\boldsymbol{g}_i^{\mathrm{T}}\widehat{\boldsymbol{x}}_i:(\mu_i',\lambda_i'),\ \ i=1,\cdots,N_2\\
&\qquad\ \boldsymbol{G}_i^{\mathrm{T}}\boldsymbol{y}+s_i'''\leqslant e_i:\delta_i',\ \ i=1,\cdots,N_3
\end{aligned} \tag{2.78}$$

此松弛问题形成的不可行 Benders 割如式(2.79)所示：

$$\sum_{i=1}^{n}s_i'+\sum_{i=1}^{n}s_i''+\sum_{i=1}^{p}s_i'''+\sum_{i=1}^{n}\widehat{\tau}_i'\boldsymbol{E}_i(\boldsymbol{x}_i-\widehat{\boldsymbol{x}}_i)+\sum_{i=1}^{m}\widehat{\lambda}_i'\boldsymbol{g}_i^{\mathrm{T}}(\boldsymbol{x}_i-\widehat{\boldsymbol{x}}_i)\leqslant 0 \tag{2.79}$$

步骤 3：将可行割或不可行割加入 MP 形成新的主问题 MP_1，求解 MP_1 得到新的下界 $\widehat{Z}_{\text{lower}}$ 与 $\widehat{\boldsymbol{x}}$，返回步骤 2 再次求解 SP 得到问题上界。

参 考 文 献

[1] 朱会敏. 分布式电源接入方案研究[D]. 天津: 天津大学, 2010.

[2] 康重庆, 姚良忠. 高比例可再生能源电力系统的关键科学问题与理论研究框架[J]. 电力系统自动化, 2017, 41(9): 2-11.

[3] 陈恺. 分布式电源优化规划[D]. 天津: 天津大学, 2006.

[4] 温俊强, 曾博, 张建华. 市场环境下考虑各利益主体博弈的分布式电源双层规划方法[J]. 电力系统自动化, 2015, 39(15): 61-67.

[5] 徐迅, 陈楷, 龙禹, 等. 考虑环境成本和时序特性的微网多类型分布式电源选址定容规划[J]. 电网技术, 2013, 37(4): 914-921.

[6] Ameli A, Farrokhifard M R, Davari-nejad E, et al. Profit-Based DG Planning Considering Environmental and Operational Issues: A Multiobjective Approach[J]. IEEE Systems Journal, 2015: 1-12.

[7] 郑漳华, 艾芊, 顾承红, 等. 考虑环境因素的分布式发电多目标优化配置[J]. 中国电机工程学报, 2009, 29(13): 23-28.

[8] Nick M, Hohmann M, Cherkaoui R, et al. Optimal location and sizing of distributed storage systems in active distribution networks[C]//IEEE Powertech, Grenoble, 2013: 1-6.

[9] 韩晓娟，王丽娜，高僮，等. 基于成本和效益分析的并网光储微网系统电源规划[J]. 电工技术学报，2016，31(14): 31-39.

[10] 肖峻，张泽群，梁海深. 配电网络公共储能位置与容量的优化方法[J]. 电力系统自动化，2015，39(19): 54-61.

[11] 尤毅，刘东，钟清，等. 主动配电网储能系统的多目标优化配置[J]. 电力系统自动化，2014，38(18): 46-52.

[12] 刘娇扬，郭力，杨书强，等. 配电网中多光储微网系统的优化配置方法[J]. 电网技术，2018，42(9): 2806-2815.

[13] 葛少云，张有为，刘洪，等. 考虑网架动态重构的主动配电网双层扩展规划[J]. 电网技术，2018，42(5): 1526-1536.

[14] Abessi A, Vahidinasab V. Ghazizadeh M S. Centralized support distributed voltage control by using end-users as reactive power support[J]. IEEE Transaction on Smart Grid, 2016, 7(1): 178-188.

[15] 丁明，刘先放，毕锐，等. 采用综合性能指标的高渗透率分布式发电集群划分方法[J]. 电力系统自动化，2018，42(15): 47-52, 141, 221-224.

[16] Girvan M, Newman M E J. Community structure in social and biological networks[J]. Proceedings of the National Academy of Sciences of the United States of America, 2002, 99(12): 7821-7826.

[17] Zhao B, Xu Z, Xu C, et al. Network partition based zonal voltage control for distribution networks with distributed PV systems[J]. IEEE Transactions on Smart Grid, 2017, (99): 1-11.

[18] Newmn M E J, Girvan M. Find and Evaluating CommunityStructure in Networks[J]. Physical Review E, 2004, E69: 026113.

[19] Srinivas M, Patnaik L. Adaptive probabilities of crossover and mutation in genetic algorithms[J]. IEEE Transactions on Systems, 1994, 24(4): 656-667.

[20] Benders J F. Partitioning procedures for solving mixed-variables programming problems[J]. Numerische Mathematik, 1962, 4(1): 238-252.

第 3 章　高效高功率密度分布式电源变流与测控保护

如何保障分布式发电规模有序、安全可靠、灵活高效地接入电网，实现分布式电源与电网友好协调与高效消纳，已成为能源与电网领域的重大科学命题，这一重大科学命题主要包含了分布式电源的优化规划、并网运行控制与能量调度等多方面问题[1,2]。在上一章分布式电源规划基础上，本章重点关注分布式电源灵活并网技术、高效高功率密度并网装备、智能测控保护等方面。

随着分布式电源大规模接入，导致电网供电模式改变，再考虑到光伏、风电等分布式电源出力的不确定性，大规模发展将会影响电网安全稳定运行，而电网不稳定也会影响分布式发电系统运行可靠性，分布式发电系统与电网稳定运行相互依赖，因此既要从电网角度考虑分布式电源接入，也要从分布式电源接入角度考虑电网。现有并网控制技术仅考虑如何实现分布式发电系统自身稳定运行，已不能满足规模化高渗透率要求。作为未来电力系统发电单元的众多分布式电源，应能够主动参与电网调节，实现电网与分布式电源的相互支撑[3]。

现有分布式电源并网装备种类多样，功能齐全，且基本实现可靠运行，诸多学者及装备厂商为进一步优化并网装备深入研究开发，主要体现在优化并网装备的拓扑结构，提高装备的功率密度，降低装备在电能转换过程中的损耗，提高并网装备的发电效率等方面，然而并网装备的高功率密度和高发电效率的统一是目前面临的一大难题。随着分布式电源的快速发展，应用场景呈现多样化，高功率密度和高效率逐渐成为用户关注的两大重要指标，因此高功率密度高效并网装备开发成为现阶段迫切需求。

随着测控保护技术的发展，灵敏度高、测量数据全、响应速度快、适用于多场景的测控保护装置涌现而出，其在电网的应用提升了电力系统智能化水平。如果考虑将分布式电源通过测控保护装置纳入电网统一管理，将能有效规避大规模分布式电源接入带来的潜在风险。由于现有测控保护装置具有单机测控和保护的特性，缺少信息汇总和利用区域信息进行控制和保护功能，所以将所有接入中低压电网分布式电源纳入上层管理系统，测控保护装置需求量巨大，不利于节约成本，并会极大增加管理系统的复杂度。同时分布式电源的有源特性和出力的强不确定性，多类型分布式电源并网装备不同运行约束条件和负荷变化的多时间尺度性，都使电网在对点多面广分布式电源管控方面存在较大困难。

本章结合以上问题，分别从分布式电源并网技术和装置出发，论述通过分布式电源灵活并网关键技术及智能测控保护技术的应用，解决大规模分布式电源接入电网所引起的系列问题，实现分布式电源对电网的友好接入。

3.1　分布式电源灵活并网技术

大规模分布式电源并网给配电网带来诸多影响，为了提高配电系统运行性能，同时保证分布式电源的灵活并网，需对分布式电源灵活并网关键技术及装备进行研究与开发，从而解决大规模分布式电源接入电网所引起的功率倒送、电能质量恶化等一系列问题。本章论述了并网逆变调控一体机、光储一体机、模块化储能变流器、虚拟同步发电机等不同形式的分布式电源并网关键技术及装备，以期实现分布式电源的灵活友好接入。

3.1.1　并网逆变调控一体机控制技术

并网逆变调控一体机是一种多功能并网逆变器，它集并网逆变、无功补偿、谐波抑制功能于一体，在完成并网逆变的前提条件下，增加无功电压调节及谐波谐振抑制功能，用于解决大规模、集群式分布式发电接入电网导致的电能质量差、并网灵活性差等问题[4]。

1. 并网逆变调控一体机工作原理

并网调控一体机主要由三部分组成：①主功率电路部分；②控制部分；③人机界面及与远程监控设备的通信，如图 3.1 所示。

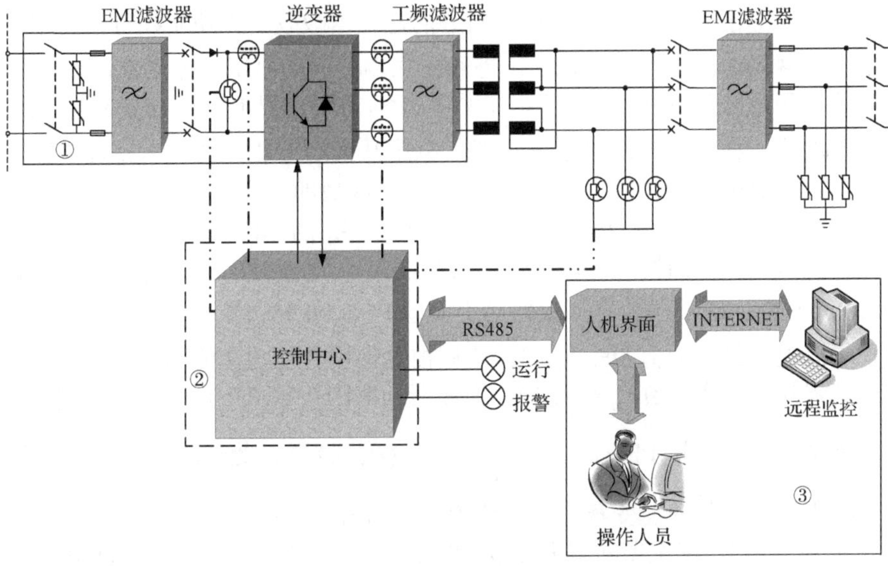

图 3.1　并网调控一体机系统框图

如图 3.1 所示，主功率电路部分实现直流电能的转换和向电网的输送，主要包括电磁干扰(electro magnetic interference，EMI)滤波器、三相逆变电路、工频滤波器及其电信号传感器等部件。光伏组件输出的直流电能经三相逆变桥逆变，并由工频滤波器滤波为满足电网要求的交流电能，最后将交流电能输出至低压或高压电网。控制部分主要包括采样单元、滤波单元、控制单元及驱动单元。采样单元采集的信号经过滤波单元滤波后，作为控制单元的输入，经过控制单元的处理得到相应的驱动信号，驱动信号经驱动单元转换成适用于驱动三相逆变桥的信号。人机界面及与远程监控设备的通信部分实现装置的本地操作与数据传输。

2. 并网点电压自适应控制技术

针对分布式电源并网导致电网电压越限问题，国内外学者也做了诸多研究，目前常用的并网点电压控制方法包括固定功率因数法、有功功率-功率因数法 $\cos\varphi(P)$ 和稳态电压幅值-无功功率法 $Q(U)$ [5-8]。这些方法都是通过一个常数或者一阶分段函数来确定的，在逆变器控制器中实现起来简单，但是每种方法都存在不足之处。采用固定功率因数法，逆变器吸收的无功功率与发出的有功功率成一定的比例，当发出的有功功率很小时，产生过电压的可能性很小，在这种情况下无功功率控制没有必要，还会导致额外的网络损耗。$\cos\varphi(P)$ 方法通过采用分段函数解决了固定因数法的不足。固定功率因数法和 $\cos\varphi(P)$ 方法都是根据测量得到的有功功率值间接实现并网点电压支撑，都是假定电网电压升高与逆变器发出的有功功率有关，而没有考虑负荷的变化。然而，当本地负荷需求很大，与逆变器输出的有功功率相当时，并网点电压不会超出限定值，这种情况下采用 $Q(U)$ 方法更合适。当采用 $Q(U)$ 方法时变压器附近的逆变器吸收的无功功率可以忽略，因为该部分并网点电压升高不明显。但当线路末端并网点电压超过限定值时，变压器附近的逆变器也应该帮助吸收一定的无功功率，这种情况下 $\cos\varphi(P)$ 方法更合适。

本节论述一种分布式发电系统并网点电压升抑制方法，其基本原理如图 3.2 所示。由并网点电压标幺值 U_m 确定逆变器功率因数的最小阈值 $\mathrm{PF_{min}}$，此最小值用来确定逆变器功率因数 PF 与输出有功功率 P_m 的一阶分段函数的斜率。当 $1.0\text{p.u.} < U_m \leqslant 1.05\text{p.u.}$ 时，逆变器功率因数的最小阈值 $\mathrm{PF_{min}}=1.0$；当 $1.05\text{p.u.} < U_m \leqslant 1.08\text{p.u.}$ 时，逆变器功率因数的最小阈值 $\mathrm{PF_{min}}=0.95$；当 $U_m > 1.08\text{p.u.}$ 时，逆变器功率因数的最小阈值 $\mathrm{PF_{min}}=0.9$。然后根据输出有功功率的标幺值 P_m 的大小计算逆变器功率因数：当 $P_m \leqslant 0.5$ 时，逆变器功率因数取 PF=1.0；当 $0.5< P_m \leqslant 1.0$ 时，逆变器功率因数取 $\mathrm{PF} = 1.0 - \dfrac{1.0 - \mathrm{PF_{min}}}{0.5} \times (P_m - 0.5)$，此一阶线性函数的斜率取决于以上计算得到的逆变器功率因数的最小阈值 $\mathrm{PF_{min}}$，$\mathrm{PF_{min}}$ 越小，斜率就越大；当 $P_m > 1.0$ 时，逆变器功率因数取 $\mathrm{PF=PF_{min}}$。该方法综合考虑并网点电压及逆变器输出有功功率，最终确定无功功率补偿值，动态实时地实现对分布式发电系统并网点电压的控制。该方法继承了常规无功功率控制方法 $Q(U)$ 和 $\cos\varphi(P)$ 的优点，并将它们有效地结合在一起而无需增加额外的设备，在保证光伏系统发电量的同时，对并网点电压进行有效支撑。

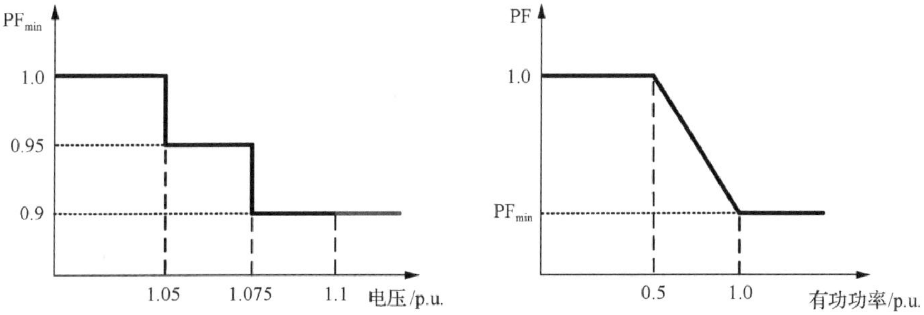

图 3.2　分布式发电系统并网点电压升抑制方法

逆变调控一体机整体控制结构框图如图 3.3 所示。首先采集直流侧电压电流，通过最大功率跟踪控制得到电流参考信号，无功电流指令信号则是由新型分布式发电系统并网点电压升抑制方法来获得，然后对 d、q 轴分别进行 PI 控制，并进行坐标变换得到开关管驱动信号，以实现并网逆变调控功能。

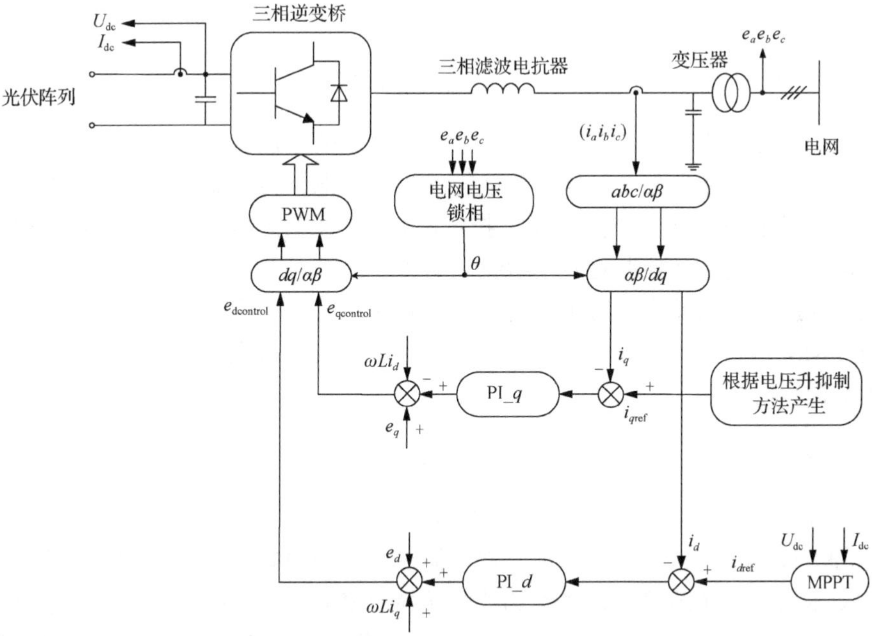

图 3.3　逆变调控一体机整体控制结构框图

3.1.2　储能双向变流器控制技术

储能双向变流器在电气结构上位于储能电池和电网之间，其主要功能是完成电网和储能电池之间的能量交互，即控制电网和储能系统之间的能量流动。此外，根据电网的需求，储能双向变流器还可以实现电网无功调节等功能[9,10]。

1. 储能双向变流器工作原理

储能系统一般由电池管理系统(battery manage system，BMS)、储能双向变流器与储能元件及配套设备组成，如图 3.4 所示。

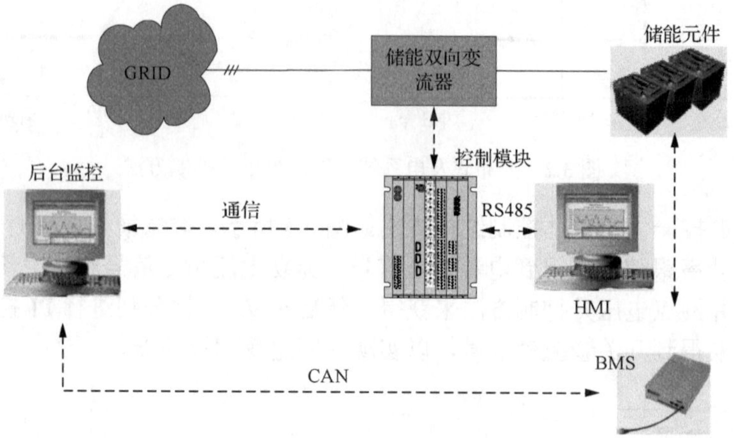

图 3.4　储能系统结构

储能双向变流器可控制储能元件的充电和放电过程，进行交直流变换。在孤岛情况下可将储能元件中存储的电能转换为交流电，为交流负荷供电。储能双向变流器一般由 DC/AC 双向变流器、控制单元等构成。储能双向变流器控制模块通过通信模块接收后台控制指令，根据功率指令的符号及大小控制变流器对电池进行充电或放电，从而实现对电网有功功率和无功功率的调节。此外，控制模块可以与 BMS 进行通信，传输电池组状态信息，可实现对电池的保护性充放电，确保电池运行安全。

2. 高并网电能质量储能双向变流器控制技术

新能源发电系统中大量使用的电力电子装置增大了入网电流谐波畸变率(total harmonic distortion，THD)，严重降低了电网电能质量。其次，为避免工频隔离变压器对系统的体积、成本和能量转换效率的不利影响，无变压器非隔离型储能系统得到了较快发展。然而，变压器的移除却又造成了诸如直流电流注入(direct current injection，DCI)等问题[11,12]。DCI 不仅会导致地下设备腐蚀及变压器饱和，而且对电气设备的正常运行造成不良影响[13]。因此，减小入网电流 THD 和 DCI 已成为储能系统安全高效并网必须解决的关键问题。

为减小入网电流 THD，在优化变流器拓扑结构、改善硬件性能的同时，也需要对其控制算法进行改进。目前，应用较为广泛的变流器控制方法包括旋转坐标系下的 PI 控制方法[14]及其改进策略[15]和静止坐标系下的比例谐振控制方法[16]等。但是这些控制方法均不能兼顾系统的稳定性与动态性能，且波形优化效果有限。现有的 DCI 抑制策略主要包括：交流耦合电容隔直法[17]、基于饱和电抗器的偏置电流补偿法[18]、虚拟电容法[19]和低成本铝制电解电容隔直法[20]等。然而，考虑到成本、损耗、使用寿命和稳定性等问题，现有的 DCI 抑制策略在工程实际中应用受到限制。

1) THD 与 DCI

作为并网变流器两个最重要的性能指标，THD 和 DCI 具有较强耦合关系，且影响变流器输出电流的电能质量，因此有必要对二者的关系进行分析。

首先探讨 THD 对 DCI 的影响。假设并网电流中的直流分量包含因偏移误差而产生的直流分量 I_{DCOff} 和因电流谐波畸变而产生的直流分量 I_{DCHar}，即

$$I_{\mathrm{DC}}(t)=I_{\mathrm{DCOff}}(t)+I_{\mathrm{DCHar}}(t) \tag{3.1}$$

当输出电流中不含有 $I_{\mathrm{DCOff}}(t)$ 而含有基波及谐波分量时，其表达式为[21]

$$I(t)=\sum_{k=1,2,3,\cdots} I_k \sin(k2\pi f_1 t+\varphi_k) \tag{3.2}$$

式中，k 为谐波阶次；φ_k 为 k 次谐波相移。对该式进行时间间隔为周期 T 的积分运算，可得

$$\begin{aligned} I_{\mathrm{DCHar}}(t)&=\frac{1}{T}\int_0^T\left[\sum_{k=1,2,3,\cdots} I_k \sin(k2\pi f_1 t+\varphi_k)\right]\mathrm{d}t \\ &=-\frac{1}{\pi T f_1}\sum_{k=1,2,3,\cdots}\frac{I_k}{k}\sin(k\pi f_1 T+\varphi_k)\sin(k\pi f_1 T) \end{aligned} \tag{3.3}$$

由式(3.3)可知，当 $T=1/f_1$ 时，$I_{\mathrm{DCHar}}(t)=0$，此时输出电流不会因为谐波的问题而产生 DCI。然而，实际应用中，输出基波电流频率 f_1 的检测需要依靠锁相环实现[22]，如图 3.5 所示。

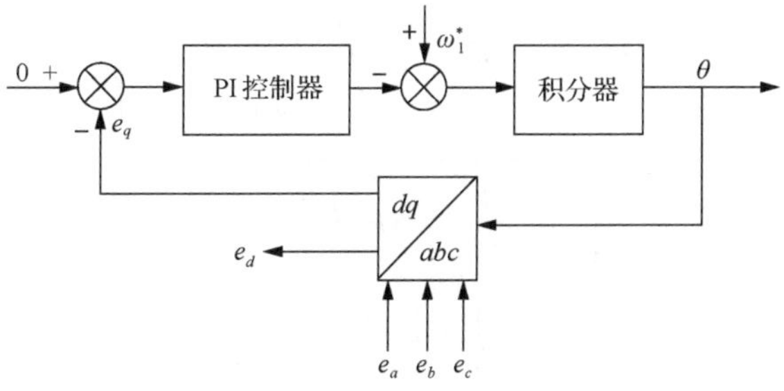

图 3.5　锁相环原理

当入网电流存在较大波形畸变，且并网点阻抗较大时，会引起电网电压波形

畸变，使 e_q 中含有较大的谐波成分，进而导致频率（或相位）的检测出现较大偏差，假设该偏差为 Δf，即此时基波频率检测值为 $f_1'=f_1+\Delta f$，代入式(3.3)，可得

$$\begin{aligned} I_{\mathrm{DCHar}}(t) &= \frac{1}{T}\int_0^T \left[\sum_{k=1,2,3,\cdots} I_k \sin(k2\pi f_1' t + \varphi_k)\right]\mathrm{d}t \\ &= -\frac{f_1'}{\pi f_1}\sum_{k=1,2,3,\cdots}\frac{I_k}{k}\sin\left(k\pi\frac{\Delta f}{f_1}+\varphi_k\right)\sin\left(k\pi\frac{\Delta f}{f_1}\right) \end{aligned} \tag{3.4}$$

由式(3.4)可知，当 $\Delta f \ll f_1$ 时，$I_{\mathrm{DCHar}}(t)\approx 0$；当 Δf 不满足上述条件时，$I_{\mathrm{DCHar}}(t)\neq 0$，即输出电流中会存在一定程度的直流分量。

下面分析因偏移误差而产生的直流分量 $I_{\mathrm{DCOff}}(t)$ 对输出电流 THD 的影响。电流 THD 为

$$\mathrm{THD} = \frac{\sqrt{\dfrac{1}{T}\displaystyle\int_0^T\left(\sum_{n=2}^{\infty} I_k\right)\mathrm{d}t}}{I_1}\times 100\% \tag{3.5}$$

式中，$I_k(k=1, 2,\cdots)$ 为入网电流有效值。当入网电流中含有 $I_{\mathrm{DCOff}}(t)$ 时，会造成各次谐波均产生一定程度的幅值偏移，假设该偏移量为 $\Delta I_{k\mathrm{DCOff}}(t)$，有

$$\begin{cases} I_k'(t) = \sqrt{\dfrac{1}{T}\displaystyle\int_0^T [I_k(t)+\Delta I_{k\mathrm{DCOff}}(t)]\mathrm{d}t} \\ \mathrm{THD} = \dfrac{\sqrt{\dfrac{1}{T}\displaystyle\int_0^T\left(\sum_{n=2}^{\infty} I_k\right)\mathrm{d}t + \dfrac{1}{T}\int_0^T [I_{\mathrm{DCOff}}(t)]\mathrm{d}t}}{I_1+\Delta I_{1\mathrm{DCOff}}}\times 100\% \end{cases} \tag{3.6}$$

由式(3.6)可得

$$\begin{aligned} \frac{\mathrm{THD}'}{\mathrm{THD}} &= \frac{I_1}{I_1+\Delta I_{1\mathrm{DCOff}}}\sqrt{1+\frac{\displaystyle\int_0^T I_{\mathrm{DCOff}}(t)\mathrm{d}t}{\displaystyle\int_0^T\left(\sum_{n=2}^{\infty} I_k\right)\mathrm{d}t}} \\ &\approx \sqrt{1+\frac{\displaystyle\int_0^T I_{\mathrm{DCOff}}(t)\mathrm{d}t}{\displaystyle\int_0^T\left(\sum_{n=2}^{\infty} I_k\right)\mathrm{d}t}} \end{aligned} \tag{3.7}$$

由上式可知，当入网电流中含有因偏移误差而产生的直流分量时，其 THD 值会受到影响而变大。综上，THD 与 DCI 之间存在着紧密的联系，一方性能的改善

必然会提高另一方的性能，反之亦然。

2) 综合优化方法

由上节分析可知，将 THD、DCI 优化控制方法同时加入系统中时，不仅可以实现各自性能的优化，而且还会产生相互影响，使二者性能得到进一步改善。据此得到 THD、DCI 综合优化控制框图，如图 3.6 所示，在直流偏置电流检测及处理环节，引入一种高准确度、低成本的直流电流检测装置，该装置主要包含采样单元、直流分量提取单元和控制电路单元。其中采样单元将电流信号转换为电压信号，直流分量提取单元实现正弦信号衰减，从而提取微弱的直流信号，利用运放将小信号放大。利用预测算法得到 DCI 的校正值后，在电流控制内环增加直流偏置电流控制环，以抑制 DCI。

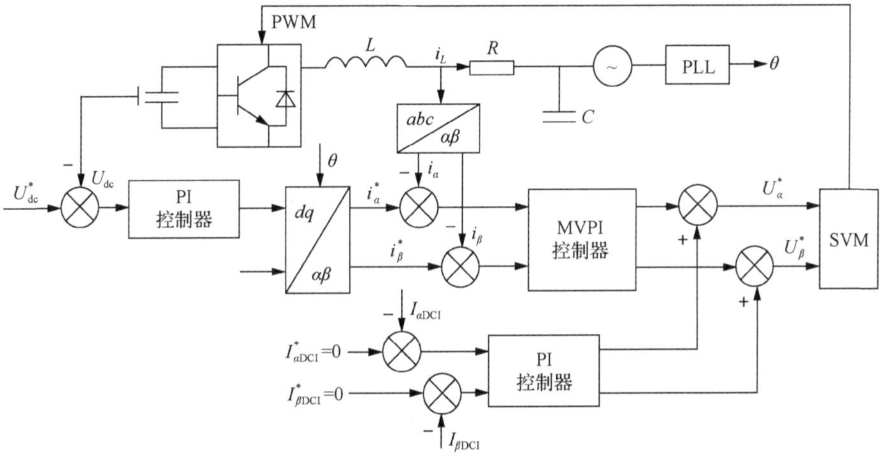

图 3.6　含直流偏置电流控制环的控制系统

3.1.3　光储一体机控制技术

光伏发电具有间歇性、随机性等特点，大规模接入配电网后，对配电网电能质量及负荷用电可靠性会造成严重威胁。将储能与光伏电池通过电力电子设备集成在一起组成光储一体机，可以有效平滑光伏发电带来的波动，既降低了光伏发电对配电网的冲击，又提高了负荷用电可靠性。

1. 光储一体机工作原理

光伏储能一体机将光伏发电控制单元、储能充放电控制单元、并网控制单元和中央控制器集成在一起，通过公共连接点(point of common coupling，PCC)接入配电网中，中央控制器根据设定的控制策略与配电网一起向负载供电[23]。中央控制器根据外部环境或上位机指令的变化，向各功能单元发出控制指令，使装置工作在最优工作模式。保证负载稳定供电的同时，最大限度降低对电网的影响。光伏组件直接与蓄电池并联向本地负荷供电是出现最早的光储一体形式，如图 3.7 所示。该结构简单、控制容易、可靠性高。但是，它的缺点是蓄电池直接与本地负荷相连，负荷两端的电压随蓄电池电压波动，造成负荷电压不稳定。另外，蓄电池充放电不受控，可能导致过充或过放。光伏组件不具有最大功率点跟踪(maximum power point tracking，MPPT)功能[24]，造成能量浪费。同时，光储一体机采用该拓扑形式不能与电网进行能量交换，供电可靠性较低。

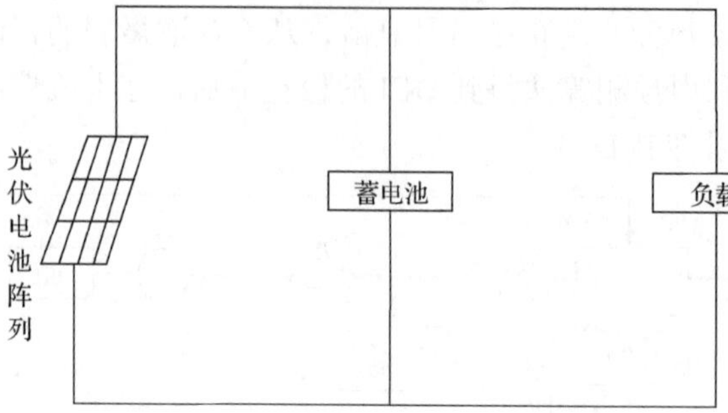

图 3.7　离网型光储一体机拓扑结构

为提高光储一体机的可控性，如图 3.8 所示，光伏组件通过 DC/AC 变换器与交流母线连接，蓄电池通过双向 DC/AC 变换器与交流母线连接，本地负荷接入交

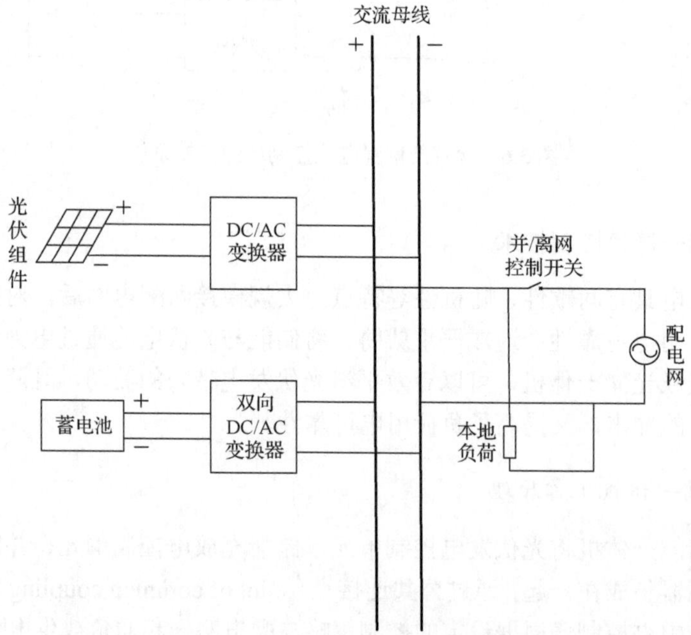

图 3.8　并网型光储一体机拓扑结构 1

流母线获取电能，并网控制开关控制配电网与直流母线的连接。由于 DC/AC 变换器与双向 DC/AC 变换器的存在，光伏组件与蓄电池的配置较为灵活。该拓扑结构在并网过程中，需与电网预同步，其控制策略相对复杂。光储一体机控制并/离网控制开关动作时，需要保证本地负荷的电压和频率不发生大的波动，控制难度较大[25]。

并网型光储一体机拓扑结构如图 3.9 所示，光伏组件直接与直流母线连接，蓄电池通过双向 DC/DC 变换器与直流母线连接，直流母线通过并网 DC/AC 变换器与配电网连接并向本地负荷供电，并/离网控制开关根据指令控制光储一体机与配电网的连接，该拓扑结构简单，光伏电池通过并网 DC/AC 变换器一级并网，工作效率高，双向 DC/DC 变换器可以实现对蓄电池充放电的精确控制，并且蓄电池容量配置灵活。光储一体机在配电网发生故障时，由并网模式转入离网模式，提高本地负荷供电的可靠性。该拓扑结构的缺点是由于光伏组件直接与直流母线连接，造成直流母线电压不稳定。为满足并网 DC/AC 变换器的并网需要，直流母线电压需要维持在较高水平，造成光伏组件串联电压较高，配置不灵活[26]。

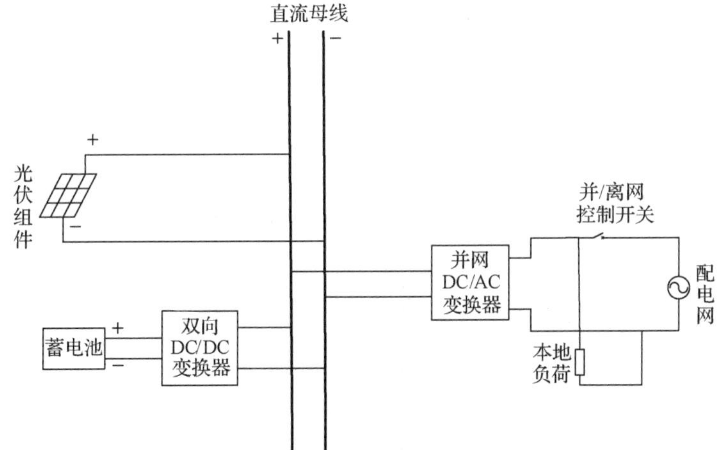

图 3.9　并网型光储一体机拓扑结构 2

另一种光储一体机拓扑形式如图 3.10 所示，光伏组件通过 DC/DC 变换器与直流母线连接，蓄电池直接与直流母线连接，直流母线通过并网 DC/AC 变换器与配电网连接并向负载供电[27]。与图 3.9 所示光储一体机拓扑结构不同，由于光伏组件通过 DC/DC 变换器接入直流母线，配置较为灵活，不需要维持在较高的电压水平。但是由于蓄电池直接与直流母线连接，造成直流母线电压不稳定，为满足并网 DC/AC 变换器，蓄电池需要串联至较高电压，由于不存在双向 DC/DC 变换器，不能对蓄电池进行有效管理，造成蓄电池使用寿命缩短[27]。

为解决图 3.9 与图 3.10 所示光储一体机拓扑结构存在的问题，图 3.11 所示拓扑结构被提了出来，该拓扑结构由于光伏组件与蓄电池均通过 DC/DC 变换器与直流母线连接，光伏组件与蓄电池的配置更为灵活，同时可以分别通过 DC/DC 变换器对光伏组件与蓄电池进行精确控制，直流母线电压也可以稳定在给定值，满足并网 DC/AC 变换器并网需要。该拓扑结构的缺点是由于存在较多的变换器，它们之间的协调控制略显复杂[28]。

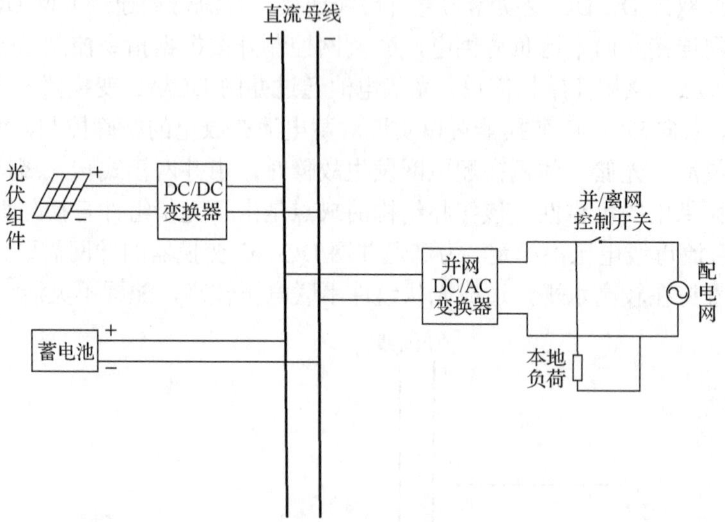

图 3.10　并网型光储一体机拓扑结构 3

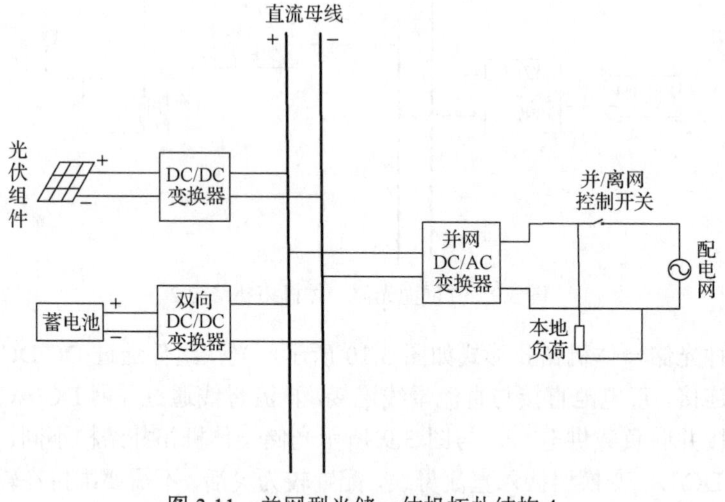

图 3.11　并网型光储一体机拓扑结构 4

2. 离网模式转并网模式控制技术

光储一体机并网瞬间的并网电流是否出现冲击取决于本地负荷电压和电网电

压之间的相位和幅值差，并网电感的等效阻抗很小，本地负荷电压和电网电压之间的细微差异，就会造成并网电流出现很大的电流冲击，如果电流反向注入光储一体机，会使直流母线电压大幅上升，甚至造成供电中断。因此，光储一体机由离网模式转并网模式时，首先要调整输出电压，使之逐渐与电网电压同步，为光储一体机并网操作创造条件。不同于并网模式转离网模式时对转换时间有严格的要求，对并网的响应时间不做严格限制，但是要保证本地电压转换过程中幅值和相位不发生跳变。

光储一体机离网模式转并网模式控制策略如图 3.12 所示，模式 0 代表离网模式，模式 1 代表并网模式，模式指令可以由 EMS 或本地控制器发出，0 代表故障，1 代表电网正常。当光储一体机接收到并网指令时，将逐步调整电容电压的给定 U_{dqref}，使输出电压与电网电压同步，当两者的差别在允许的范围之内即满足并网必要条件时，控制器发出高电平触发信号，SCR 开关闭合，同时模式选择开关 S_2 转为并网模式 1，实现控制策略转换。

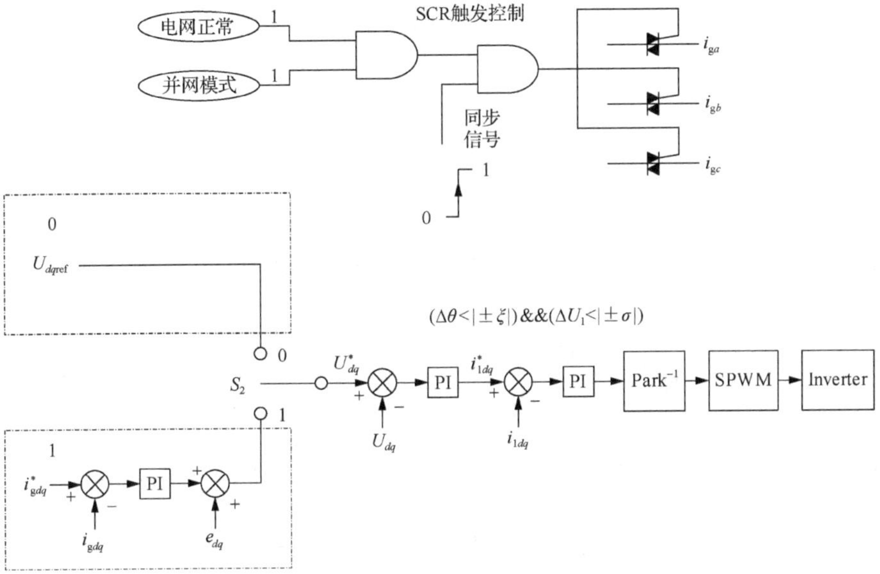

图 3.12　光储一体机离网模式转并网模式控制策略逻辑图

3.1.4　虚拟同步发电机控制技术

鉴于传统电网中广泛采用的同步发电机具有惯性和阻尼，且能自适应参与电网电压和频率的调节。因此，若能将分布式并网单元虚拟为同步发电机，能在很大程度上解决主动配电网中所遇到的诸多新问题和新挑战。基于这一思想，近年来，在传统分布式并网单元的直流侧引入适量的储能单元，并集成了同步发电机控制模型的虚拟同步发电机(virtual synchronous generator，VSG)技术[29]。

1. 虚拟同步发电机原理

虚拟同步发电机是一种基于先进同步变流和储能技术的电力电子装置，可通过模拟同步电机的本体模型、频率调整、电压调整和惯性阻尼特性，使含有电力电子接口(逆变器、整流器)的电源和负荷，从运行机制及外特性上与常规同步机相似，从而参与电网调整和阻尼振荡。

考虑如图 3.13 所示的典型并网逆变器拓扑，计及同步发电机机械和电磁方程，如图 3.14 所示为虚拟同步发电机模型。下面将阐释如何将其模拟成传统的同步发电机。

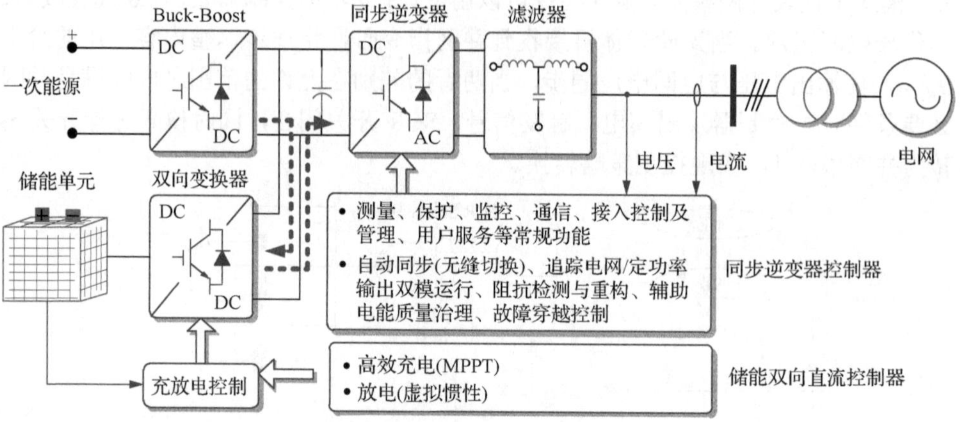

图 3.13　虚拟同步发电机系统图

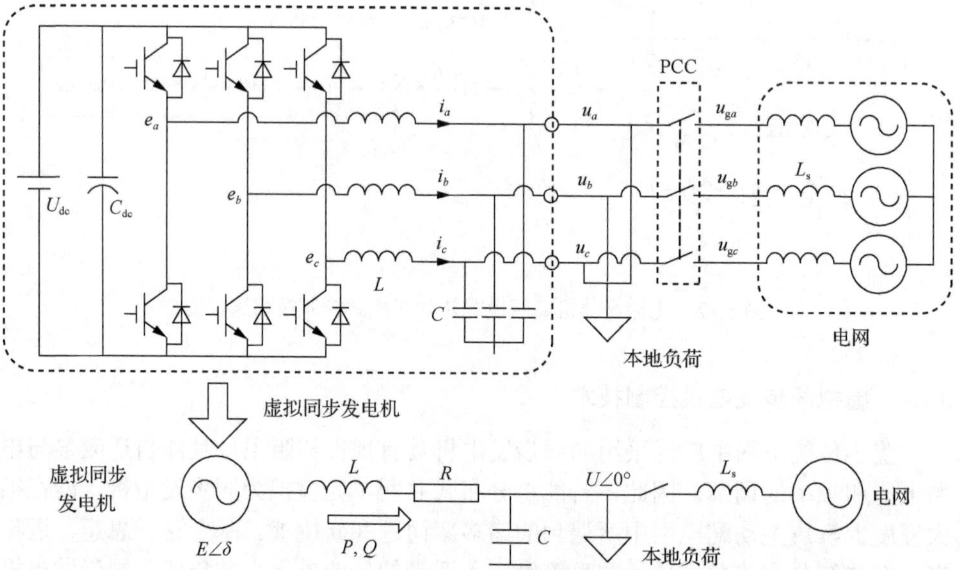

图 3.14　虚拟同步发电机模型

首先，由牛顿第二定律可知，虚拟同步发电机的机械方程可表示为

$$J\frac{\mathrm{d}\omega}{\mathrm{d}t}=T_{\mathrm{m}}-T_{\mathrm{e}}-T_{\mathrm{d}}=T_{\mathrm{m}}-T_{\mathrm{e}}-D(\omega-\omega_0) \tag{3.8}$$

式中，J 为同步发电机的转动惯量，$\mathrm{kg\cdot m^2}$；在极对数为1的情况下，同步发电机的机械角速度 ω 即为其电气角速度；ω_0 为电网同步角速度，rad/s；T_{m}、T_{e} 和 T_{d} 分别为同步发电机的机械、电磁和阻尼转矩，N·m；D 为阻尼系数，N·m·s/rad。

其中，发电机电磁转矩 T_{e} 可由虚拟同步发电机电势 e_{abc} 和输出电流 i_{abc} 计算得到

$$T_{\mathrm{e}}=P_{\mathrm{e}}/\omega=(e_a i_a+e_b i_b+e_c i_c)/\omega \tag{3.9}$$

式中，e_{abc} 和 i_{abc} 的单位分别为V和A；P_{e} 为虚拟同步发电机输出的电磁功率。

由于 J 的存在，并网逆变器在功率和频率动态过程中具有了惯性；由于 D 的存在，逆变器型并网发电装置也存在了阻尼电网功率振荡的能力。这2个变量对电网运行性能的改善具有重要意义。

其次，可以得到虚拟同步发电机的电磁方程为

$$L\frac{\mathrm{d}i_{abc}}{\mathrm{d}t}=e_{abc}-u_{abc}-Ri_{abc} \tag{3.10}$$

式中，L 为同步发电机的同步电感；R 为同步发电机的同步电阻；u_{abc} 为同步发电机的机端电压。

2. 整体控制策略

图3.15所示为后级逆变器整体控制策略，由有功-频率控制环、无功-电压控制环、电压电流双环、频率相位同步控制器、幅值同步控制器和谐振控制器组成。

有功和无功控制环结构源自同步发电机一次调频、一次调压、惯性和励磁特性，表示为

$$P_{\mathrm{set}}+D_{\mathrm{p}}(\omega_{\mathrm{n}}-\omega)-P_{\mathrm{e}}=J\omega_{\mathrm{n}}\frac{\mathrm{d}\omega}{\mathrm{d}t} \tag{3.11}$$

$$Q_{\mathrm{set}}+D_{\mathrm{q}}(\sqrt{2}U_{\mathrm{n}}-\sqrt{2}U_{\mathrm{o}})-Q_{\mathrm{e}}=K\frac{\mathrm{d}(\sqrt{2}E)}{\mathrm{d}t} \tag{3.12}$$

式中，P_{set} 为原动机设定的机械功率，通常由二次调频的调度指令给出；D_{p} 为有功-频率的下垂系数；ω_{n} 为额定角频率；ω 为实际角频率；J 为转动惯量；E 为逆变器桥臂输出相电压有效值；U_{o} 为实际电容电压有效值；Q_{e} 为同步发电机实际输出的无功功率；Q_{set} 为设定的无功功率给定值；D_{q} 为无功-电压下垂系数；U_{n} 为输出电压的额定有效值；K 为励磁惯性系数。

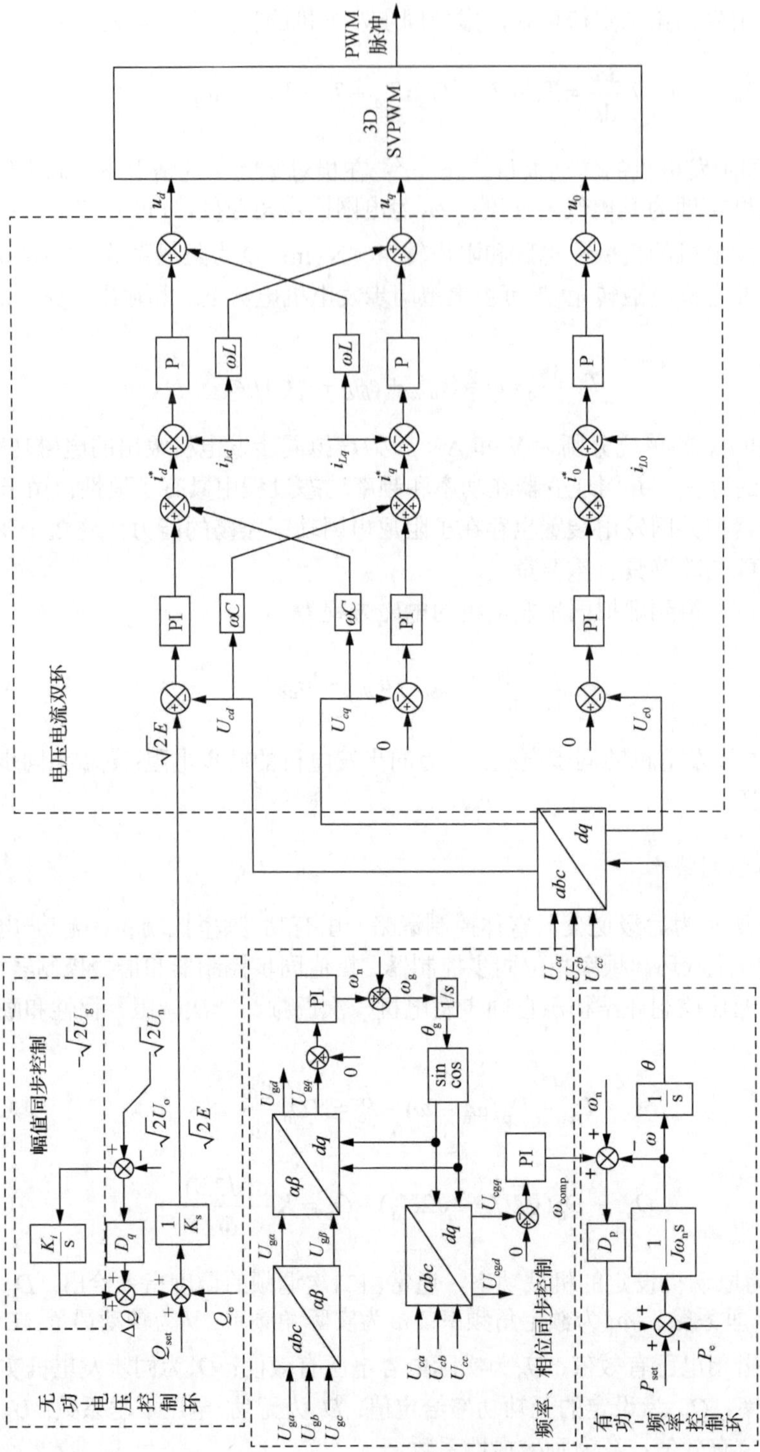

图 3.15　虚拟同步发电机系统控制框图

频率相位的同步控制器工作原理为：电网和分布式电源并网逆变器的电压矢量都以各自的转速旋转，需要通过控制加速逆变器输出电压矢量，首先需要对电网电压锁相。采用典型软件锁相环 SPLL，电网电压 U_{ga}、U_{gb}、U_{gc} 通过 Clark 变换和 Park 变换得到在两相旋转坐标系下的 dq 分量值。将 q 轴分量与其参考值 0 做差后，经过 PI 调节得到角频率 ω 的修正值，与基准值 $\omega_{\rm n}$（通常取额定值100π）相加后得到电网角频率 $\omega_{\rm g}$，积分后得到电网相角值 $\theta_{\rm g}$，再经过正反弦计算后参与 Park 变换计算。对于逆变器输出电压 U_{ca}、U_{cb}、U_{cc}，以电网相角值 $\theta_{\rm g}$ 作角度参考进行 Park 变换，由于与电网电压间存在相位差，计算所得的 q 轴分量不为 0，该值反映出输出电压与电网电压间的频率相位差。当 q 轴分量为 0 时，在电压矢量图上输出电压和电网电压都在 d 轴上，两者重合，相位差为 0。因此，将 q 轴分量 U_{cgq} 以 0 为参考值做差后经过 PI 调节，可以得到角频率的补偿量 $\omega_{\rm comp}$，将其加入有功环的输出角频率 ω 中，可以调节逆变器输出电压的频率和相位，最终追踪上电网电压，达到频率相位与电网的同步。

电压幅值同步控制器工作原理为：参考电压幅值由 $\sqrt{2}U_{\rm n}$ 替换为了电网电压幅值 $\sqrt{2}U_{\rm g}$，同时，为了达到逆变器输出电压与电网电压无差同步，加入了积分环节 $K_{\rm i}/{\rm s}$（$K_{\rm i}$ 为积分系数），与下垂比例环节 $D_{\rm q}$ 一起构成 PI 调节器，计算出无功修正量 ΔQ，参与无功环的控制，改变无功环输出电压指令值 $\sqrt{2}E$，使逆变器输出电压幅值与电网同步。

谐振控制器用于抑制不平衡负载引起的电压不平衡，保持三相电压平衡对称。采用准比例谐振控制器，其传递函数表达式为[30]

$$G_R({\rm s}) = \frac{2k\omega_{\rm c}s}{s^2 + 2\omega_{\rm c}s + \omega_{\rm r}^2} \tag{3.13}$$

式中，k 为谐振增益系数；$\omega_{\rm r}$ 为谐振角频率，可根据需求设定 $\omega_{\rm r}$ 使谐振控制器在指定频率处增益达到最大；$\omega_{\rm c}$ 为截止角频率，决定了谐振控制的带宽，可以根据人为需求改变 $\omega_{\rm c}$ 来获取想要的带宽。

3.2　高效高功率密度变流器设计

大规模分布式电源通过并网变流器接入配电网，采用灵活的并网控制算法，可以有效提高并网变流器的电能质量，提高分布式可再生能源的消纳水平。然而，现有设备存在并网变换总体效率偏低、体积较大调试安装不便等问题，这会影响分布式能源的利用率、增加并网设备的安装维护成本等，研究并网变流器的高效高功率密度变换优化技术显得尤为重要。

常规的高效拓扑包含多电平拓扑、软开关拓扑、无变压器并网逆变拓扑和模块化并联拓扑等，通过将多台高效低功率逆变模块并联运行，可以提高大容量逆变器的整机效率。考虑到并机电感等多方面的限制，模块化并联变换器的功率密度会受到较大的影响。采用无变压器型逆变拓扑，则通过减少一级隔离变压器，可降低系统损耗和体积，提高系统的效率和功率密度。而无变压器型并网逆变器的直流电源可能存在较大的对地电容，漏电流增加会降低系统安全性及变换效率，针对该问题，本节重点论述无变压器型并网逆变器的构造原理与设计。

3.2.1　无变压器型并网逆变器的构造原理与实践

无变压器型并网逆变器由于取消了隔离变压器，可以提高系统的效率和功率密度，降低成本，同时也带来了严重的漏电流问题，采用新型变换拓扑和调制策略，可有效抑制并网光伏发电系统漏电流，提高系统性能[31]。

1. 具有低漏电流特性的并网逆变拓扑的漏电流抑制原理

无变压器型并网逆变器通常由直流源、开关网络、滤波网络和电网构成，其常用的拓扑结构如图 3.16 所示。由图 3.16 可得，通常开关网络将直流源变换为高频脉宽调制源，再经过滤波网络滤除高频分量，将与电网同频的正弦基波能量送入电网。

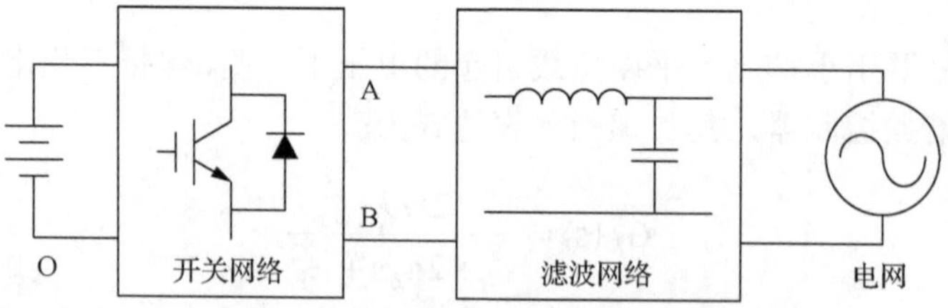

图 3.16　无变压器型并网逆变器的常用拓扑结构

在如图 3.16 所示的无变压器型并网逆变拓扑中，对于漏电流有如下结论。

(1) 获得理论零漏电流的条件：当输出滤波网络为分裂电感滤波器(L、LC 或者 LCL 型)时，并网逆变器中的漏电流激励源为恒定值，即

$$\frac{U_{AO}+U_{BO}}{2}=常数 \tag{3.14}$$

或者当输出滤波网络为单电感滤波器(L、LC 或者 LCL 型)时，并网逆变器中的漏电流激励源为恒定值，即

$$U_{BO}=常数 \tag{3.15}$$

(2) 获得理论近似零漏电流的条件：当输出滤波网络为分裂电感滤波器(L、LC 或者 LCL 型)时，并网逆变器中的漏电流激励源近似为恒定值，即

$$\frac{U_{AO}+U_{BO}}{2}\approx 常数 \tag{3.16}$$

由于光伏阵列的对地电容通常较小，当漏电流激励源的频率很低时，可以获得低漏电流特性，由此原理可以构造一类低漏电流的并网逆变器。无变压器型并网逆变器的通用拓扑结构如图 3.17 所示，并网逆变拓扑由电力电子开关和电感等无源滤波元件构成。如果在电路运行过程中，直流源的某一端(P 或者 O)总与电网的某一端(L 或者 N)通过导通的开关管直接相连，且这种连接状态仅每半个电网周期才发生一次变化，此时漏电流的激励源频率与电网频率相同，系统漏电流较低。

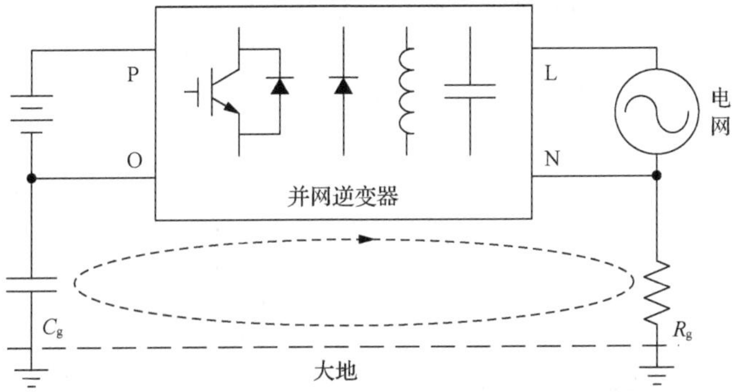

图 3.17　无变压器型并网逆变器的通用拓扑结构

由图 3.17 可知，根据上述原理和构造方法构造的并网逆变器的低漏电流运行模式可以分为 4 类。

类型 1： 当电网处于正半周期，直流源的 P 端通过导通的开关与电网的 L 端直接相连，当电网处于负半周期时，直流源的 P 端通过导通的开关与电网的 N 端直接相连，工作状态如图 3.18 所示。

在图 3.18 中设直流源电压为 U_b，电网电压为 U_{grid}，则由图 3.18(a) 当电网处于正半周期时，漏阻抗电压 U_{LK} 为

$$U_{LK}=U_{NO}=U_b-U_{grid} \tag{3.17}$$

当电网处于负半周期时，由图 3.18(b) 可得漏阻抗电压 U_{LK} 为

$$U_{LK}=U_{NO}=U_b \tag{3.18}$$

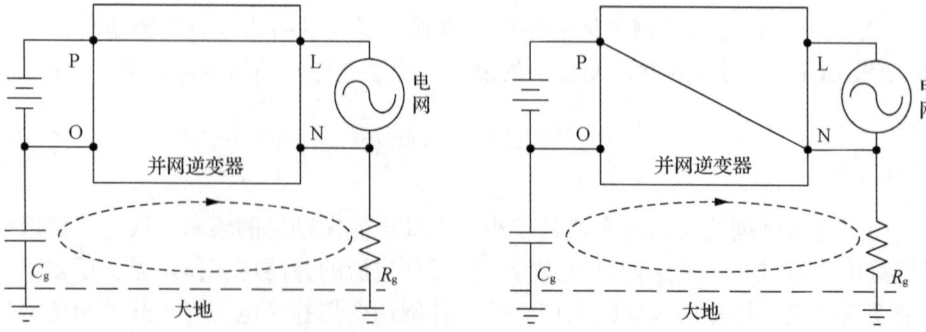

(a) 电网处于正半波时的工作状态　　(b) 电网处于负半波时的工作状态

图 3.18　并网逆变器的低漏电流工作状态(类型 1)

由上述分析可见，此时漏电流激励源为一个周期与电网周期相同的电压源，因此采用这种方式构造的并网逆变拓扑系统漏电流较低。

类型 2：当电网处于正半周期，直流源的 O 端通过导通的开关与电网的 N 端直接相连，当电网处于负半周期时，直流源的 O 端通过导通的开关与电网的 L 端直接相连，工作状态如图 3.19 所示。

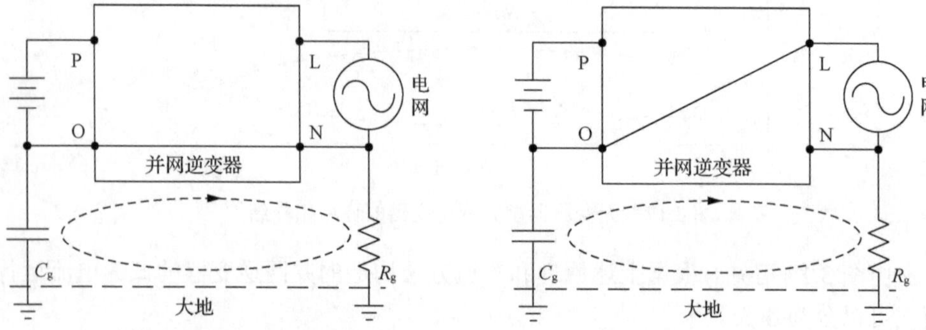

(a) 电网处于正半波时的工作状态　　(b) 电网处于负半波时的工作状态

图 3.19　并网逆变器的低漏电流工作状态(类型 2)

由图 3.19(a)可知，当电网处于正半周期时，漏阻抗电压 U_{LK} 为

$$U_{LK}=U_{NO}=0 \tag{3.19}$$

当电网处于负半周期时，由图 3.19(b)可得漏阻抗电压 U_{LK} 为

$$U_{LK}=U_{NO}=-U_{grid} \tag{3.20}$$

由式(3.19)和式(3.20)可见，漏电流激励源为一个周期与电网周期相同的电压源。

类型 3：当电网处于正半周期，直流源的 P 端通过导通的开关与电网的 L 端直接相连，当电网处于负半周期时，直流源的 O 端通过导通的开关与电网的 L 端直接相连，工作状态如图 3.20 所示。

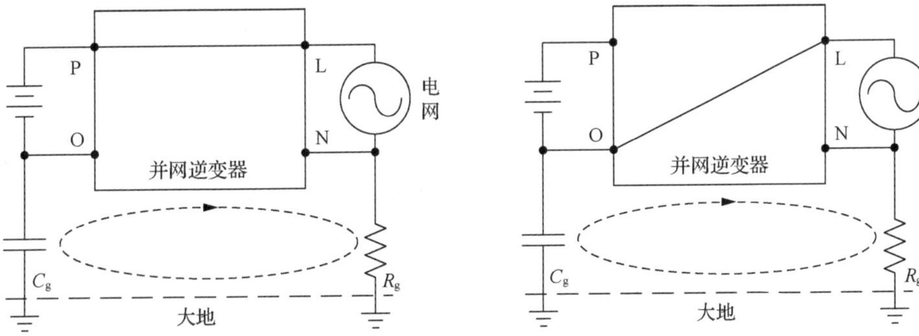

(a) 电网处于正半波时的工作状态　　(b) 电网处于负半波时的工作状态

图 3.20　并网逆变器的低漏电流工作状态(类型 3)

由图 3.20(a)可知，当电网处于正半周期时，漏阻抗电压 U_{LK} 为

$$U_{LK}=U_{NO}=U_b-U_{grid} \tag{3.21}$$

当电网处于负半周期时，由图 3.20(b)可得漏阻抗电压 U_{LK} 为

$$U_{LK}=U_{NO}=-U_{grid} \tag{3.22}$$

因此，漏电流激励源为一个周期与电网周期相同的电压源。

类型 4： 当电网处于正半周期，直流源的 P 端通过导通的开关与电网的 N 端直接相连，当电网处于负半周期时，直流源的 O 端通过导通的开关与电网的 N 端直接相连，工作状态如图 3.21 所示。

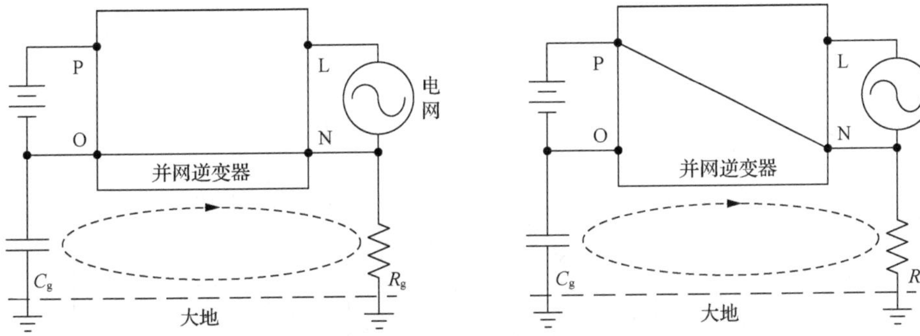

(a) 电网处于正半波时的工作状态　　(b) 电网处于负半波时的工作状态

图 3.21　并网逆变器的低漏电流工作状态(类型 4)

由图 3.21(a)可知，当电网处于正半周期时，漏阻抗电压 U_{LK} 为

$$U_{\mathrm{LK}} = U_{\mathrm{NO}} = 0 \tag{3.23}$$

当电网处于负半周期时，由图 3.21(b)可得漏阻抗电压 U_{LK} 为

$$U_{\mathrm{LK}} = U_{\mathrm{NO}} = U_{\mathrm{b}} \tag{3.24}$$

可见，此时漏电流激励源为一个周期与电网周期相同的方波电压源。从上述分析可以看出，当并网逆变器存在上述 4 种类型的工作模式时，可以获得低漏电流特性。

2. 具有低漏电流特性的并网逆变器的特点与构造方法

具有低漏电流特性的并网逆变拓扑的基本构造原则是：直流源的某一端(P 或者 O)总与电网的某一端(L 或者 N)通过导通的开关管直接相连，且这种连接状态仅每半个电网周期才发生一次变化。基于这个原则可以推导出具有低漏电流特性的并网逆变拓扑，如图 3.22 所示[31]。

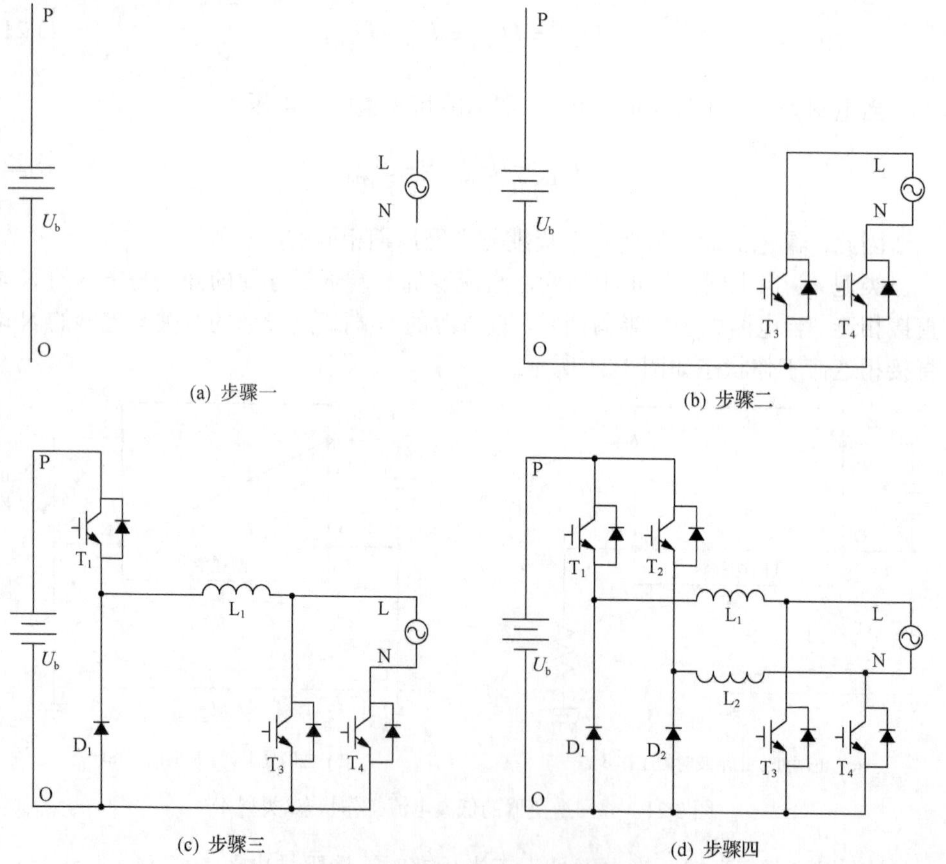

图 3.22　低漏电流并网逆变拓扑的推导过程

图 3.22(a)所示为并网逆变器的两个基本要素直流源和电网，根据低漏电流并网逆变拓扑的基本构造原则，采用第 2 类构造方式，即电网的 L 和 N 通过开关与直流源的 O 直接相连。由于电网电压是交流的，为了避免短路，电网的 L 和 N 与直流源的 O 相连的两个开关必须连接成双向开关的形式，选择其中一种连接方式可得图 3.22(b)所示拓扑。图 3.22(b)中电网的 L 端和 N 端通过开关 T_3 和 T_4 与直流源的 O 端相连，在电网正半波期间 T_4 恒导通，在电网负半波期间，T_3 恒导通。在电网处于正半波时，可以在直流源的 P 端和 O 端，以及电网的 L 端插入一个电流输出型的 DC/DC 变换器提供正半波的并网电流，由开关管 T_1、二极管 D_1 和滤波电感 L_1 构成的 Buck 变换器即可满足要求，因此可以得到图 3.22(c)。在电网处于负半波时，可以做类似处理，插入一个由开关管 T_2、二极管 D_2 和滤波电感 L_2 构成的 Buck 变换器即可得到图 3.22(d)所示的低漏电流并网逆变器。

由上述推导过程可以看出，低漏电流并网逆变器分别由两个电流输出型的 DC/DC 变换器形成并网电流的正半波和负半波，并通过直流源和电网直接相连的两个开关选择正半波和负半波工作模式。低漏电流并网逆变器的构造方法可总结如下，首先根据低漏电流并网逆变拓扑的 4 种类型形成直流源，电网和两个开关的连接形式，然后分别加入两个电流输出型 DC/DC 变换器，最后简化整理即可得到低漏电流并网逆变器。

3.2.2　具有低漏电流特性的并网逆变器的设计与实验

根据前文提出的具有低漏电流特性的无变压器型并网逆变拓扑的构造原则和方法，可以构造一些新型并网逆变拓扑。图 3.23 所示为一种具有低漏电流特性的新型并网逆变器。

图 3.24 为图 3.23 所示的新型低漏电流并网逆变器的构造过程。并网逆变器包含直流源和电网两个基本要素，根据低漏电流并网逆变拓扑的基本构造原则，采用第 1 类构造方式，即电网的 L 和 N 通过开关与直流源的 P 直接相连。由于电网是交流电压，为了避免短路，电网的 L 和 N 与直流源的 P 相连的两个开关必须连接成双向开关的形式，选择其中一种连接方式可得图 3.24(a)所示拓扑。图 3.24(a)中电网的 L 端和 N 端通过开关 T_1 和 T_4 与直流源的 P 端相连，在电网正半波期间 T_1 恒导通，在电网负半波期间，T_4 恒导通。当电网处于正半波时，可以在电网的 L 端和 N 端及直

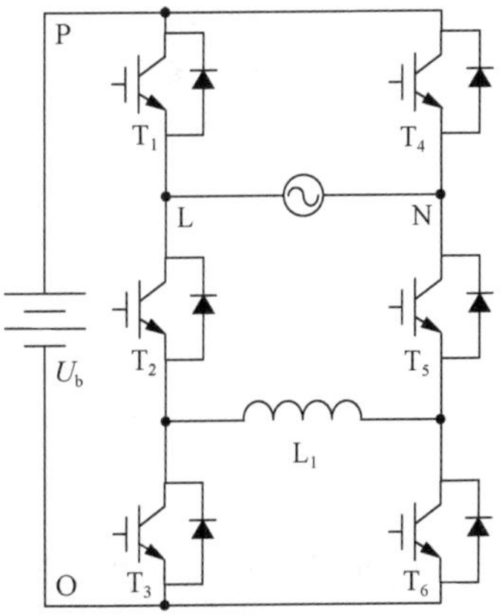

图 3.23　具有低漏电流特性的新型并网逆变器

流源的 O 端插入一个电流输出型的 DC/DC 变换器提供正半波的并网电流。由开关管 T_3 和 T_5、二极管 D_2 和滤波电感 L_1 构成的 Buck 变换器即可满足要求，因此可以得到图 3.24(b)所示的拓扑。当电网处于负半波时，可以做类似处理，插入一个由开关管 T_2 和 T_6、二极管 D_5 和滤波电感 L_1 构成的 Buck 变换器即可得到图 3.24(c)所示的拓扑。将图 3.24(b)和图 3.24(c)中的拓扑合成可得如图 3.24(d)所示的新型低漏电流并网逆变拓扑，其中二极管 D_2 和 D_5 分别由开关管 T_2 和 T_5 的反并二极管实现。

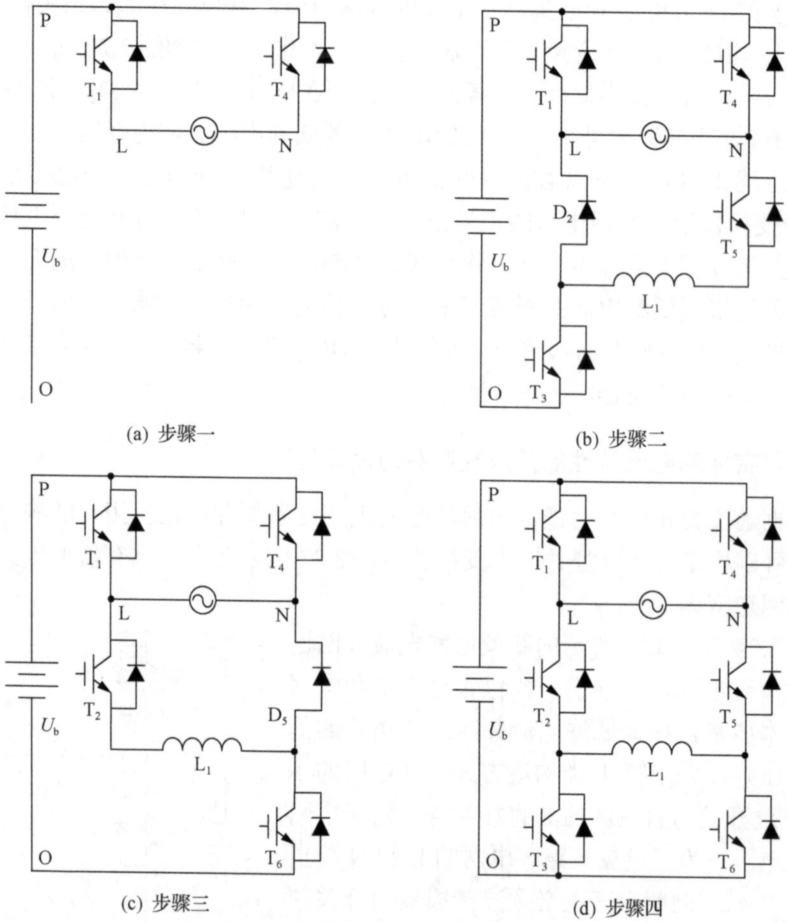

(a) 步骤一　(b) 步骤二　(c) 步骤三　(d) 步骤四

图 3.24　新型低漏电流并网逆变器的构造过程

根据图 3.24 所示的构造过程，采用第 2 类构造方式，可以推导出图 3.23 所示的新型低漏电流并网逆变器的另外一种拓扑形式，如图 3.25 所示。

对比图 3.23 和图 3.25 两种拓扑，其基本工作原理相同，不同之处是图 3.23 中开关管 T_3 和 T_6 在低压侧做高频 SPWM 运行，其他开关管根据电网频率做低频开关运行，而图 3.25 中开关管 T_1 和 T_4 在高压侧做高频 SPWM 运行，其他开关管根据电网频率做低频开关运行。由此可见，图 3.23 所示并网逆变拓扑的开关管驱动更容易，驱动电路可以设计得更简单，更可靠。

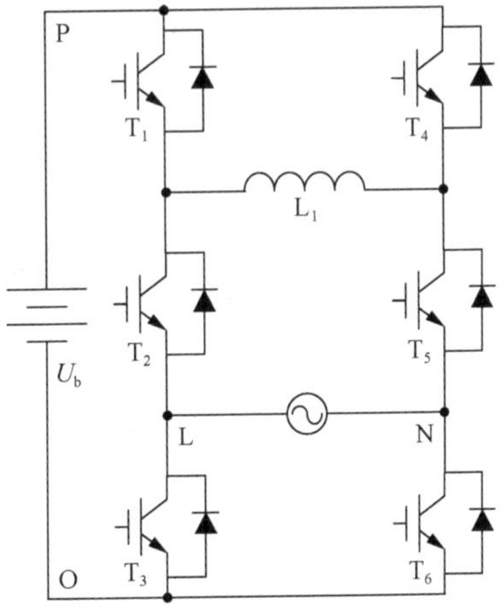

图 3.25 新型低漏电流并网逆变器的另一种拓扑形式

图 3.23 所示的新型低漏电流并网逆变器的调制策略如图 3.26 所示，图中，U_r 为正弦参考信号，U_c 为三角载波信号，U_{pwm} 为 U_r 的绝对值与 U_c 比较形成的 PWM 信号，U_{dir} 为 U_r 的方向信号，T_1 和 T_5 的驱动信号相同与 U_{dir} 同相，T_2 和 T_4 的驱动信号相同与 U_{dir} 反相，T_3 的驱动信号由 U_{pwm} 和 U_{dir} 经过与运算形成，T_6 的驱动信号由 U_{pwm} 和 U_{dir} 的非信号经过与运算形成，T_2 的驱动信号与 T_4 和 T_5 的驱动信号反相，T_3 的驱动信号与 T_1 和 T_6 的驱动信号反相。

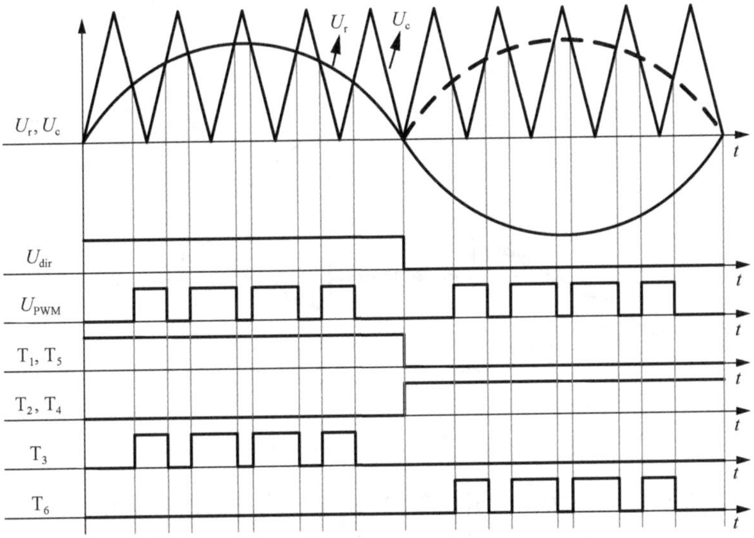

图 3.26 新型低漏电流并网逆变器的调制策略

在 Saber 中建立如图 3.23 所示新型低漏电流并网逆变器的仿真模型，其中直流母线电压 U_b 为 400V，系统接地电阻 R_g 和直流侧对地总电容 C_g 分别为 10Ω 和 10nF，输出滤波电感 L_1 为 1.2mH，电网电压为 220VAC，电网频率为 50Hz，开关管的输出结电容为 0.9nF。仿真结果分别如图 3.27 和图 3.28 所示。

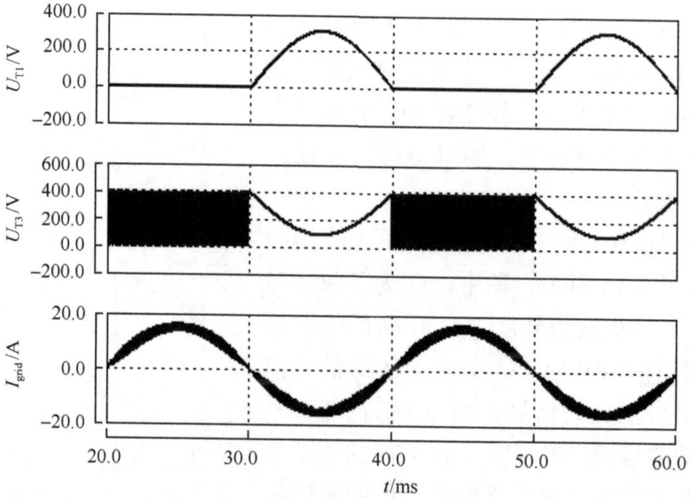

图 3.27　新型低漏电流并网逆变器的开关电压和并网电流仿真波形

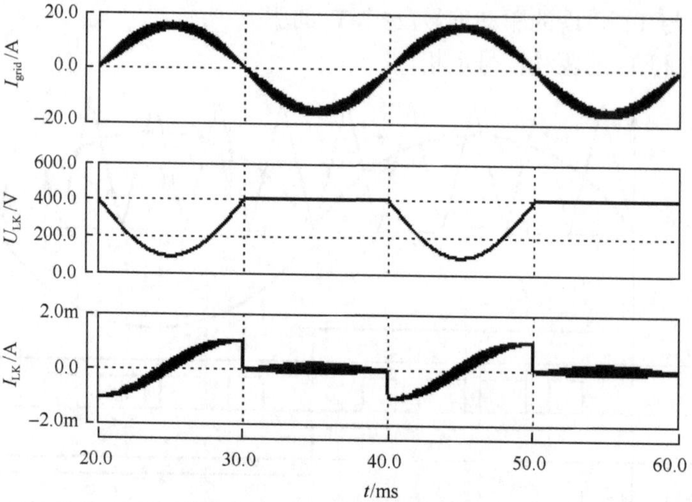

图 3.28　新型低漏电流并网逆变器的漏电流仿真波形

图 3.27 中从上至下依次为开关管 T_1 两端电压 U_{T1}，开关管 T_3 两端电压 V_{T3} 和并网电流 I_{grid}。图 3.28 中从上至下依次为并网电流 I_{grid}，漏阻抗电压 U_{LK} 和漏电流 I_{LK}。由图 3.28 可见，漏阻抗电压周期为 20ms，在电网电压正半波时为 U_b–U_{grid}，在电网电压负半波时为 U_b，与理论分析一致，漏电流有效值非常低，仅 0.53mA。

为了验证所提出拓扑的正确性，搭建了新型低漏电流并网逆变器实验平台，并进行了实验验证。实验结果如图 3.29、图 3.30 和图 3.31 所示。

图 3.29 为新型低漏电流并网逆变器的驱动波形，图中从上至下依次为开关管 T_1、T_4、T_3 和 T_6 的驱动信号 DT1、DT4、DT3 和 DT6 的波形。图 3.30 中从上至

下依次为开关管 T_1 的 C 极和 E 极之间的电压 U_{T1}、开关管 T_3 的 C 极和 E 极之间电压 U_{T3} 及并网电流 I_{grid} 的波形。图 3.31 为新型低漏电流并网逆变器的漏电流波形，图中从上至下依次为并网电流 I_{grid} 的波形、漏阻抗电压 U_{LK} 的波形及漏电流 I_{LK} 的波形。

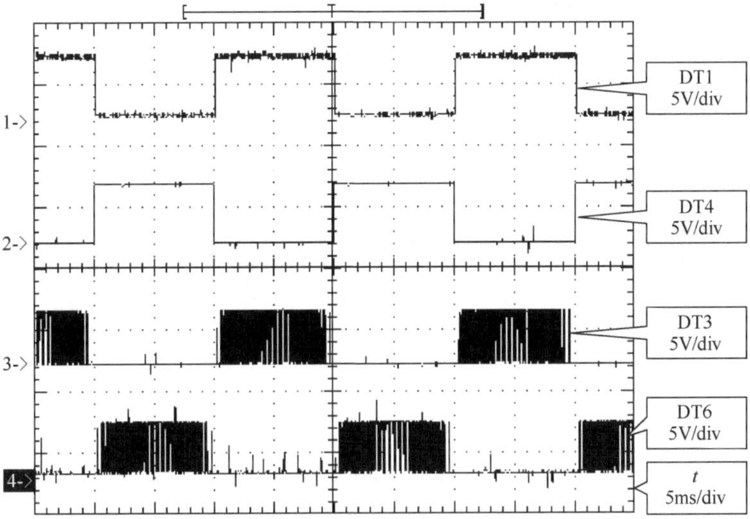

图 3.29　新型低漏电流并网逆变器的驱动波形

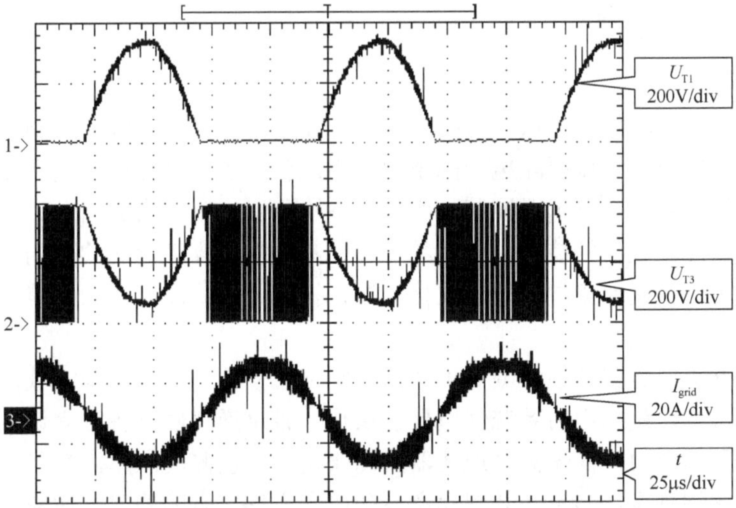

图 3.30　新型低漏电流并网逆变器的开关管电压和并网电流波形

如图 3.31 所示，漏阻抗电压周期为 20ms，波形与理论分析和仿真结果一致，漏电流有效值为 1.7mA。图 3.29～图 3.31 所示的实验结果表明，新型低漏电流并网逆变器能有效抑制系统漏电流。

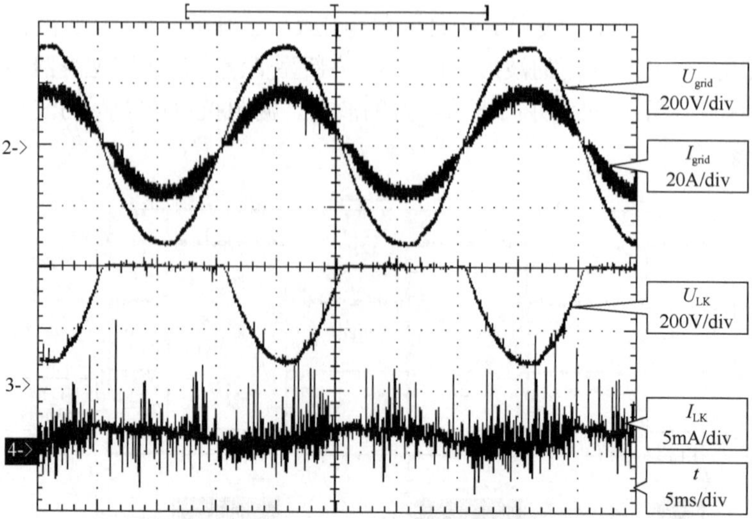

图 3.31　新型低漏电流并网逆变器的漏电流波形

3.3　智能测控与反孤岛保护装置

3.3.1　智能测控保护装置与反孤岛保护装置设计

1. 装置基本介绍

1）装置定位

光伏接入无序化、光伏出力随机化、产品规格差异化、调度控制片面化是高渗透率光伏发电接入低压配电网的现状，由此带来了集群分级监测调度、有功功率高效消纳、线路电压越限控制、孤岛状态检测保护等 4 大新问题。结合以上问题，研发智能测控保护装置，借助易扩展、易维护、高性价比的全局覆盖通信技术，实现了光伏储能集群的智能优化控制，提高分布式能源的消纳能力并降低电网的运行风险。

国内外类似装置功能多侧重于数据采集记录分析传输，缺少区域性集群管理能力；只进行传统的电力系统继电保护操作，且单逆变器具备独立识别单机孤岛状态后断网的能力，尚无集群逆变器孤岛快速准确检测的应用。在目前分布式集群并网优化规划设计与灵活并网功率设备研发取得突破的同时，适应集群管控的测控保护装置研发落地仍留有空白。本节所论述的智能测控保护装置安装在 10kV/380V 台区低压侧并网点，及时处理上级电网调度主站的指令并上传台区数据，灵活管理同一低压配变台区范围内的并网设备，进行运行状态分析、实时数据计算、调度指令响应、集群孤岛投切的集约化分级控制，提高电网的调度水平。

2) 装置功能

本节对测控保护装置的功能加以梳理，按照信息流向划分为三层功能区：智能决策层、集群调度层、状态感知层，如图 3.32 所示，各层功能说明如下。

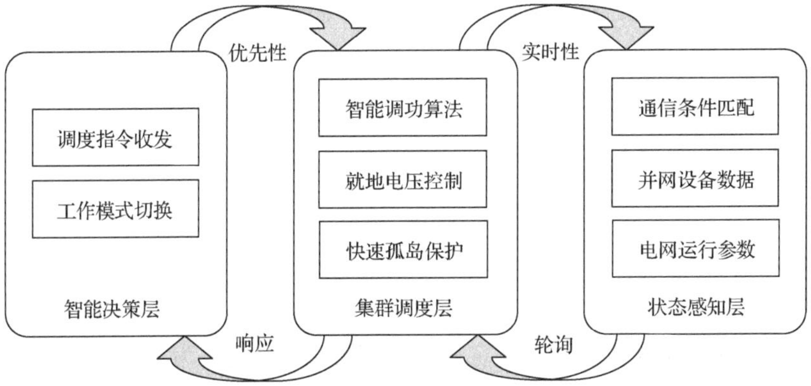

图 3.32　测控保护装置功能区划分

(1) 智能决策层：测控保护装置受控于调度主站，按照预设标准化“四遥”点表上传主站所需数据，执行主站功率调节指令，实现启停控制和远程/本地模式切换。

(2) 集群调度层：①功率智能调控算法。在远程工作模式下，根据调度主站关于台区并网点的有功功率、无功功率等指令，实现多机功率智能分配与有序调节，实现对并网点以下并网设备的协调配合与优化运行。②就地电压控制功能。当与调度主站通信中断、规定时间内未收到主站指令或依照主站指令切换到本地运行模式后，根据并网点电压与额定电压偏差情况实现对分布式光伏、集中式储能系统的主动电压控制。③智能快速反孤岛保护。在远程或本地工作模式下，通过测量并网点的电参量，基于集群反孤岛保护算法，及时检测电力系统故障造成的系统供电电源停电，实现分布式发电集群孤岛状态的快速检测和解列保护，集群保护命令在 1s 以内下发，技术领先于国家标准所要求的 2s。④数据时效性要求。测控保护装置向主站上传数据 1s/次，接收主站下行调度指令 30s/次～1min/次；近端通信线直连设备数据响应周期按秒级要求，远端设备数据响应周期按分钟级要求。

(3) 状态感知层：①支持多种通信接口及规约转换。支持 IEC60870-5-101 规约、IEC60870-5-104 规约等网络通信协议与 Modbus、ModbusTCP、问答式规约等逆变器底层通信协议，支持 RS485、RS232 等串行接口、电力线载波模块接口、以太网通信口以及测控保护装置调试接口等，打通调度数据上下行的链路。②实时采集多类型并网设备的运行状态和数据。测控保护装置实现对调度主站、用户终端的连接。最大支持光伏逆变器、储能变流器等 32 台设备接入；通过遥控信号实现接入设备的并网/离网状态切换和启停；采集逆变器和变流器的实时有功功率、实时无功功率、并网点频率、并网点电压与电流、荷电状态等；预先写入或实时读取所有设备运行额定容量、额定功率、额定电压等标称数据；统筹计算台区内部有功可调裕度、无功可调裕度、储能总荷电状态等。③台区并网点参数监控。支持并网点电气参数测量、并网开关状态采集、并网开关的分合闸控制等。

2. 硬件设计方案

1) 硬件集成

测控保护装置硬件平台主要由四块板卡构成，分别为总线板、核心板、采样板、IO 板。

(1) 总线板：总线板主要实现各板卡之间的信号互连，为其他板卡提供总线插槽，总线板各插件之间主要通过 FPGA 扩展的 IO 口及串行总线连接。图 3.33 为总线板实物图。

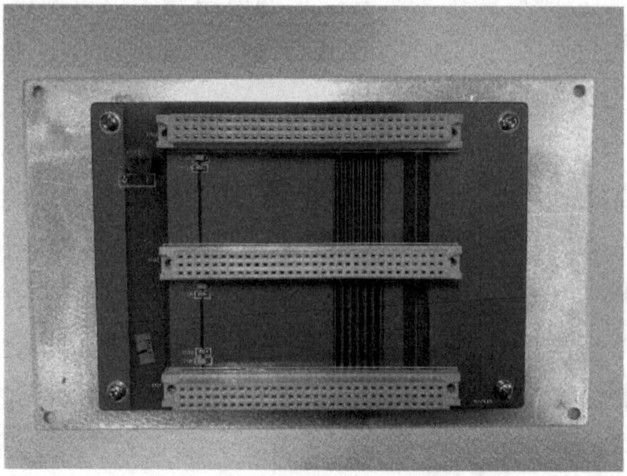

图 3.33　总线板实物

(2) 核心板：核心板由主 CPU、FPGA 及外围电路构成，实现了所有通讯端口的扩展及高速 AD 的控制，其模板框图和实物图分别如图 3.34、图 3.35 所示。核心板的通信端口分为三部分：①3 路带隔离的串口，包括 1 路 RS485/RS232、2 路 RS232，进行逆变器数据线直连通信或电力线载波通信信号接入；②1 路非隔离的串口(USB 转以太网口)用于监视终端与其他设备的通信状态和数据吞吐；③输出 2 路 EPON 以太网口，支持 10/100M 传输速度，用于与调度主站通信、程序写入调试与运行事件相关记录文件读取。

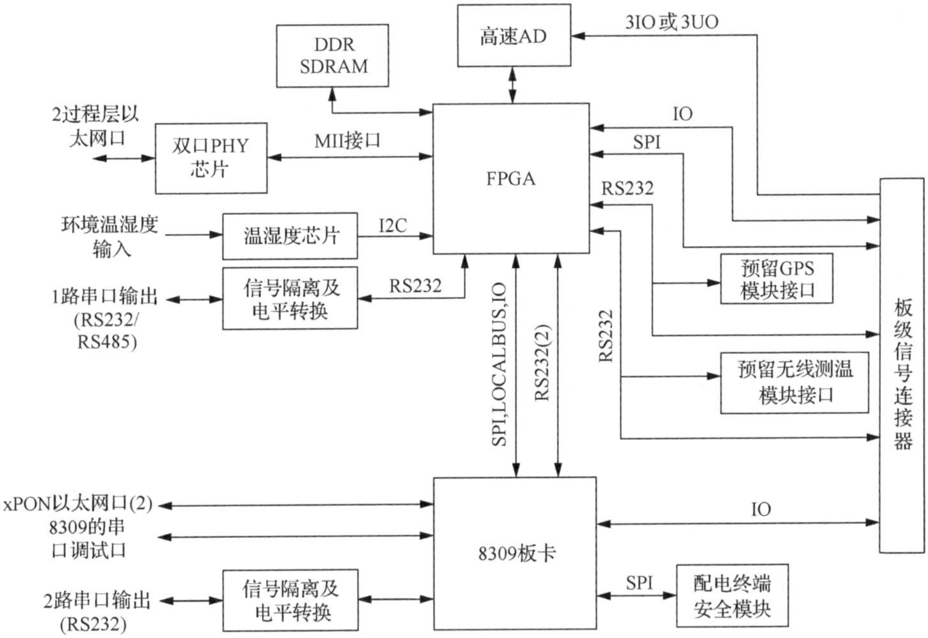

图 3.34　核心板模块框图

图 3.35　核心板实物

(3) 采样板：采样板实现所有交流模拟量和直流输入量的信号调理、采集隔离、模数转换，并提供计量模块的输入信号，将转换结果输出至 CPU。终端选用 DC24V 供电，并转换至 DC5V 供给内部元件。其模板框图和实物图分别如图 3.36、图 3.37 所示。采样板接口功能分为三部分：①采集互感器二次侧模拟量输入，实现三相电压及三相电流的测量，终端额定电压 AC220V。分为电子式互感器和常规互感器两种，当为电子式互感器时，测量的量为 I_a、I_b、I_c、I_0、U_a、U_b、U_c、U_0 及开关两侧 PT 电压；当为常规互感器时，测量的量为 I_a、I_b、I_c、I_0 及开关两侧 PT 电压；②2 路直流输入信号，可采集并列运行的为装置供电的蓄电池输出电压(不超过 30V)，或测量范围在 0～5V 或 4～20mA 的直流信号；③提供 24V 电源接口。

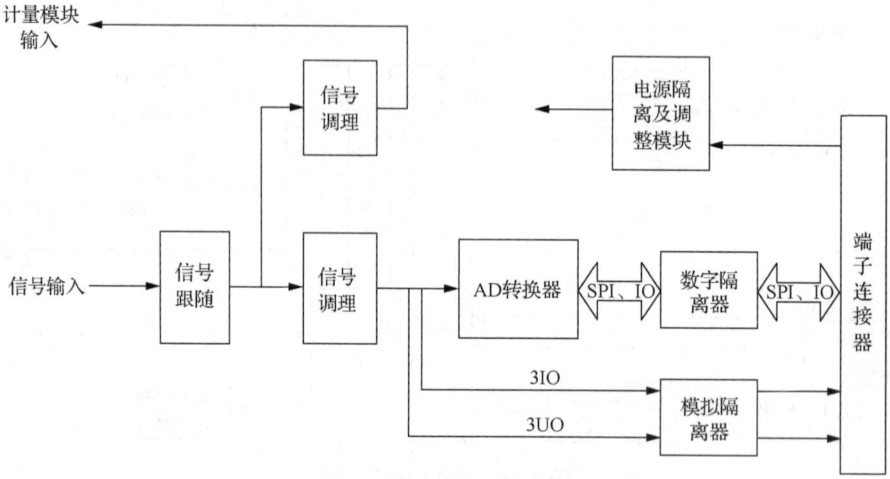

图 3.36　采样板模块框图

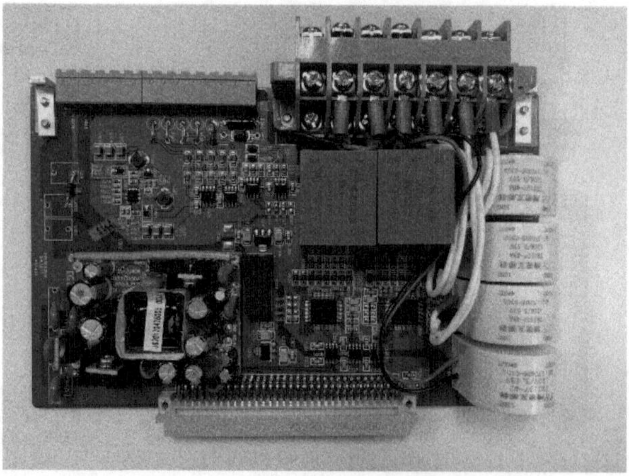

图 3.37　采样板实物

(4) IO 板：输入输出 IO 板实现开关量的采集与隔离，继电器开关量输出以及状态指示灯的光耦隔离输出。装置电源可采用单相 AC220V 或 110V 输入，也可选用 DC24V 输入。其模板框图和实物图分别如图 3.38、图 3.39 所示。IO 板接口功能分为三部分：①16 路开关量采集隔离，开入电压 24V，实现工作环境温湿度采集、GPS 模块对时等功能；②8 路开关量输出，实现继电器触点动作控制、蓄电池活化启停控制、保护动作分合闸控制等操作；③4 个状态指示灯显示测控保护装置工作模式状态，如装置运行、通讯正常、保护动作、装置告警等。

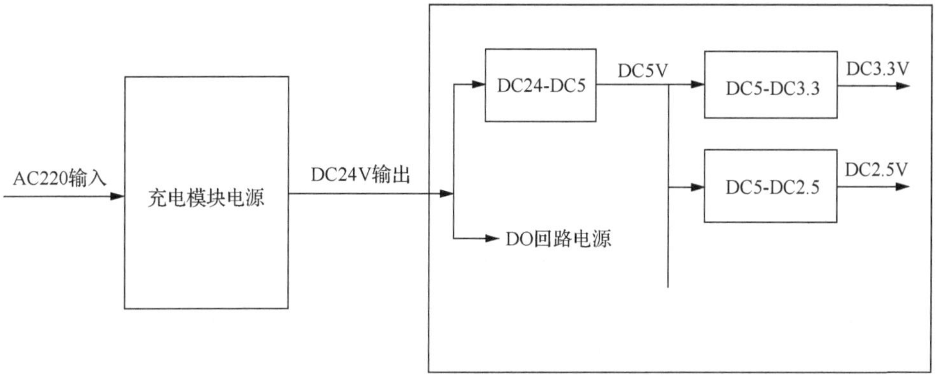

图 3.38 IO 板电源模块框图

图 3.39 IO 板实物

2) 通信性能要求

(1) 模拟量采样速率：4kHz。

(2) 行波测距数据通道采样速率：10MHz。

(3) 测量精度：±0.5%。

(4) 保护动作精度：±3%(电子式互感器保护≤3%)。

(5) 电流测量范围：0～10I_n。

(6) 电压测量范围：0～1.2U_n。

(7) 零序电流：0～1.2I_n。

(8) 结构采用箱式安装方式。

(9) 环境温度–40～+70℃。

(10) 电磁兼容性能，绝缘性能等要求同智能组件。

3. 软件设计方案

1) 系统环境与编程语言

调试软件可运行在 WinXP、Win7、Win10 等微软操作系统中。程序采用 C 语言或 C++编写。

2) 调试工具

(1) XshellPortable：利用超级终端进行装置在线数据监测，如图 3.40 所示。

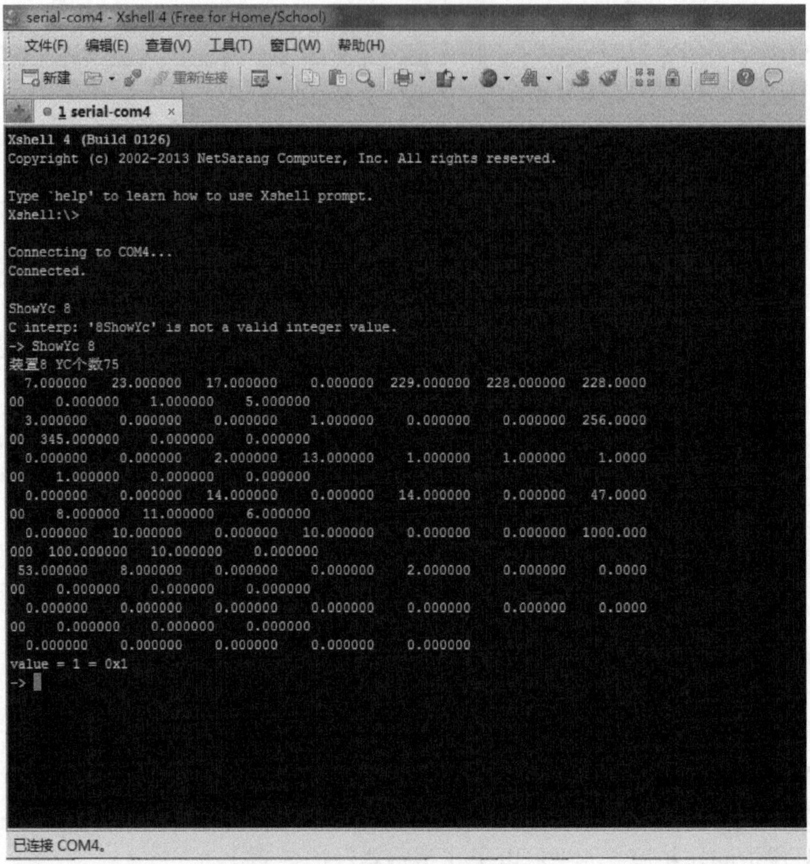

图 3.40　XshellPortable 软件界面

(2) PMA 通信协议分析与仿真软件：模拟通信主站指令下发，如图 3.41 所示。

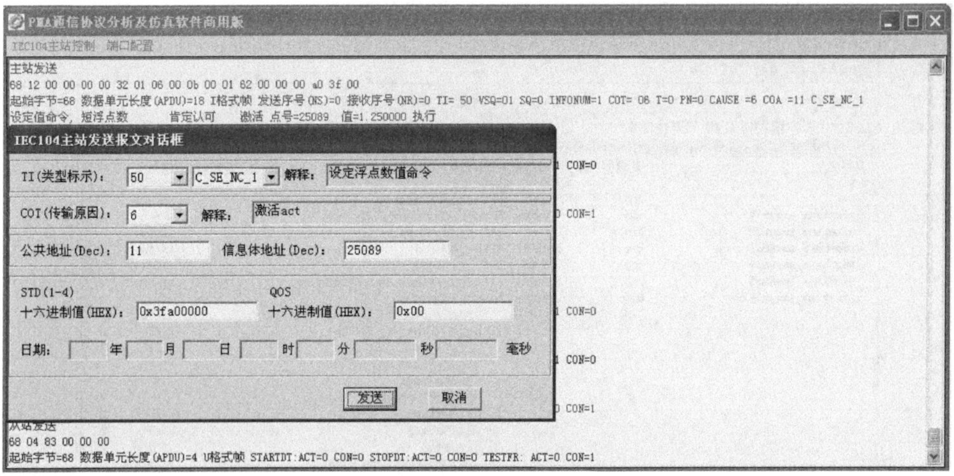

图 3.41　PMA 软件界面

(3) IEC104Client：模拟装置响应 IEC104 规约相关功能，如图 3.42 所示。

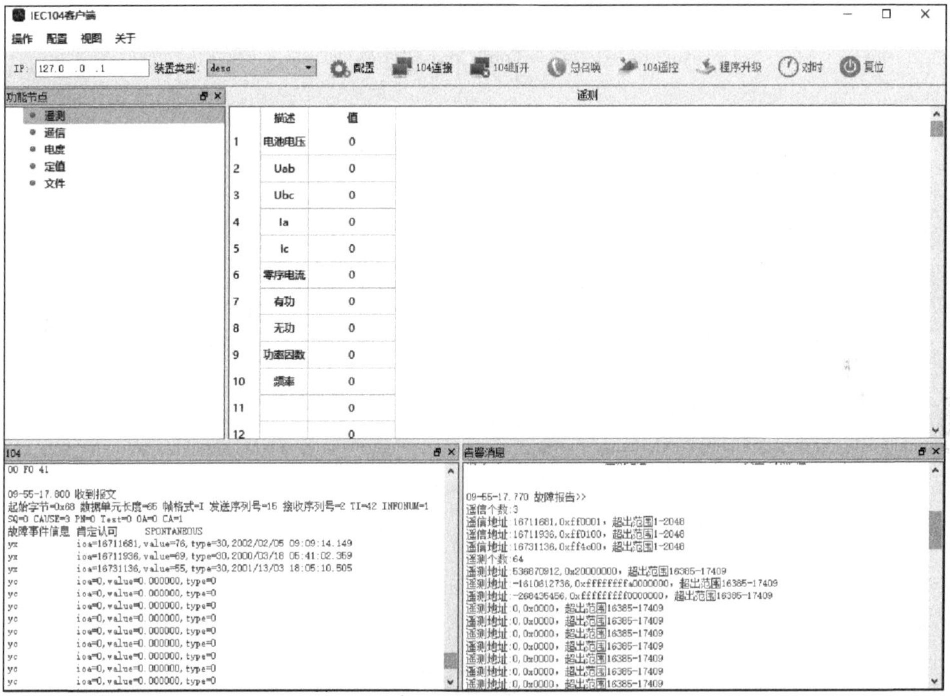

图 3.42　IEC104Client 软件界面

(4) TotalCmd：向测控保护装置写入程序及配置文件，如图 3.43 所示。

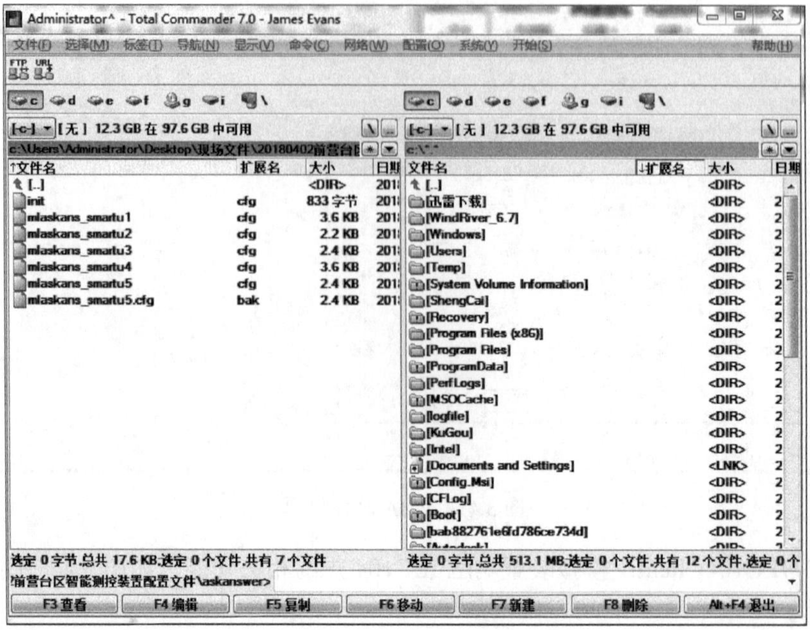

图 3.43　TotalCmd 软件界面

3) 程序设计方案

软件运行流程图如图 3.44 所示。

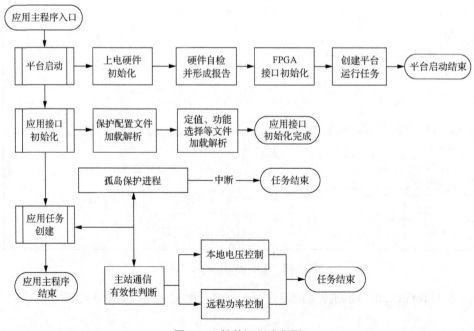

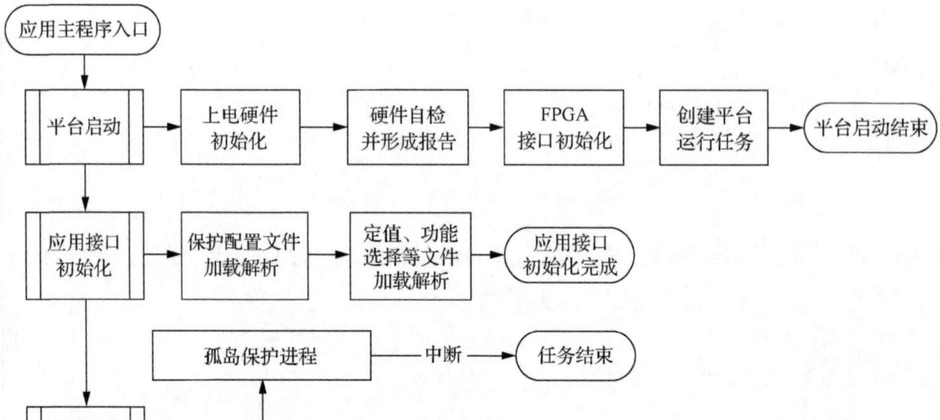

图 3.44　软件运行流程图

4. 结构设计方案

智能测控保护与反孤岛保护两功能拟采用一体化装置设计思路，硬件要求按最大化来考虑，适应不同的功能要求，以节约开发时间与硬件成本。装置采用防水、防尘、抗振动设计，外壳封闭，以适应安装于较为恶劣的现场运行，机箱外形及开孔、样机实物图分别如图 3.45、图 3.46 所示。

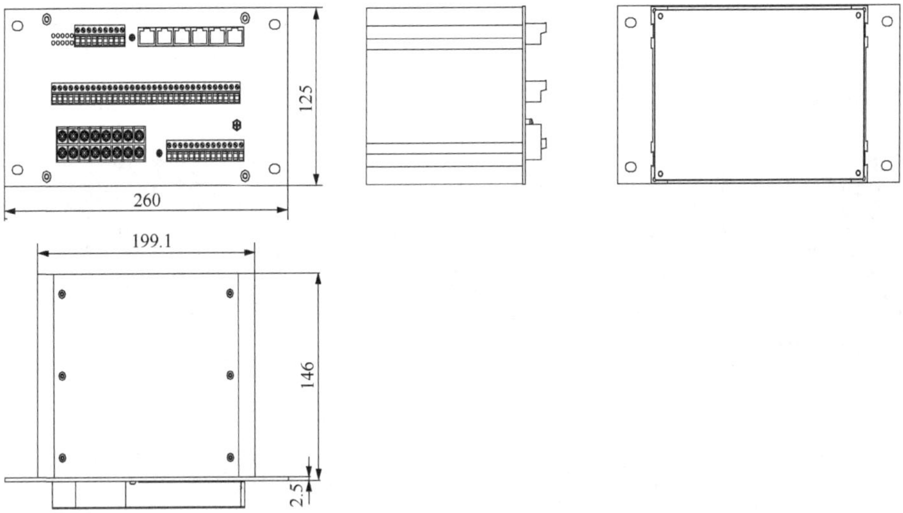

图 3.45　机箱外形及开孔(单位：mm)

图 3.46　装置样机实物图

3.3.2　智能测控保护装置与反孤岛保护装置联调测试

根据分布式电源的集群划分情况，将测控保护装置安装于示范工程内各台区的变压器低压侧并网点。该装置采集并网点和各灵活并网设备的电参量和状态量，进而完成台区内各并网装置的“四遥”操作，将关键信息分析优化经由光纤信道上传至调度主站；本装置可根据内置算法判断台区孤岛状态并启动保护。

1. 测控保护装置的通信功能测试

1) 并网设备通信规约测试

为准确获取现场投运并网设备的遥信遥测参数，并据此下发遥控遥调指令，需搭建计算机与设备间的485通信链路，借助如图3.47所示串口监视软件，逐一对工程现场即插即用的并网功率设备进行逐条通信规约报文的有效性验证，如图3.48所示。

图 3.47　并网功率设备规约测试现场

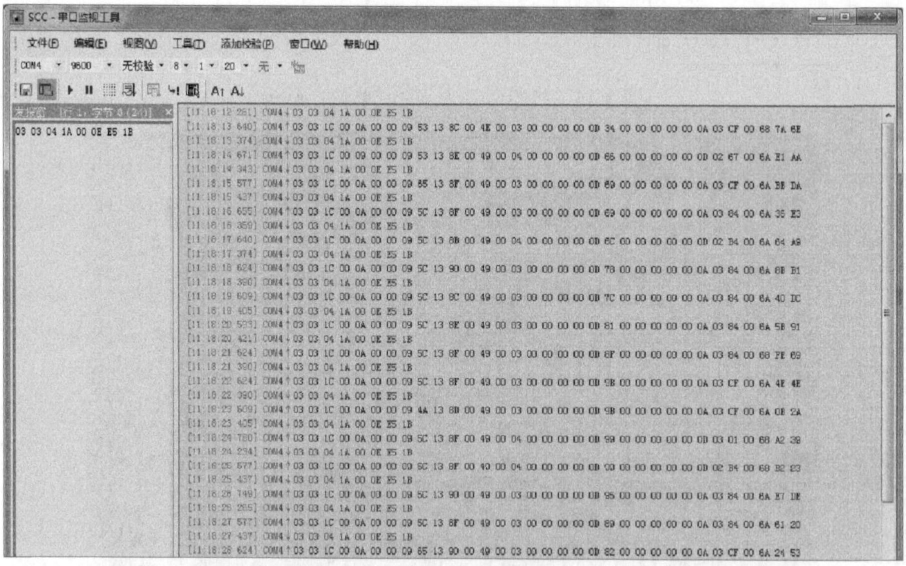

图 3.48　通信报文监视界面

2) 虚拟设备集群通信测试

以 PIC16F877A 单片机为内核，建立单片机小系统模拟现场安装的光伏或储能设备，称之为虚拟设备，其电路原理图如图3.49所示。

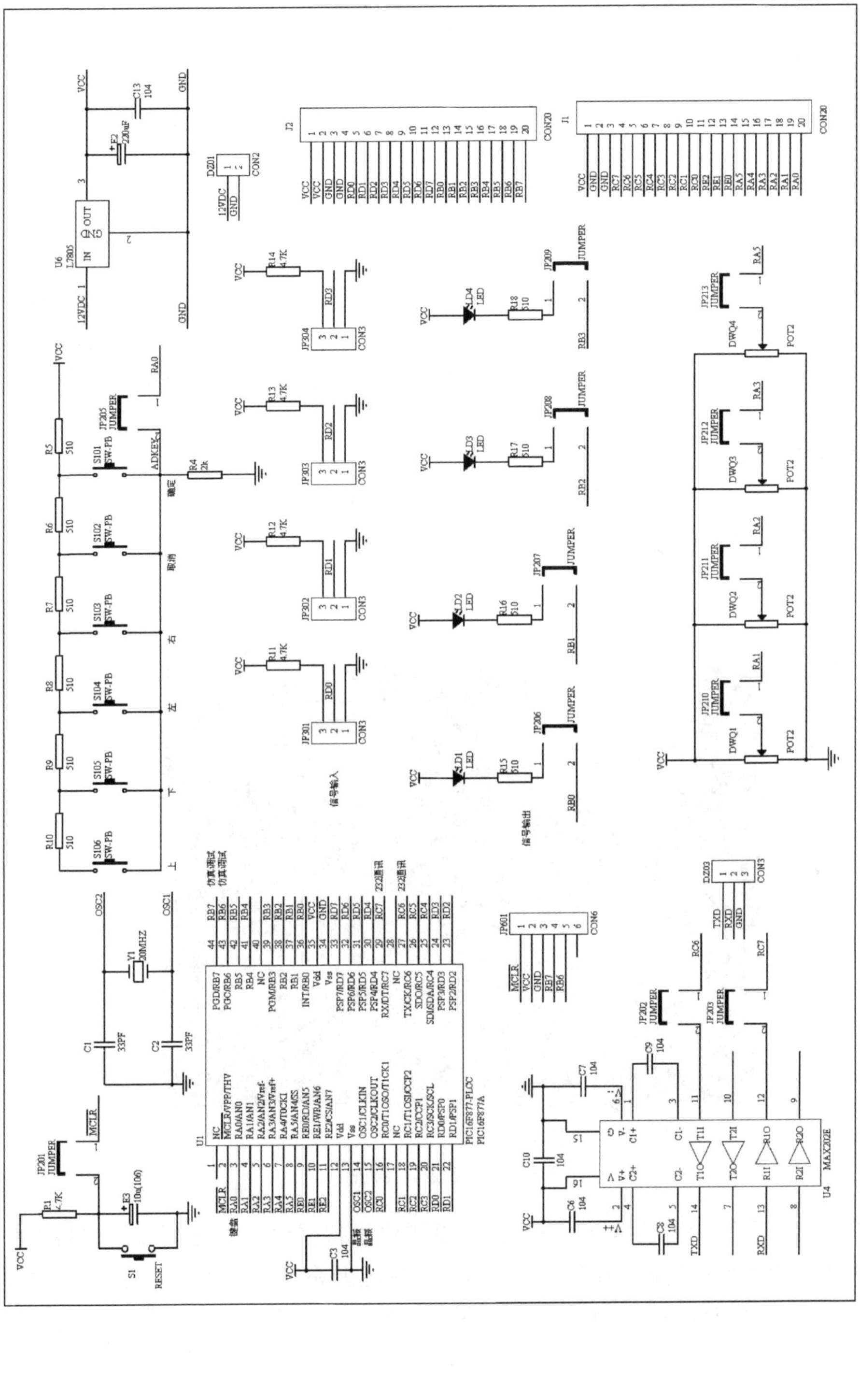

图 3.49　虚拟设备电路原理图

虚拟设备具备如下功能：

(1)通信寻址：虚拟设备兼具 RS232 和 RS485 通信功能，能够通过调节端子跳线完成切换。当采用 RS485 串口通信时，通过选择 4 个端子的高低电位设置 16 路通信地址，亦可通过调节 1 个电位器实现 16 路通信地址扩展。虚拟设备基于 Modbus 通信协议实现通信报文的收发，Modbus 报文首位为地址位，当数据在 485 通信总线流动时，虚拟设备仅接收并解析地址位与其设定地址相匹配的报文。

(2)数据响应：Modbus 报文第二位是功能位，设备的遥测、遥信、遥控、遥调分别对应不同的功能码。指令报文和应答报文的功能码一一对应。在单片机中预先写入响应不同功能码的应答报文，应答报文包含的关键信息包括：本台设备的地址、并离网状态、电压、电流、频率等虚拟变量和功率、荷电状态等可调变量。

(3)变量调节：以虚拟设备模拟集中式储能系统为例，储能经常更新的实时量包括有功功率、无功功率、荷电状态等，可转化成虚拟设备上电位器的电阻值。调节虚拟设备电位器，使其电阻值与指令报文中功率所对应的电阻值一致时，LED 指示灯亮起，代表调节成功，如图 3.50 所示。

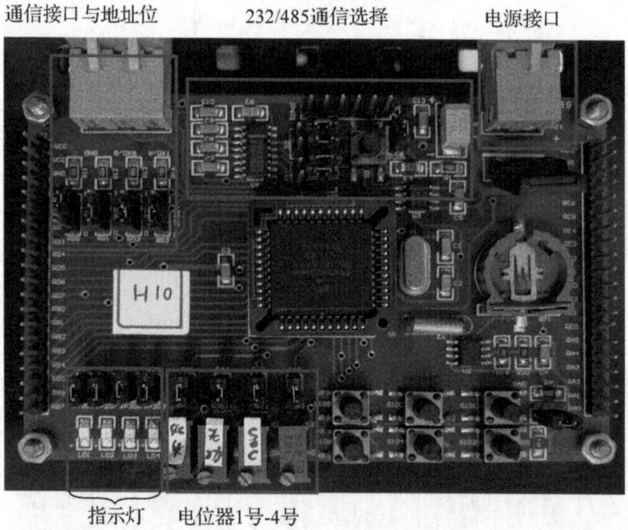

图 3.50　虚拟设备实物图

以虚拟设备为单位搭建光伏-储能集群硬件模拟平台，验证测控保护装置与 32 个集群光伏/储能管控的通信功能。该平台由电源系统、通信总线与 32 块虚拟设备组成，各虚拟设备的供电正负极与通信收发口分别并联接入电源总线与通信总线。硬件模拟平台的拓扑图如图 3.51 所示。将硬件模拟平台与测控保护装置、计算机的通信接口按图 3.52 示意相连接，测控保护装置针对接入的 32 路虚拟设备使用轮询方式获取运行参数，利用 IEC104 主站监测软件呈现模拟平台的实时遥测数据，硬件模拟平台运行数据如图 3.53 所示。

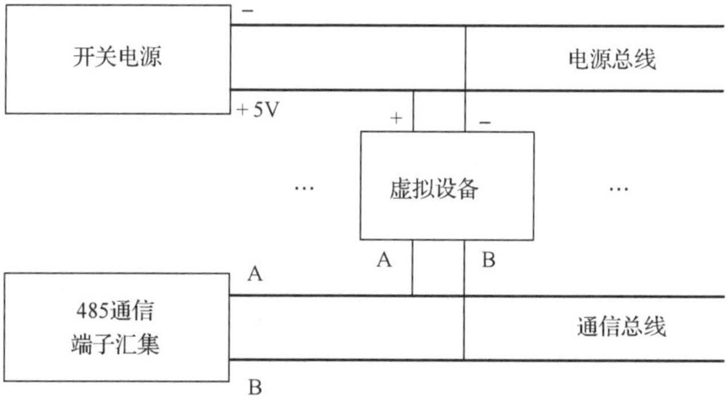

图 3.51　硬件模拟平台拓扑图

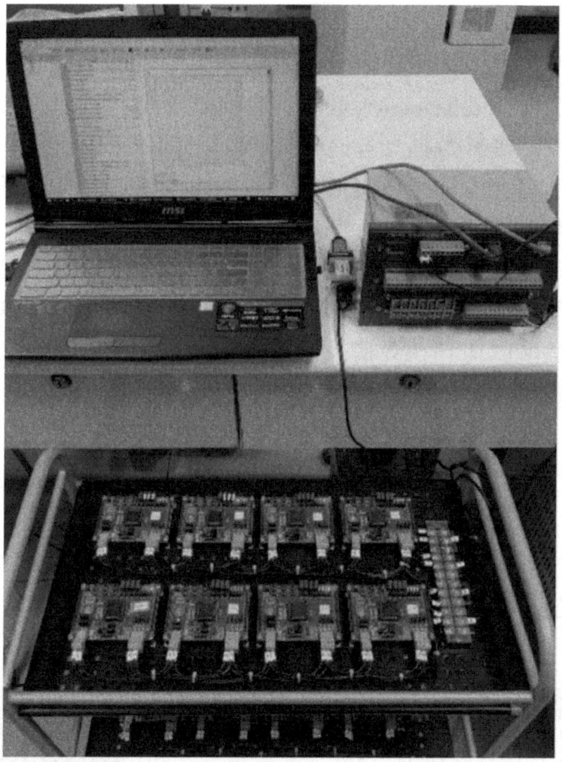

图 3.52　硬件模拟平台测试环境

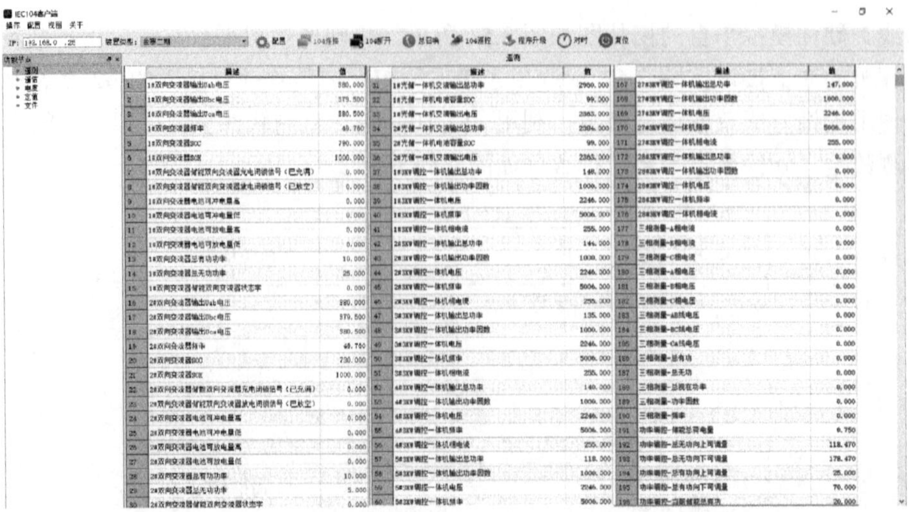

图 3.53 硬件模拟平台运行数据

2. 电力线载波通信信道的搭建测试

电力线低压宽带载波通信终端分为数据采集主机与从机，支持一主多从的通信模式。主机测控保护装置，置于变压器台区低压侧；从机连接各发电终端，置于用户侧负荷节点。提升数据抄读时效性有以下两种手段：①在主机内嵌入从机设备地址白名单，只允许地址备案的从机与主机通信；②主机数据采集方式由广播指令更改为效率更高的点对点数据传输。

模拟现实应用场景，利用虚拟设备对低压载波信道进行测试，数据采集主机与从机之间距离约为 100m 架空电力线，虚拟设备与载波通信从机连接后并入用户一侧电网。通信链路成功建立后，在主机一侧使用串口监视软件向虚拟设备分别发送周期固定的遥测报文。经测试，虚拟设备能够支持周期 1s 的低压载波数据稳定收发。虚拟设备的电力线载波通信入网测试如图 3.54 所示。

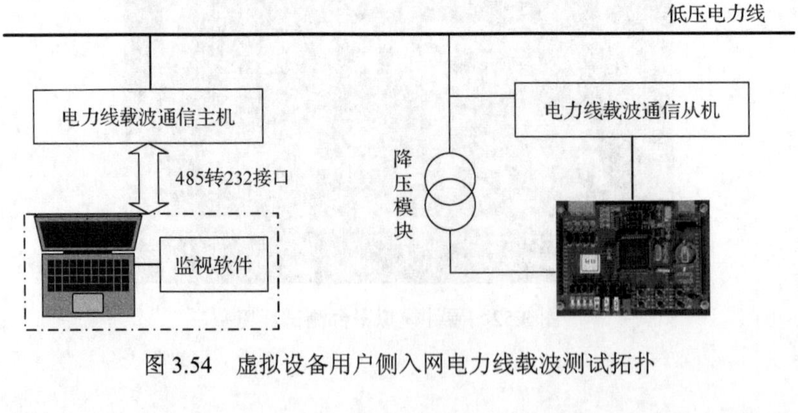

图 3.54 虚拟设备用户侧入网电力线载波测试拓扑

3. 测控保护装置的安装入网

1) 测控保护装置的安装

测控保护装置的接线主要有：三相电压和三相电流的交流模拟量输入、24V 直流电源输入和通信线的接入。

向上级调度主站或备用主站通过光纤通信。本装置留有两个以太网口，其一与交换机连接，配置该网口的 IP 地址后即具备与主站间通信能力。

向下层各分布式并网装置通过 RS485 或者低压电力线载波通信。测控保护装置的近端设备通过 RS485 通信线接入，远端设备通过电力线载波通信收发数据。

2) 测控保护装置的入网

测控保护装置安装后，需按如下步骤进行测试以实现正常运行。

(1) 接线的连接与校对：电源接线、电压电流输入信号线和通信线等的正确连接。

(2) 测控保护装置通信参数的配置与校对：测控保护装置的 IP 地址、MAC 地址等的正确设置，相同局域网网段内避免上述地址冲突。

(3) 测控保护装置其他参数的设置：如互感器变比、各种功能的投切使能。

(4) 各分布式并网装置的通信测试。并网装置类型较多，有大功率的储能双向变流器、逆变调控一体机，有小功率的光伏储能一体机、户用光伏逆变器等，还有电能质量监测装置、电能质量治理装置、微气象站等，需分别测试其“四遥”通信性能。

(5) 与调度主站的“四遥”通信测试。

4. 测控保护装置的功能验证

测控保护装置内置多种算法，例如功率分配、电压控制与反孤岛保护等。通信测试正常后即可验证算法的有效性，以功率分配算法的验证为例。

(1) 在装置内设置功率分配功能相关的参数，如功能字的投入，功率可调的并网装置的数量与参数。

(2) 主站多次下发不同的并网点有有功功率与无功功率设定值。

(3) 通过观察并网点功率是否达到或接近下发的设定值来判断算法的有效性。

5. 测控保护装置的闭环运行测试

闭环运行测试是检测整个系统稳定性的方法。经过长时间的独立运行，测控保护装置与调度主站和并网装置能够正常通信，并响应调度指令。

参 考 文 献

[1] Svensson J, Bongiorno M, Sannino A. Practical Implementation of Delayed Signal Cancellation Method for Phase-sequence Separation[J]. IEEE Transactions on Power Delivery, 2007, 22(1): 18-26.

[2] Errouissi R, Ouhrouche M. Robust Cascaded Nonlinear Predictive Control of a Permanent Magnet Synchronous Motor[J]. IEEE Transactions on Industrial Electronics, 2012, 59(8): 3078-3088.

[3] Bongiorno M, Svensson J, Sannino A. Effect of Sampling Frequency and Harmonics on Delay-based Phase-sequence Estimation Method[J]. IEEE Transactions on Power Delivery, 2009, 23(3): 1664-1672.

[4] 汤秀芬. 独立光伏系统的储能技术研究[J]. 通信电源技术, 2014, 31(1): 12-14.

[5] 武汉伟. 分布式发电技术及其应用现状[J]. 通信电源技术, 2016, 33(6): 174-175.

[6] 张学广, 王瑞, 徐殿国. 并联型三相 PWM 变换器环流无差拍控制策略[J]. 中国电机工程学报, 2013, 33(6): 31-37.

[7] 王瑞. 三相光伏并网逆变器控制策略研究[D]. 哈尔滨: 哈尔滨工业大学, 2012.

[8] 刘清, 罗安, 肖华根, 等. 并联型三相 PWM 变换器双载波 SPWM 环流抑制策略[J]. 电网技术, 2014, 38(11): 3121-3127.

[9] 姚良忠, 朱凌志, 周明, 等. 高比例可再生能源电力系统的协同优化运行技术展望[J]. 电力系统自动化, 2017, 41(9): 36-43.

[10] 鲁宗相, 黄瀚, 单葆国, 等. 高比例可再生能源电力系统结构形态演化及电力预测展望[J]. 电力系统自动化, 2017, 41(9): 12-18.

[11] 康重庆, 姚良忠. 高比例可再生能源电力系统的关键科学问题与理论研究[J]. 电力系统自动化, 2017, 41(9): 2-10.

[12] 谢仲华, 康丽惠, 莫海宁. 光伏储能一体化系统的研究及运用[J]. 上海节能, 2016, 3(3): 132-137.

[13] 林阿依. 屋顶光伏与储能一体化发电系统设计研究[D]. 北京: 华北电力大学, 2015.

[14] 柯勇, 陶以彬, 李阳. 分布式光伏/储能一体化并网技术研究及开发[J]. 机电工程, 2015, 32(4): 544-549.

[15] Liu Z, Liu J J, Zhao Y L. A Unified Control Strategy for Three-phase Inverter in Distributed Generation[J]. IEEE Transactions on Power Electronics, 2014, 29(3): 1176-1191.

[16] Zhong Q. Robust Droop Controller for Accurate Proportional Load Sharing Among Inverters Operated in Parallel[J]. IEEE Transactions on Industrial Electronics, 2013, 60(4): 1281-1290.

[17] Guerrero J M, Matas J, De Vicuna L G, et al. Wireless-control strategy for parallel operation of distributed-generation inverters[J]. IEEE Transactions on Industrial Electronics, 2006, 53(5): 1461-1470.

[18] Bevrani H, Ise T, Miura Y. Virtual Synchronous Generators: A Survey and New Perspectives[J]. International Journal of Electrical Power and Energy Systems, 2014, 54(3): 244-254.

[19] 丁明, 杨向真, 苏建徽. 基于虚拟同步发电机思想的微电网逆变电源控制策略[J].电力系统自动化, 2009, 34(8):89-93.

[20] Zhong Q C, Weiss G. Synchronverters: Inverters that mimic synchronous generators[J]. IEEE Transactions on Industrial Electronics, 2011, 58(4): 1259-1267.

[21] Hesse R, Turschner D, Beck H P. Microgrid Stabilization Using the Virtual Synchronous Machine (VISMA)[C]. International Conference on Renewable Energies and Power Quality, Valencia, 2009: 676-681.

[22] Liu J, Miura Y S, Ise T. Comparison of Dynamic Characteristics Between Virtual Synchronous Generator and Droop Control in Inverter-Based Distributed Generators[J]. IEEE Transactions on Power Electronics, 2016, 31(5): 3600-3610.

[23] 吴恒，阮新波，杨东升. 虚拟同步发电机功率环的建模与参数设计[J]. 中国电机工程学报，2015，35(24): 6508-6518.

[24] 李烨. 光伏电站有功功率控制策略研究[D]. 成都: 电子科技大学, 2013.

[25] 朱逸鹏. 光伏电站集群主动协调控制方法研究[D]. 沈阳: 沈阳工业大学, 2017.

[26] Zhao L, Qu L N, Ge L M, et al. An Active Power Control Strategy for Large-scale Clusters of Photovoltaic Power Stations[C]. PES General Meeting Conference & Exposition. IEEE, 2014.

[27] 赵峰，蒽代其. 分布式电源并网系统远程孤岛检测方法的研究[J]. 电源技术, 2014, 38(3): 586-588.

[28] Yu W S, Lai J S, Qian H, et al. High-efficiency Inverter With H6-type Configuration for Photovoltaic Non-isolated Ac Module Applications[C]. Applied Power Electronics Conference and Exposition (APEC), 2010 Twenty-Fifth Annual IEEE, 2010: 1056-1061.

[29] 刘邦银. 无变压器型并网光伏发电系统的漏电流分析与抑制技术研究[D]. 武汉: 华中科技大学, 2010.

[30] Kerekes T, Teodorescu R, Liserre M. Common mode voltage in case of transformerless PV inverters connected to the grid[C]. 2008 IEEE International Symposium on Industrial Electronics, 2008.

[31] Fu Y J, Wang F, Chen C, et al. New method of voltage control considering distribution network containing distributed generation[J]. Proceedings of the CSU-EPSA, 2015, 27(6): 26-31.

第4章　分布式发电集群优化调度技术

分布式电源具有单体容量小、出力波动性强、可控性差等问题，为电网的运行与控制带来了挑战。迫切需要研发快速有效的控制方法，使得分布式电源友好并网[1,2]。

采用集中调控的方式，将面临时延明显、计算海量的问题，无法实现快速的分布式发电控制[3]。对分布式发电进行集群划分[4]，并进行灵活并网集成，是保障大规模分布式发电能够规模有序、安全可靠、经济高效地接入电网，实现大规模可再生能源与电网友好协调及最大化并网消纳的重要解决方案。本章介绍的“群控群调技术”调控体系，是一种基于自治-协同的分布式电源分层分级调控体系，可以应对大规模分布式发电并网带来的控制对象的复杂性和多级协调的困难性的挑战，其核心由分布式发电集群动态自治控制(下称“集群自治”)、区域集群间互补协同调控[5](下称“群间协同”)、输配两级电网协调优化(下称“输配协调”)三层级组成。分布式发电集群自治控制技术解决集群自身的敏捷控制问题，目标是采用“激励-响应”的在线优化控制方法，实现类“虚拟电厂”的可控性，最终实现本地平抑功率波动的目的；分布式发电集群群间协同调控技术解决配网内部的高效协调问题，目标是采用凸松弛和鲁棒优化方法，实现主动配电网运行评估、优化调度、恢复控制，最终达到分布式发电就近消纳的目的；输配两级电网协调调控技术解决主配网之间两级协同调度的问题，目标是提出分解协调的配两级联合调度，实现“源-网-荷-储”协同，提升消纳能力，最终实现电源安全外送的目的。

基于上述主要内容，本章给出区域性高渗透率分布式发电集群灵活并网群控群调系统中关键技术的简要介绍，重点叙述技术的研究思路和建模方式。

4.1　分布式发电集群动态自治

集群自治主要分为三个步骤。首先，考虑时空相关性进行分布式发电出力统计分析和功率预测，为分布式发电集群自治控制提供预测数据；基于预测数据协调控制分布式电源变流器和储能装置，实现集群电能质量的快速自治调节和集群功率平抑，减小对电网带来的不良影响和冲击。其次，对于集中式电站型集群如光伏电站、风电场等，基于模型预测控制实现在线优化和反馈校正，通过逆变器本地快速控制保证集群实时的动态响应效果，最终使得集群对电网呈现类似传统发电机的运行控制特性，实现分布式发电集群友好并网的目的；对于户用电源型集群如屋顶光伏发电、户用风力发电集群等，基于本地测量和少量信息交互的分布式优化算法，实现通信不完备条件下的自适应动态控制，提升集群运行的可靠性。最后，通过集群自治控制的方式解决分布式发电量大分散、波动性强、投退频繁、脱网风险高给电网调控带来的控制对象复杂性问题，使得集群整体友好并网，对电网调控提供必要支撑。

4.1.1　考虑时空相关性的出力统计分析和电源发电功率预测技术

为了更好地掌握可再生能源大规模并网对电力系统的影响，有必要对分布式电源出力的统计特性进行研究；同时，由于现有的调度方案中需要新能源次日的出力预测数据，因此在进行数据预测时，分布式电源出力的统计特性分析也可以为发电出力预测技术提供新的思路。本节以分布式电源出力数据为对象，介绍一种用于序列分解的考虑时空相关性的统计分析技术，并在此基础上介绍一种分布式电源发电功率预测技术。

目前，我国的光伏扶贫政策在偏远地区建设了大量的分布式光伏发电；对光伏发电并网的电价鼓励，也使得不少用户在私有屋顶部署了光伏发电设备。因此，本节的分布式发电主要讨论光伏发电，在下文的讨论中，分布式发电统一采用光伏来替代。

1. 分布式光伏出力统计分析技术

传统研究中通常采用两大类数学模型描述光伏出力：一种是建立随机时间序列模型，例如用自回归滑动平均(auto regressive moving average，ARMA)模型对太阳辐射强度和光伏出力序列建模；另一种是分析单时间断面光伏出力的概率分布特性，近似认为短时间内太阳到达地面的辐射强度服从 Beta 分布，并认为光伏出力与太阳辐射呈正比关系。前者多用于需要考虑时序的电力系统模拟运行问题，后者则常用于分析配电网无功优化、配电网概率潮流、光伏发电置信容量评估等问题。实际工程结果表明，光伏出力的随机性对电网的潮流、母线电压、调峰、调频、备用等都具有较大的影响，可见准确刻画光伏出力统计特性具有极为重要的意义。

上述两类光伏出力的数学建模手段，基本都是直接针对光伏面板上接收到的太阳辐射或者光伏出力建模，忽略了影响地面太阳辐照度和光伏出力的多种物理过程。实际上地面太阳辐照度和光伏出力本质是多种物理过程的综合作用，这使得其既具有随机性也具有明显的日周期性，将其混成一体进行随机性分析建模不太合适。同时，由于目前光伏电站的历史测量数据往往只有功率值、环境温度及水平面太阳辐射强度，所以难以直接对不同物理过程的影响进行定量分析，需要对光伏实测出力序列进行成分分解。

为了更好地研究光伏并网对电力系统的影响，本节介绍一种考虑时空相关性的光伏出力序列成分分解算法。

首先，分析影响光伏出力的物理因素：太阳辐射规律性变化趋势、每日总体大气衰减情况(大尺度天气过程)、局部云层扰动(中微尺度天气过程)等，根据不同物理因素的影响将光伏实测出力分离为规律性分量和随机性分量，规律性分量由日地运行和大尺度天气过程主导，随机性分量由中微尺度天气过程主导。

其次，分析光伏出力规律性分量和随机性分量的统计特性。针对规律性特性，分析电站之间的时空相关性；针对随机性分量，提出采用带位移因子与伸缩系数的 t 分布拟合光伏出力随机性分量概率密度函数的方法。

最后，分析不同时间间隔步长、不同光伏电站装机容量对光伏出力随机性分量的影响，也即对光伏处理随机性分量进行相关性分析。

1) 光伏序列成分分解

光伏由于受地球自转的影响，其出力具有非常明显的日周期特性。总的来说，光伏出力大小与接收到的太阳辐射量密切相关，而太阳辐射主要受到 3 方面因素的影响：

(1) 大气上界太阳辐射能，大气层外的太阳辐射能不受大气衰减的影响，是根据日地运动规律周期性变化的，决定了光伏出力的总体变化趋势，即从日出时刻开始增加，至中午达到最大，随后逐渐减少，至日落降至零，夜间持续无辐照。

(2) 大气层衰减：实际光伏面板接收到的太阳辐射强度还与大气的衰减情况密切相关。衰减程度因时因地而异，但在同一地点同一天内，其变化不大。

(3) 局部云层扰动：局部云团的移动、聚集与消散会进一步造成所在区域太阳辐射的短时扰动，从而给光伏出力带来分钟级随机分量。

对应以上 3 方面，本章将光伏出力依次分解为理想出力归一化曲线、幅值参数和随机成分 3 部分，如式(4.1)所示：

$$P_i(t)=k_i S_{i,\text{Regular}}(t)+P_{i,\text{Random}}(t) \tag{4.1}$$

式中，t 为时间；$P_i(t)$ 为第 i 天的实际光伏出力；$S_{i,\text{Regular}}(t)$ 为当天的理想出力归一化曲线，主要表征因素(1)中的太阳辐射变化；k_i 为幅值参数，是体现因素(2)中大气衰减的系数；$P_{i,\text{Random}}(t)$ 为随机分量，对应因素(3)中的短时扰动。以下将介绍这 3 部分的分解方法并分析各部分的统计特性。

需要注意的是，由于光伏出力的时间范围是从日出时刻到日落时刻，夜间出力全部为零。因此，下文的分析对光伏出力时间序列的夜间部分进行了剔除。

2) 理想出力归一化曲线提取

理想出力归一化曲线是指保留了不考虑云层扰动情况下光伏电站日间出力曲线形状，并将幅值与时间跨度均归一化的曲线，如图 4.1 所示。

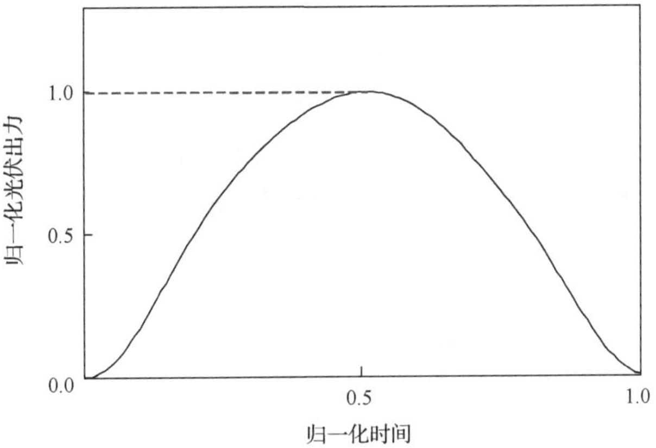

图 4.1　光伏理想出力归一化曲线

虽然理想曲线可以通过日地运行模型计算得出，但光伏电站的出力还受到所在地的气候特点及光伏面板朝向的调整影响，因此单纯的理想出力计算曲线存在较大的误差。为此，此处给出一种理想出力归一化曲线的计算方法：从历史数据中抽取典型日数据，进行一系列变换后得到更精确的理想出力归一化曲线，该方法的步骤如下。

(1) 选取典型日。典型日指的是全天出力曲线平滑的采样日，曲线平滑说明当天未受到云层扰动影响(相对地，非典型日是除典型日外其他采样日)。

典型日的选取依据是全天出力序列二阶差分的绝对值均小于一定阈值 D：

$$\mathrm{Max}\{|(x_{t+2}-x_{t+1})-(x_{t+1}-x_t)|\}<D \tag{4.2}$$

式中，x_t 为第 t 个采样点的光伏出力功率；D 取典型值 0.05p.u.。若因实测数据较少等原因导致不存在典型日时，可适当增大阈值 D 来放宽选取标准。

(2) 典型日出力曲线的归一化。由于每日光伏出力峰值和日出日落时间均有不同，为提取统一的理想出力曲线形状，需将每日有出力部分的功率范围和时间范围归一化，即每一时刻光伏功率值除以全天最大出力值 $\mathrm{Max}\{Z_i(t)\}$，同时，出力时刻按当日日间时长 $T_{i,\mathrm{day}}$ 进行压缩，如下式所示：

$$Z_i^*(t^*)=\frac{Z_i(t)}{\mathrm{Max}\,Z_i(t)} \tag{4.3}$$

式中，$Z_i(t)$ 为第 i 天第 t 个出力点的功率值；$Z_i^*(t^*)$ 为归一化后的功率值；$t^*=t/T_{i,\mathrm{day}}$，定义域为[0,1]。

(3) 典型日出力曲线的解析化。通过快速傅里叶变换，保留前五次谐波，实现解析化。从而得到典型日对应的理想出力归一化曲线方程。

分别采用本节的基于典型日提取法和现有的日地运行模型理论计算方法得到的理想出力归一化曲线对比如图 4.2 所示，可以看出，该方法得到的理想出力归一化曲线更贴合实测数据的变化趋势，下午时段两者重合度较高，仅在上午时段存在较小的误差。

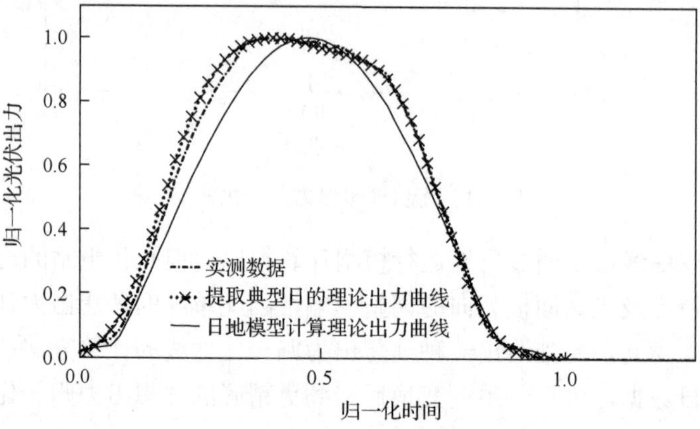

图 4.2　两种理想出力归一化曲线计算方法对比

3) 幅值参数的计算与分析

(1) 幅值参数的定义与计算。理想出力归一化曲线 $S_{i,\mathrm{ideal}}(t)$ 描述了每日无云层扰动时光伏出力曲线的形状，其幅值取值范围是[0,1]。而实际中每日光伏出力峰值还取决于大气上界太阳辐射峰值及受当日总体天气条件影响的大气衰减状况，此处采用幅值参数 k_i 予以表征。幅值参数的计算采用最小二乘拟合法，如式(4.4)所示，幅值参数越大说明大气衰减越小、当日可用太阳辐射量越大。

$$\mathrm{Min}\left\{\sum_{t=1}^{N}[P_i(t)-k_iS_{i,\mathrm{ideal}}(t)]^2\right\} \tag{4.4}$$

式中，N 代表全天光伏数据采样点数。其物理意义为在原有理论出力计算模型的基础上添加一个衰减系数来模拟每日总体天气状况，即利用最小二乘法，以日为周期求取衰减系数 k_i，使理论出力乘该衰减系数后与实测出力 $S_{i,\text{real}}(t)$ 的残差平方和最小，根据数学推导，第 i 天的衰减系数 k_i 的计算公式为

$$k_i = \frac{\sum_{t=1}^{N} S_{i,\text{ideal}}(t) S_{i,\text{real}}(t)}{\sum_{t=1}^{N} {S^2}_{i,\text{ideal}}(t)} \tag{4.5}$$

(2) 幅值参数的时空相关性。采用自相关函数(auto-correlation function，ACF)和偏自相关函数(partial auto-correlation function，PACF)对幅值参数的时间相关性进行描述，用于表征同一光伏电站所在地可用太阳辐射量/出力峰值在不同日期间的相关性；同时采用互相关函数对幅值参数的空间相关性进行描述，用于表征同一日期不同电站所在地可用太阳辐射量/出力峰值的相关性。

分析序列的自相关系数和偏自相关系数的特性可以判断该序列是否平稳。从经验上可以认为，当系数以较慢的速度趋向于 0 则称其呈拖尾特性，当系数以较快的速度趋向于 0 则称其呈截尾特性。当序列的自相关系数和偏自相关系数呈现拖尾或者截尾特性，该序列是平稳的，可以对其进行随机过程建模。

①光伏出力幅值参数的时间相关性。自相关函数和偏自相关函数是常用的表征单一时间序列前后时刻关联性的函数，定义分别如式(4.6)所示：

$$\rho_k = \left\{ E\left[(Z_i - \mu_i)(Z_{i+k} - \mu_{i+k}) \right] \right\} / \sigma^2 \tag{4.6}$$

$$P_k = \begin{vmatrix} \rho_0 & \rho_1 & \cdots & \rho_{k-2} & \rho_1 \\ \rho_1 & \rho_0 & \cdots & \rho_{k-3} & \rho_2 \\ \vdots & \vdots & & \vdots & \vdots \\ \rho_{k-1} & \rho_{k-2} & \cdots & \rho_1 & \rho_k \end{vmatrix} \Bigg/ \begin{vmatrix} \rho_0 & \rho_1 & \cdots & \rho_{k-2} & \rho_{k-1} \\ \rho_1 & \rho_0 & \cdots & \rho_{k-3} & \rho_{k-2} \\ \vdots & \vdots & & \vdots & \vdots \\ \rho_{k-1} & \rho_{k-2} & \cdots & \rho_1 & \rho_0 \end{vmatrix} \tag{4.7}$$

式中，Z_i 为幅值参数序列；P_k 为 k 阶时延的偏自相关系数；μ_i 为序列均值，下标 i 代表索引；ρ_k 为 k 阶自相关系数；$E[\cdot]$ 为期望函数；σ 为方差。幅值参数序列的 ACF 和 PACF 如图 4.3 所示。可以看出，幅值参数序列的 ACF 呈现拖尾特性，于 4 阶后落入不显著区域(临界值 $\rho_D = 2/\sqrt{N}$，N 为样本容量)，PACF 呈现一阶截尾特性，即时延一阶后 PACF 直接落入不显著区。由此说明该序列是一个平稳序列，可以对其进行随机过程建模。

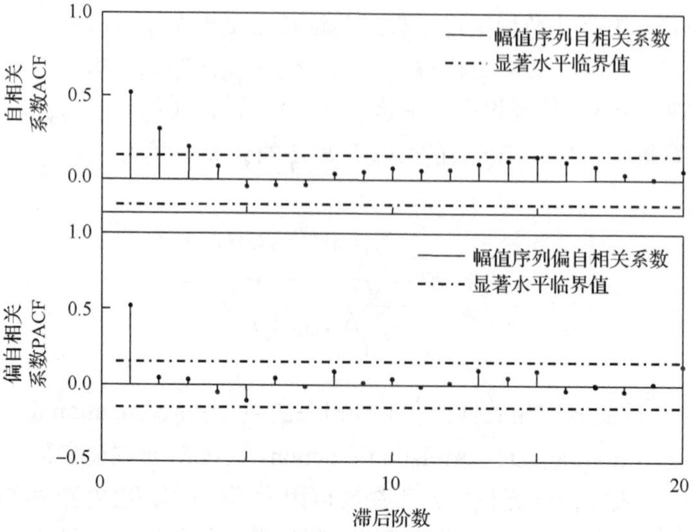

图 4.3　幅值参数序列自相关和偏自相关系数

②光伏出力幅值参数的空间相关性。互相关系数表征了多个时间序列之间的相关性，其表达式如(4.8)所示。

$$\rho_{12} = \frac{E\left[(Z_{1,i} - \mu_1)(Z_{2,i} - \mu_2)\right]}{\sqrt{D(Z_1) \cdot D(Z_2)}} \tag{4.8}$$

式中，$D(Z_1)$、$D(Z_2)$ 为序列 Z_1、Z_2 的方差；$Z_{1,i}$、$Z_{2,i}$ 为序列 Z_1、Z_2 的第 i 个元素；μ_1、μ_2 为序列 Z_1、Z_2 的均值。

通常认为：若互相关系数大于 0.7，则两组序列具有强互相关，说明其变化非常同步。显然，同一区域或相隔较近的光伏电站，其太阳辐照状况应当非常类似，而相隔较远的光伏电站间，太阳辐照关联性则较弱。因此做出以下推论：空间位置相隔较近的光伏电站，幅值参数序列具有较强的互相关性，而空间位置相隔较远的光伏电站，其幅值参数序列不存在明显的相关性。

4) 光伏出力随机分量

光伏出力除了受到日地运动和大尺度天气过程的影响外，还受中微尺度天气过程的影响，如云层遮挡、阵雨等，这使得光伏出力受到短期的扰动。前文所述的衰减理论出力综合了日地运动和大尺度天气过程的影响，则光伏实测出力与衰减理论出力的差值即代表了中微尺度天气过程对光伏出力的影响，如图 4.4 所示，即可认为光伏出力规律性分量为衰减理论出力 $k_i S_{i,\mathrm{Regular}}(t)$，随机性分量为光伏电站实测出力 $y_i(t)$ 减去规律性分量 $r_i(t) = y_i(t) - k_i S_{i,\mathrm{Regular}}(t)$。

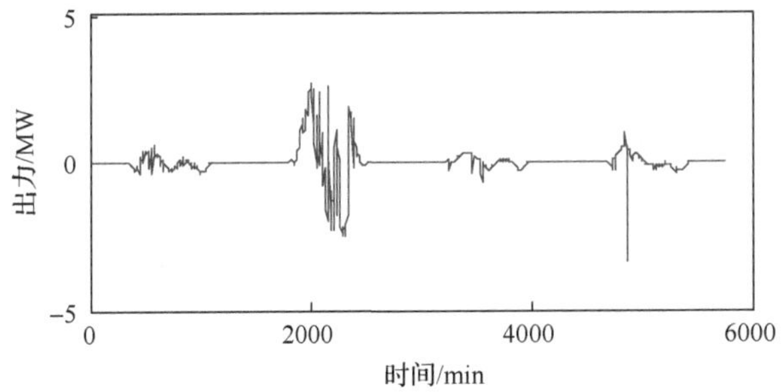

图 4.4　实测出力与衰减理论出力差值

为了验证该分离方法的有效性，引入自相关系数进行分析。自相关系数度量的是同一事件在两个不同时期之间的相关程度。在时间序列分析中，对于有 N 个输入数据的时间序列 x_i ， $i=1,2,\cdots,N$ ，其自相关系数定义为

$$\rho_m = \frac{\sum_{i=1}^{N}(x_i - \overline{x})(x_{i+m} - \overline{x})}{\sqrt{\sum_{i=1}^{N}(x_i - \overline{x})^2}} \tag{4.9}$$

式中，m 称之为自相关的延迟变量；$\overline{x}$ 为序列均值。

如果一个时间序列的自相关系数出现周期性变化，通常为幅值衰减的振荡，则表明该时间序列具有周期性，且该时间序列的周期与其自相关系数的周期相同。如果随着延迟增加，时间序列的自相关系数逐渐降为零，不出现周期性的高峰，则该时间序列为随机性时间序列。

经过定性观察以及对拟合指标的定量对比分析，发现 t location-scale 分布（含有尺度参数和位置参数的 t 分布）相比于其他分布能更好地拟合光伏出力随机性分量的概率分布。t location-scale 分布源自概率论中常见的 t 分布，式(4.10)给出了 t 分布的概率密度函数表达式：

$$f(y) = \frac{\Gamma\left(\frac{v+1}{2}\right)}{\sqrt{v\pi}\,\Gamma(v/2)}\left(1+\frac{y^2}{v}\right)^{-\frac{v+1}{2}} \tag{4.10}$$

式中，v 为形状参数；y 为自变量；f 为概率密度函数。当取 $x=\sigma y+\mu$ ，σ 为方差，μ 为均值时（即对 t 分布进行位移及伸缩变换），可以得到相应的 t location-scale 分布如下：

$$f(x)=\frac{\Gamma\left(\frac{\nu+1}{2}\right)}{\sigma\sqrt{\nu\pi}\Gamma(\nu/2)}\left[\frac{\nu+\left(\frac{x-\mu}{\sigma}\right)^2}{\nu}\right]^{-\frac{\nu+1}{2}} \tag{4.11}$$

式中，x 是自变量；μ 为位置参数；σ 为尺度参数；ν 为形状参数。

形状系数 ν 能够控制 PDF 的峰度，所以 t location-scale 分布相比于正态分布更适合于描述呈胖尾特性的分布，实际上当形状系数 ν 趋于无穷大时，它就等价于具有相同 μ 和 σ 参数的正态分布。

常见的分布函数还有正态分布、t 分布、logistic 分布、极值分布等，选择不同典型分布函数的原则是使拟合的 PDF 曲线与原数据的频率分布直方图尽量接近。为了定量的比较不同分布函数的拟合效果，定义拟合指标：

$$I=\sum_{i=1}^{m}(y_i-h_i)^2, y_i=f(x_i) \tag{4.12}$$

式中，$i=1,2,\cdots,m$，其中 m 为原数据频率分布直方图的分组数；x_i 和 h_i 分别为第 i 个直方柱的中心位置及其在该中心位置的高度；$f(x)$ 为拟合的概率密度函数；$y_i=f(x_i)$ 为在中心位置 x_i 上拟合的概率密度函数对应的值。在分组数 m 相同的情况下，拟合指标 I 越小，PDF 曲线与原数据的频率分布直方图越接近，拟合越精确。

由于光伏电站夜间出力固定为零，仅日间时段的出力才具有随机性，且若将日夜间时段的出力放在一起进行分析，大量的夜间零值将淹没日间的特性，所以对光伏出力随机性分量的统计特性分析均剔除应夜间零值，仅对日间时段的出力进行分析。对于所示的光伏电站出力随机性分量概率分布的拟合，对应不同典型分布的拟合指标如表 4.1 所示，可以定量地看出，t location-scale 分布的拟合指标值最小，表明 t location-scale 分布最适合描述光伏出力随机性分量的分布特性。

表 4.1　不同分布的拟合指标

分布	指标值
极值	0.0454
正态	0.0233
logistic	0.0128
t location-scale	0.0027

5）光伏出力随机性分量的相关性分析

（1）光伏出力随机性分量的时间相关性。利用上述分离光伏出力规律性分量和随机性分量的算法，提取出光伏出力的随机性分量，对其进行定量分析。为了较为精确的分析光伏电站出力随机性分量的空间相关性，引入偏自相关系数进行分析。在时间序列分析中，偏自相关系数的定义为

$$P_m = \frac{\begin{bmatrix} 1 & \rho_1 & \rho_2 & \cdots & \rho_{m-2} & \rho_1 \\ \rho_1 & 1 & \rho_1 & \cdots & \rho_{m-3} & \rho_2 \\ \vdots & \vdots & \vdots & & \vdots & \vdots \\ \rho_{m-1} & \rho_{m-2} & \rho_{m-3} & \cdots & \rho_1 & \rho_m \end{bmatrix}}{\begin{bmatrix} 1 & \rho_1 & \rho_2 & \cdots & \rho_{m-2} & \rho_{m-1} \\ \rho_1 & 1 & \rho_1 & \cdots & \rho_{m-3} & \rho_{m-2} \\ \vdots & \vdots & \vdots & & \vdots & \vdots \\ \rho_{m-1} & \rho_{m-2} & \rho_{m-3} & \cdots & \rho_1 & 1 \end{bmatrix}} \tag{4.13}$$

式中，m 为延迟变量；ρ_m 为 m 阶延迟的自相关系数，其计算公式如上式所示；P_m 为 m 阶延迟的偏自相关系数。

(2) 光伏出力随机性分量的空间相关性。

为了较为精确地分析光伏电站出力随机性分量的空间相关性，引入互相关系数进行分析。互相关系数度量的是两个事件之间的相关程度。在时间序列分析中，对于分别有 N 个输入数据的时间序列 $x=\{x_i\}$，$y=\{y_i\}$，$i=1,2,\cdots,N$，其互相关系数定义为

$$\rho(x,y) = \frac{\sum_{i=1}^{N}(x_i-\overline{x})(y_i-\overline{y})}{\sqrt{\sum_{i=1}^{N}(x_i-\overline{x})^2}\sqrt{\sum_{i=1}^{N}(y_i-\overline{y})^2}} \tag{4.14}$$

式中，$\overline{x}$、$\overline{y}$ 为序列均值。

根据互相关系数判断随机序列相关性的准则通常为：互相关系数绝对值在 0.3 以下为不相关，0.3～0.5 为低度相关，0.5～0.8 为中度相关，0.8 以上是高度相关。

(3) 光伏出力随机性分量与运行点的相关性。

为考察光伏出力随机性分量与光伏电站运行点，即光伏电站总出力之间的关系，对光伏出力随机性分量与光伏电站运行点进行了相关分析。

图 4.5 给出了 4 个不同光伏电站出力随机性分量与运行点的散点图。图中横坐标为光伏电站的实测出力；纵坐标为实测出力的随机性分量。可以看出，随机性分量在光伏电站的运行范围内基本呈带状分布，即光伏电站随机性分量的大小基本与运行点不相关。

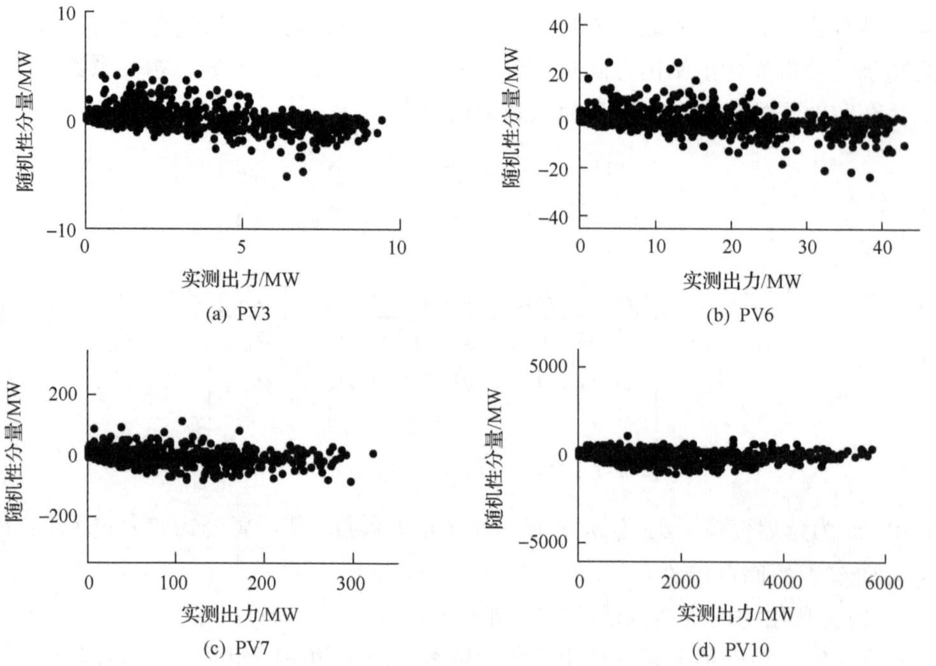

图 4.5　不同光伏电站出力随机性分量-实测出力散点图

为较为精确地分析其相关性，引入互相关系数进行分析。表 4.2 给出了上述 4 个光伏电站出力的随机性分量与运行点的互相关系数，可以看出，该 4 个光伏电站出力随机性分量与运行点之间的互相关系数绝对值基本在 0.4 以下，可以认为基本不相关。因此，可以认为光伏电站随机性分量的大小基本与运行点不相关，光伏出力随机性分量是独立于总出力的随机变量。

表 4.2　光伏出力随机性分量与运行点的相关系数

光伏电站	相关系数
PV3	−0.3674
PV6	−0.3175
PV7	−0.2035
PV10	−0.0680

针对光伏出力序列随机性成分提取这一问题，本节首先采用太阳能辐射模型、选取典型日法和最小二乘法原理分别分析了不同物理因素对光伏出力的影响。其次，根据不同物理因素的影响将光伏电站实测出力分离为规律性分量和随机性分量，并利用自相关系数证明了该分离方法是有效的，且所提方法无需额外的气象数据进行辅助。接下来，本节给出了一种采用 t location-scale 分布拟合光伏出力随机性分量概率密度函数的方法。实际上，在不同时间间隔步长下，光伏出力随机

性分量的分布特性都适合用 t location-scale 分布来描述。最后，对光伏出力随机性分量的相关性进行了分析，当光伏电站间的距离超过中微尺度天气过程影响范围时，其随机性分量之间不相关；光伏电站随机性分量的大小基本与运行点不相关，因此可以认为光伏出力随机性分量是独立于总出力的随机变量。

2. 分布式电源发电功率预测技术

1) 光伏预测概况

目前对光伏功率预测的研究主要原理是根据未来天气情况结合太阳辐照的规律及光伏板的布置情况对光伏板接受的辐照进行预测，进而估计光伏板的功率。光伏功率预测方法主要包括时间序列预测法、回归模型预测法和神经网络法等。目前对光伏功率预测的研究大多集中在点预测(即确定性预测)上，即给出某一预测时刻的一个确定的值。而受气象因素影响，光伏发电有着较强的随机性，当光伏输出功率因天气变化波动较大时，确定性的点预测很难达到理想的精度。此外，点预测中所包含的信息有限，无法表达预测结果的不确定性，调度运行中单纯基于光伏点预测无法决策系统需要预留的备用等，在未来大规模光伏发电接入的形势下该方法难以适应电力系统优化运行的需要。与点预测不同的是，概率预测提供了比较全面的预测信息。通过概率预测能够得到下一时刻所有可能的光伏出力情况及其对应的概率。因此，概率预测更有助于将电力系统运行中的风险控制在合理水平下。

2) 基于神经网络的光伏出力短期预测

(1) 预测模型的输入。

在光伏阵列发电预测中，需要考虑的环境因素很多，如太阳辐射强度、阵列的转换效率、安装角度、大气压、温度以及其他一些随机因素都会对光伏阵列的输出特性产生影响，因此在选择预测模型的输入变量时考虑的是一些与光伏发电关联性较强的确定性因素。对于既定的光伏阵列来说，一个明显的特征就是光伏阵列发电量时间序列的本身高度自相关性。因为在阵列的历史发电量时间序列中，所有的发电量时间序列来自于同一套发电系统，数据自身就包含了光伏阵列的系统信息，解决了光伏阵列的安装位置随机性和光伏阵列的使用时间等对转换效率的影响。因此，以过去几年和现在的历史发电数据训练神经网络预测模型，进而预测未来的发电数据的预测方法，比光伏发电的间接预测法有着明显的准确性。

除了历史的相关发电量数据，日类型及大气温度的变化对于光伏阵列发电的影响也相当显著。单位面积的光伏阵列输出功率 P_s 为

$$P_s = \eta SI\left[1 - 0.005(T_0 + 25)\right] \tag{4.15}$$

式中，η 为转换效率；S 为阵列面积；I 为太阳辐照强度；T_0 为大气温度。转换效率和阵列面积等参数已经隐含在历史发电数据中，但太阳辐照强度和大气温度的

变化在输入变量的选择中必须考虑。

当日类型为晴天时，历史发电数据一天 24h 发电量的变化可以大致映射太阳辐照强度的变化规律。但当日类型发生变化时，如天气突然由晴天转为雨天时，辐射强度将会显著下降，此时如果没有输入变量来反映太阳辐照强度的变化，发电量预测将会变得不准确。因此，需要选择一个合适的变量来反映天气情况剧烈变化时光伏阵列发电量的剧烈变化。随着目前气象部门天气预测水平的不断提高和网络信息化的不断增强，建立预测模型时如果考虑将预测日的天气预报信息也作为输入变量之一，那么预测模型在日类型突然变化时的预测能力将得到显著提高。但是，天气预报中给出的天气参数一般为一些比较模糊的日类型描述：如晴天、晴天到多云、阴天、阴天有小雨、小雨转大雨等。如何将含糊、不确定、模糊的日类型转换为可以被神经网络算法所接受的精确值，需要通过大量有效的历史发电量才能进行统计分析。

通过对光伏监控系统数据库的查询可以发现：不同的日类型情况下，光伏阵列发电量的变化很大，可通过对历史发电量数据的统计将晴天、少云、阴天、雨天等日类型信息映射为 0～1 之间的一个日类型指数作为预测模型的输入变量。

除历史发电量和日类型外，还需考虑大气温度对光伏阵列发电量的影响。因为历史发电量数据映射了发电量曲线的形状，反映了曲线的大致高度，而相同日类型情况下的气温变化将映射曲线高度的细微变化。因此，预测模型的输入变量中需要考虑大气温度。在日类型相同的情况下，最高气温较大时，当天的光伏阵列发电量也比较大。

(2)神经网络预测模型。

采用反向传播(back propagation，BP)神经网络进行光伏阵列发电预测模型的设计。如图 4.6 所示，BP 神经网络是一种单向传播的多层前向网络，输入层节点的输出等于其输入。w_{ij} 是输入层和隐层节点之间的连接权值，w_{jk} 是隐层和输出层节点之间的连接权值，隐层和输出层节点的输入是前一层节点的输出的加权和，每一节点的激励程度由它的激励函数来决定。

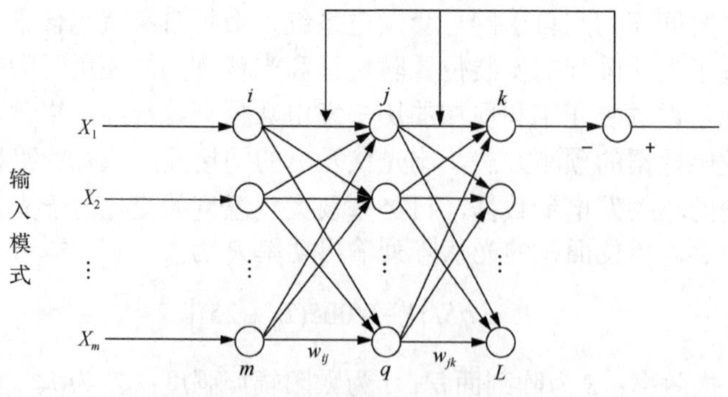

图 4.6　神经网络的学习算法

假定用其中的某一固定样本中的输入 X_p 和输出 d_{pk} 对网络进行训练。输出层第 k 个节点的输入为

$$n_k = \sum_{i=1}^{q} w_{ij} O_j \tag{4.16}$$

式中，O_j 为第 j 层的网络输出。

实际网络输出 O_k 为

$$O_k = f(n_k) \tag{4.17}$$

式中，$f(n_k)$ 为激励函数。

$$f(n_k) = \frac{1}{1 + \mathrm{e}^{\frac{n_k - \theta_j}{\theta_o}}} \tag{4.18}$$

式中，θ_j 为偏置或者阈值，正的 θ_j 的作用是使激励函数沿水平轴向右移；θ_o 的作用是调节 δ 函数的形状。

对神经网络发电预测模型的评估有很多方法，如平均绝对偏差、均反差、平均绝对百分比误差。此外，还有其他一些指标，但最常用的还是平均绝对百分比误差MAPE。此处采用平均绝对百分比误差 MAPE：

$$\text{MAPE} = \frac{100}{N} \sum_{i=1}^{N} \frac{\left| P_f^i - P_a^i \right|}{P_a^i} \% \tag{4.19}$$

式中，N 为数据总数；P_f 为预测值；P_a 为真实值；i 为数据序号。

3) 基于连接函数理论的光伏出力概率预测

此处给出一种基于神经网络的光伏短期出力点预测的光伏发电出力的概率预测方法。概率预测是指在给定点预测的条件下预测误差的概率分布，以其他文献的风电预测误差模型为基础，采用随机数学中的连接函数理论建立光伏发电出力的概率预测模型。通过获取历史的实际值与预测值之间的相关性信息，在已知未来的点预测值的条件下，能够实现对未来光伏出力的概率性预测。

(1) 基于连接函数理论的条件分布。连接函数理论为描述随机变量之间的相依结构提供了一种有效的途径。该理论将多个随机变量联合分布写为各自的边缘分布及它们之间连接关系的复合函数。以二维情况为例，可如下叙述连接函数理论。

$F_{XY}(x,y)$ 为随机变量的联合分布函数，其边缘分布分别为 $F_X(x)$ 和 $F_Y(y)$，则存在一个连接函数 $C:[0,1]^2 \to [0,1]$，使得对 $\forall x, y \in R$，均有

$$F_{XY}(x,y)=C(F_X(x),F_Y(y)) \tag{4.20}$$

连接函数可以由随机变量之间的联合概率分布唯一确定，它描述了多变量的联合概率分布中，除了变量边缘分布信息之外的随机变量之间的相依结构的信息。

由于太阳辐照、云层遮挡等气象因素的随机特性，光伏发电的出力预测值和实际值之间并没有一个确定性的关系，因此可以被视作一对具有相关性的随机变量，即其中一个变量的取值会对另一个变量的概率分布产生影响。设 x 为出力实际值，y 为出力预测值，则根据式(4.20)，x 和 y 的联合概率密度函数可以写为

$$f_{XY}(x,y)=\frac{F_{XY}(x,y)}{\partial x\partial y}=c(F_X(x),F_Y(y))\,f_X(x)\,f_Y(y) \tag{4.21}$$

式中，$f_X(x)$ 和 $f_Y(y)$ 分别为 x 和 y 的边缘分布概率密度函数；$c(F_X(x),F_Y(y))$ 为连接密度函数。

给定点预测值 $y=\hat{p}$，则实际值的条件概率密度函数 $f_{X|Y}(x\mid y)$ 可以表示为

$$f_{X|Y}(x\mid y=\hat{p})=\frac{f_{XY}(x,\hat{p})}{f_Y(\hat{p})}=c(F_X(x),F_Y(\hat{p}))f_X(x) \tag{4.22}$$

设预测误差为 $e=x-y$，则预测误差的条件概率密度函数 $f_{E|Y}(e\mid y=\hat{p})$ 为

$$f_{E|Y}(e\mid y=\hat{p})=\frac{f_{XY}(x,\hat{p})}{f_Y(\hat{p})}=c(F_X(e+\hat{p}),F_Y(\hat{p}))f_X(e+\hat{p}) \tag{4.23}$$

式(4.23)表明，条件预测误差包含两部分：作为基础部分的实际出力的概率分布，以及作为可变乘子的连接密度函数。因此，对光伏功率预测条件误差的计算可以转变为对两个函数的计算。

经过验证分析，本章采用高斯连接函数，如下：

$$C(k,w)=\frac{\exp\left\{-\dfrac{1}{2(1-\rho^2)}[\rho^2\Phi^{-1}(k)^2-2\rho\Phi^{-1}(k)\Phi^{-1}(w)+\rho^2\Phi^{-1}(w)^2]\right\}}{\sqrt{1-\rho^2}} \tag{4.24}$$

式中，(k,w) 为二维连接概率密度函数的自变量，定义域为 $[0,1]^2$；Φ^{-1} 为标准正态分布分布函数的逆函数；ρ 为连接函数的相关系数参数，可直接通过光伏出力实际值序列与预测值序列之间的肯德尔秩相关系数进行估计。

肯德尔秩相关系数是随机变量一致性的度量，描述了两个随机变量之间的排序的相关性信息。由于线性相关系数容易受到变量边缘分布的影响，相比之下，

分析变量之间的一致性(即用秩相关系数代替相关系数)能更加确切地描述变量之间的相关关系。求出肯德尔秩相关系数 τ 之后，可通过式(4.25)对高斯连接函数的相关系数参数 ρ_n 进行估计：

$$\rho_n = \sin(\pi\tau / 2) \tag{4.25}$$

至此已完成对二维高斯连接概率密度函数的参数识别。

(2)光伏发电出力的条件预测误差概率分布估计流程。①将光伏发电历史数据按照天气类型划分为若干类(设共有 N 类)。光伏历史数据中应包含出力实际值与点预测值，其中点预测值可以通过上文所述神经网络算法或其他确定性预测方法进行虚拟预测得到。将每类天气中的历史出力实际值记为 $\alpha_{k,t}$，历史点预测值记为 $\beta_{k,t}$，其中 $k \in [1,N]$ 为天气类型，$t \in [1,T]$ 为所属时段，T 为历史数据的时段总数。②对每种天气类型下的历史出力实际值 $\alpha_{k,t}$ 和历史点预测值 $\beta_{k,t}$ 分别进行统计，得到光伏出力实际值的边缘分布 F_{Xk} 和预测值的边缘分布 F_{Yk}。③求出每种天气类型下历史出力实际值 $\alpha_{k,t}$ 和历史点预测值 $\beta_{k,t}$ 之间的肯德尔秩相关系数，并对 Copula 函数进行参数识别，并找到拟合优度最佳的连接函数。④利用已完成建模的连接函数，计算在已知点预测 $\hat{p}$ 条件下的预测误差的条件概率分布。

(3)预测误差概率分布估计的精度评价。本节采用概率预测中采用的评价方法评价所提出方法对光伏出力预测误差概率分布估计的精度。由于概率预测得到的结果并不是一个数值而是一个概率分布，因此无法采用通常的误差评价指标进行评价。概率预测的主要评价维度为预测的校准性(评价预测概率分布的形状与实际的概率分布的近似程度)。本节采用分位数评分方法结合一定置信水平下的区间宽度对预测结果进行评价。

对于待预测时间范围内的每个时段，设参赛者提供的第 i 个分位点的出力为 $q_i(i=1,2,\cdots,N)$，设光伏出力的实际值为 x，通过 Pinball 损失函数计算得分 L，如式(4.26)所示：

$$L(q_i, x) = \begin{cases} (1 - i/100)(q_i - x), & x < q_i \\ (i/100)(x - q_i), & x \geqslant q_i \end{cases} \tag{4.26}$$

最终的总得分即为所有分位点的得分 L 之和的平均值：

$$L_{\text{total}} = \frac{1}{99}\sum_{i=1}^{99} L(q_i, x) \tag{4.27}$$

从公式定义可以看出，L 度量的是预测值与实际值之间的误差，因此最终得分 L_{total} 越低则预测结果越准确。

从公式的定义不难看出，分位数评分方法能够全面地考虑前述的概率预测的主要特征：从校准性方面，若分位点的出力 q_i 距离实际值 x 越远，则分数 L_{total} 越高；若预测的出力区间中未能包含实际值 x，则 x 和多数 q_i 的距离都比较远，相应地分数 L_{total} 会比较高。从锐度的角度，若预测的出力区间过宽，虽然能包含实际值 x，但由于预测出力区间中存在很多距离实际值 x 较远的 q_i，分数 L_{total} 仍不会降低。综上，分位数评分方法能够对概率预测进行比较全面的评估。

4.1.2　电站型集群和户用型集群的快速控制技术

1. 基于分解协调的电站型集群控制

目前，以光伏电站为代表的电站集群主要采用无功补偿装置与逆变器共同协作完成集群整体对于系统的无功输出调整。但现有的逆变器控制策略大多为定功率、定功率因素、下垂控制这种较为死板的控制方式，并未充分考虑集群内部各发电单元的协作，实时电压跟踪能力也较差，方法还不够灵活，并不能完全调动每个发电单元的无功调节能力，不适合实际使用中动态调压的快速与稳定要求。因此，需要有一种整体协调集群内部各发电单元出力，并能快速跟踪电压和频率变化的电站集群动态调节方法。

另外，目前大多数风电场采用双馈风机发电，而双馈风机叶片中储存的动能和灵活的控制特性为参与频率调节提供了可能。通过调节双馈风机转子侧的电力电子装置，能够快速改变其有功输出，利用风机自身储存的动能提供快速的一次调频服务。然而，目前大多数双馈风机参与一次调频的方法都只以一台单独的风机作为参与调频的单位，而在电力系统中风电场应整体响应系统的频率变化，特别是在电力市场的环境下，风电场整体的输出功率更是其作为市场参与者考核和结算的标准。但若进行风电场参与电力系统频率控制的协调控制，一般需采用集中式的优化控制方法，目前国内外的已有方法均属于这一类型。但由于大规模风电场风机数量众多，地理分布较远，集中式控制需要建设复杂的通信网络，且严重依赖于风电场集中控制器。若风电场集中控制器发生故障，整个系统将陷于瘫痪，因此可靠性很低，而集中的模型维护和优化计算也将耗费大量的时间，并不适合对响应速度要求很高的一次调频。

基于分解协调的电站型集群控制技术[6]，是一种双馈风机风电场参与电力系统一次调频的协调控制方法，以可满足风电场整体参与系统一次频率调节的目标，使其呈现类似同步发电机的频率响应特性，且可按照不同双馈风机的调节能力在双馈风机之间合理分配功率，保证双馈风机的安全运行，改善风电场一次调频的动态性能，且方法实现方便，控制简单。

基于分解协调的电站型集群控制技术在集群侧只需安装协调控制器，其功能分为两部分，一方面，作为 PI 控制器，依据并网点实时电压与参考电压比较经

PI 控制得到集群无功功率偏差标幺值，接着通过优化计算得到各发电单元无功功率参考值，并以广播方式传送给各个发电单元，各发电单元收到指令后调节逆变器无功出力实现集群整体的无功出力调节。另一方面，集群协调层通过周期性采集并网点电压与功率输出数据点，基于最小二乘法辨识出对外的戴维南等值电路参数。该方法不仅使得光伏发电对系统呈现整体的电压动态无差调节特性，且能够合理安排各发电单元无功出力，并改善电压控制的动态特性。

2. 基于稀疏通信的户用型电源集群分布式自律控制

分布式自律控制的特点在于分布式可控资源可以通过与邻近的其他可控资源相互通信，交换状态信息，并根据各自收集到的有限的信息进行迭代控制，最终达到全局的稳定。特别是在全分布式的控制方法下，系统不再需要集群中央控制器来进行集中的数据处理、计算和控制，分布式资源集合完全扮演了自我组织自我协调的角色，显著区别于传统电力系统中的控制模式。

多代理系统(multi-agent system，MAS)，又称多智能体系统，是分布式自律控制实现的基础，在分布式自律控制方法中普遍得到应用。它是一种能够智能和灵活地对工作条件的变化和周围过程的需求进行响应的系统。多代理系统由多个代理通过共同合作来组成，其基本单元是代理，各代理可以与其所在环境进行互动。代理由 3 个功能层组成：管理和组织层、协调层和执行层。管理和组织层主要是获得目标定义以及相关约束条件，包括执行计划、功能评估和学习；协调层的任务是根据来自管理和组织层的基本过程定义和动作步骤激活动作的执行，可以对动作进行扩展，从而进行事件响应；执行层完成一系列动作执行，并跟随着对动作结果的检查。典型代理的功能构成如图 4.7 所示。

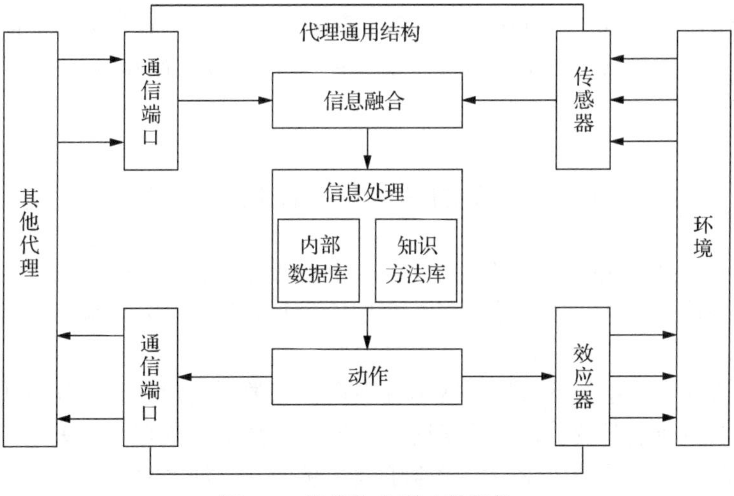

图 4.7　代理的典型功能架构

近些年来，基于多代理系统的分布式自律控制成为了研究热点，新的方法和策略不断出现。基于多代理系统的分布式发电集群信息物理架构如图 4.8 所示，其中，图 4.8(b)给出了抽象为有向图的分布式发电集群信息系统，节点对应着分布式电源的代理，支路代表了代理之间的通信连接关系。

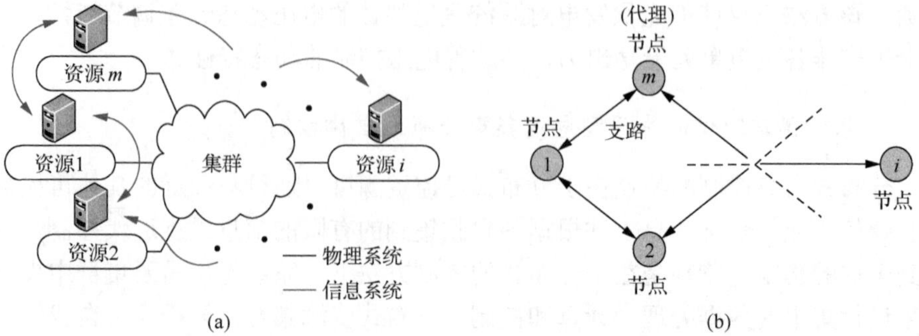

图 4.8　基于多代理系统的分布式发电集群信息物理架构

实际系统在运行过程中，可能由于故障等原因，造成分布式发电集群与电网主动或被动的解列，从而形成孤立运行的集群。正常情况下，集群孤立运行时间短，但由于往往解列发生突然，缺少预先准备，因此，如何保证集群孤立运行时能够正常供电而不发生崩溃，是重要的研究课题之一。

基于稀疏通信的户用型电源集群分布式自律控制技术[7]，包括基于分布式牛顿法的孤立集群一次调频控制和基于分布式拟牛顿法的集群电压控制。基于分布式牛顿法的孤立集群一次调频控制，是一种通过分布式发电单元彼此通信而不需要集中协调的分布式一次调频控制方法，替代传统的下垂控制，实现发电成本最小、动态性能更好的一次调频，是本节中重点讨论的问题。基于分布式拟牛顿法的集群电压控制，是一种利用分布式拟牛顿法对户用光伏进行无功控制的方法，其可靠性高，传输信息量小，从而使集群各节点的电压分布最接近预设值，从而保证系统安全运行，降低网络损耗。

4.2　区域集群间互补协同调控

配电网中分布式电源、储能系统、静止无功补偿装置和分组投切电容器等设备的渗透率日益提高，传统配电网正在逐步演变为具有众多可调可控资源的主动配电网。

群间协同方法主要针对配电网运行中存在三类不确定性源：分布式电源发电的波动性、负荷的时变性及缺乏实时量测导致负荷估计值存在较大误差。这些不确定性给配电网的无功电压控制带来了技术挑战。高渗透率的分布式发电集群并网会引起电压波动或者过电压导致其脱网，严重制约主动配电网消纳可再生能源发电的能力，浪费电网资源和可再生能源。

传统配电网的调压通过调压器、有载调压变压器和电容器组实现。一方面，受限于设备的期望寿命，这些设备每天的操作次数是严格限制的，不能频繁操作，因此这些慢速调节设备可以有效应对满足的电压变化，但是对于快速的秒级到分钟级的电压波动是无能为力的。另一方面，很多时候负载和分布式电源出力波动性强，可能偏离预测值较大，导致电压越限问题。为了解决这些问题，一方面需要协调不同速度设备的控制，另一方面还应考虑不同集群的特异性，进一步对多时间尺度进行建模。

群间协同方法主要是一种基于分布式发电集群群间的多时段优化问题，其本质上是一个混合整数非凸非线性规划问题，国内外学者对此已有研究。如采用无功优化的分时段控制法，弱化时间断面约束带来的求解难度；提出基于内点法和罚函数相结合的离散变量处理方法，将混合整数规划问题变为连续问题。近年来，随着二阶锥规划研究的兴起，对配电网无功优化问题的二阶锥松弛精确性、适用范围、可行性等做了深入研究。

4.2.1　快慢设备协调的鲁棒无功电压互补优化技术

配电网运行中存在很高的不确定性，可以通过慢速设备(调压器、电容器组)和快速设备(SVC、DG)的协调来应对这些运行中的不确定性因素。对于长时间尺度，通过预测控制实现慢速设备调度，其启动周期为数十分钟到几个小时，称为慢速控制。对于短时间尺度，其控制周期是分钟或秒级的，通过控制快速设备应对快速的电压波动，称为快速控制。为了通过合适的慢速设备的调节，保证快速设备有能力消除不确定参数在指定的范围内波动时产生的电压越限问题，慢速控制采用一类鲁棒无功电压优化模型。而对于快速控制，由于其可以频繁启动，可以采用确定性优化模型。

图 4.9 中的慢速控制问题实际上是一个动态优化问题，因为其中包含了慢速设备的日最大操作次数的约束。但是，如果慢速控制启动时间事先确定，那慢速控制就可以解耦成独立的静态优化问题。如何确定慢速控制启动的时刻，这个问题可以采用启发式方法。

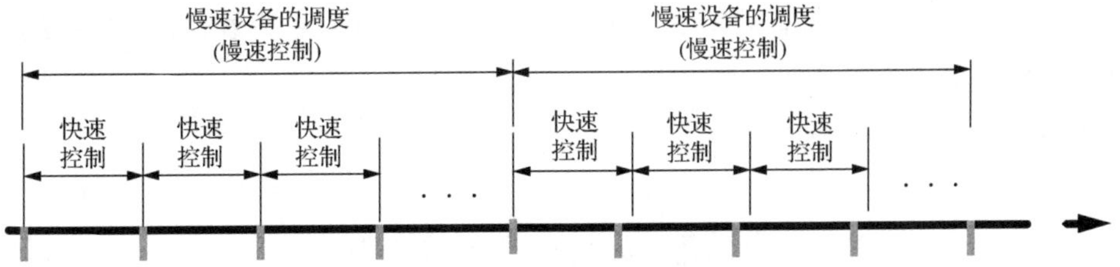

图 4.9　快慢设备协调的关系图

慢速控制中，分接头档位和电容器组一旦动作后，在未来的数十分钟至几个小时中不能再次调节，而期间的负荷和分布式电源波动可能会很大。因此，慢速控制的决策模型得到的分接头档位和电容器组的动作策略需要能够保证在这些负荷和分布式电源出力波限定在某一范围时，快速控制(控制 SVC 和分布式电源的无功)有能力消除电压越限。慢速控制的决策模型可以建模为如下的两阶段鲁棒优化模型，其中分接头档位和电容器组的动作策略是保证在恶劣的场景下网损最低：

$$\underset{\boldsymbol{x}}{\mathrm{Min}}\,\underset{\boldsymbol{d}\in\mathcal{D}}{\mathrm{Max}}\,\underset{\boldsymbol{y}}{\mathrm{Min}}\quad \boldsymbol{b}^{\mathrm{T}}\boldsymbol{y} \tag{4.28}$$

$$f(\boldsymbol{x},\boldsymbol{y},\boldsymbol{d})=0,\quad \forall \boldsymbol{d}\in\mathcal{D} \tag{4.29}$$

式中，$\boldsymbol{x}$ 为慢速控制决策变量，即电容器投切决策及变压器分接头档位；$\boldsymbol{y}$ 为潮流中的变量，包括节点注入有功无功、支路有功无功及电压幅值；$\boldsymbol{b}$ 为系数矢量；$\boldsymbol{d}$ 为负荷；$\mathcal{D}$ 为不确定集。

若 f 为线性函数，则已有成熟的列约束生成法求解这类两阶段鲁棒优化问题，因此模型求解时需要对模型进行凸化松弛，使其满足列约束生成法的应用条件。与传统的鲁棒优化相比，这种两阶段的鲁棒模型有以下优点：

(1)实现了快速设备与慢速设备在时间尺度上的协调互补，慢速设备的调度计划，当负荷在不确定集中波动时，总能满足安全约束。

(2)由于有第二阶段快速设备的调整，这种鲁棒模型改善了传统的鲁棒方法保守性高、经济效益低下的缺点。

1. 无功电压互补优化模型

1) 目标函数

降低系统网损：

$$\underset{\boldsymbol{t},\boldsymbol{\beta},\boldsymbol{Q}_{\mathrm{com}}}{\mathrm{Min}}\;\underset{P_D}{\mathrm{Max}}\,\underset{Q_{\mathrm{DG}}}{\mathrm{Min}}\sum_{i=1}^{N_{\mathrm{bus}}}\sum_{j\in v(i)} r_{ij}L_{ij} \tag{4.30}$$

式中，$\boldsymbol{t}$ 为分接头档位变比矢量；$\boldsymbol{\beta}$ 为电容器投切状态矢量；$\boldsymbol{Q}_{\mathrm{com}}$ 为节点补充无功注入矢量；P_D 为负荷有功功率；Q_{DG} 为 DG 无功功率；r_{ij} 为线路 ij 阻抗；L_{ij} 为线路 ij 电流的平方。

2) 支路潮流约束

$$\sum_{i\in u(j)}(P_{ij}-L_{ij}r_{ij})+P_j=\sum_{k\in v(j)}P_{jk} \tag{4.31}$$

$$\sum_{i \in u(j)} (Q_{ij} - L_{ij} x_{ij}) + Q_j - \beta_j \overline{b}_j^C U_j = \sum_{k \in v(j)} Q_{jk} \tag{4.32}$$

$$U_j = t_{ij}^2 U_i - 2(r_{ij} P_{ij} + x_{ij} Q_{ij}) + \left[(r_{ij})^2 + (x_{ij})^2 \right] L_{ij} \tag{4.33}$$

$$\left\| \begin{matrix} 2P_{ij} \\ 2Q_{ij} \\ L_{ij} - U_i \end{matrix} \right\|_2 \leqslant L_{ij} + U_i \tag{4.34}$$

$$P_j = P_{j,\mathrm{DG}} - P_{j,d} \tag{4.35}$$

$$Q_j = Q_{j,\mathrm{DG}} + Q_{j,\mathrm{com}} - Q_{j,d} \tag{4.36}$$

$$\beta_j \in \{0,1\} \tag{4.37}$$

式中，β_j 为节点 j 上电容器投切状态；$\overline{b}_j^C$ 为节点 j 上并联电容器的导纳；x_{ij} 为线路 ij 感抗；U_i 为节点 i 电压的平方；U_j 为节点 j 电压的平方；$u(j)$ 为节点 j 的上游节点集合；$v(i)$ 为节点 i 的下游节点集合；P_{ij}、Q_{ij} 为线路 ij 有功功率、无功功率；P_i、Q_i 为节点 i 的有功功率、无功功率注入；$P_{j,\mathrm{DG}}$ 为节点 j 的 DG 有功出力；$P_{j,d}$ 节点 j 的有功负荷；$Q_{j,\mathrm{DG}}$ 为节点 j 的 DG 无功出力；$Q_{j,\mathrm{com}}$ 为节点 j 的补充无功出力；$Q_{j,d}$ 节点 j 的无功负荷；t_{ij} 为变压器支路的变比，对于非变压器支路 $t_{ij}=1$。对于变压器支路 t_{ij} 是变量，因此式(4.30)的乘积项可以用一组混合整数线性方程组来代替。

3) 配网参考节点电压约束

$$U_1 = U_{\mathrm{ref}} \tag{4.38}$$

假设节点 1 是参考节点，一般是指馈线根节点，其值是指定的。

4) 安全约束

$$\left| L_{ij} \right| \leqslant I_{ij}^{\max 2} \tag{4.39}$$

$$P_{ij}^{\min} \leqslant P_{ij} \leqslant P_{ij}^{\max} \tag{4.40}$$

$$Q_{ij}^{\min} \leqslant Q_{ij} \leqslant Q_{ij}^{\max} \tag{4.41}$$

$$U_i^{\min} \leqslant U_i \leqslant U_i^{\max} \tag{4.42}$$

式中，角标max和min分别代表对应变量的上限与下限；I_{ij}为线路ij电流幅值。

5)分布式发电和无功补偿无功约束

由于式(4.29)中与电容器相关的乘积项$\beta_j\overline{b}_j^C U_j$的存在，以上模型是非凸的，需要进一步松弛。定义新变量$\omega_j=\beta_j U_j$，式(4.29)等价于

$$\sum_{i\in u(j)}(Q_{ij}-L_{ij}x_{ij})+Q_j-\overline{b}_j^C\omega_j=\sum_{k\in v(j)}Q_{jk} \tag{4.43}$$

$$U_j-U_j^{\max}(1-\beta_j)\leqslant\omega_j\leqslant U_j-U_j^{\min}(1-\beta_j) \tag{4.44}$$

$$U_j^{\min}\beta_j\leqslant\omega_j\leqslant U_j^{\max}\beta_j \tag{4.45}$$

2. 算例结果

如图4.10所示，IEEE 123节点系统进行算例验证。

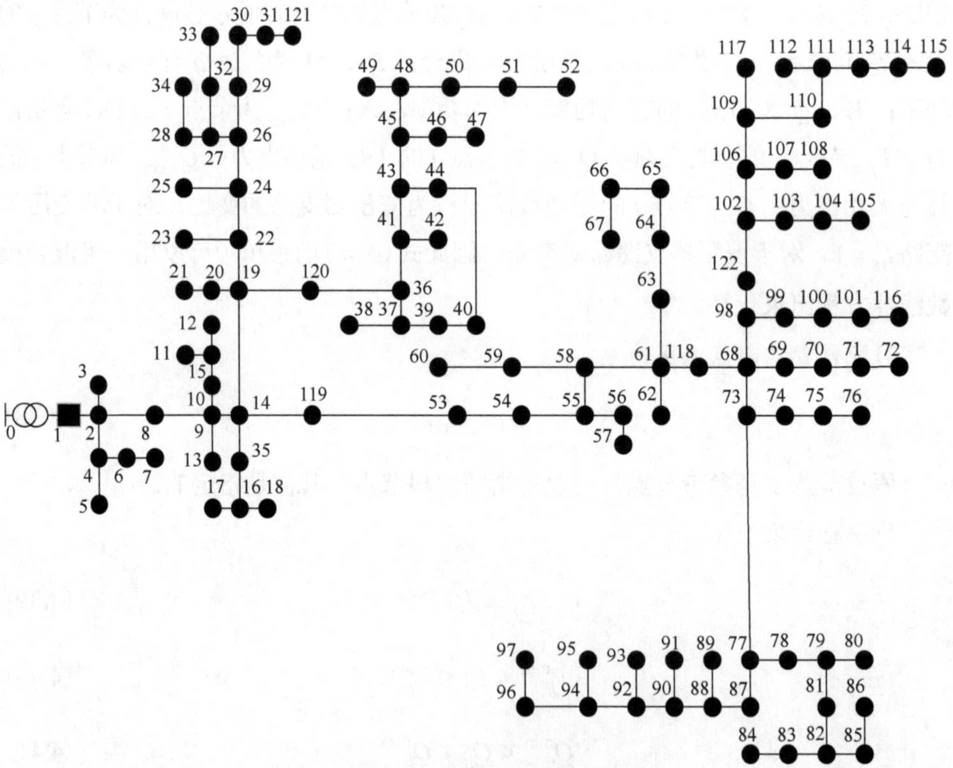

图4.10　IEEE 123节点标准算例测试系统

负荷及 PV 的出力曲线如图 4.11 所示。

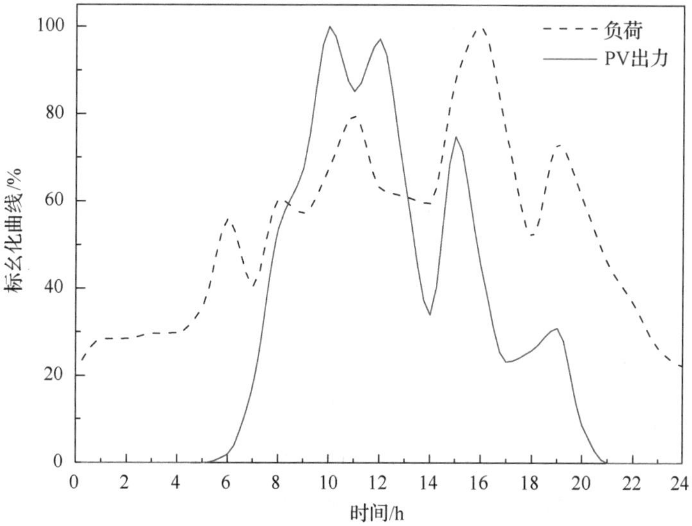

图 4.11　负荷、PV 出力曲线

考虑以下不确定集：

$$\mathcal{D}=\left\{\begin{pmatrix} P_D \\ Q_D \\ P_G \end{pmatrix}\middle| \begin{matrix} (1-\nu)P_D^{\text{Base}} \leqslant P_D \leqslant (1+\nu)P_D^{\text{Base}} \\ (1-\nu)Q_D^{\text{Base}} \leqslant Q_D \leqslant (1+\nu)Q_D^{\text{Base}} \\ (1-\nu)P_G^{\text{Base}} \leqslant P_G \leqslant (1+\nu)P_G^{\text{Base}} \end{matrix}\right\} \tag{4.46}$$

式中，Q_D 为负荷无功功率；P_G 为发电设备有功功率；基态负荷 P_D^{Base}、Q_D^{Base} 来自标准算例数据。波动率 ν 设为 10%。总共进行了 100 次独立的蒙特卡洛仿真来生成场景。

在仿真中，确定性电压优化(deterministic voltage optimization，DVO)为调压器和电容器制定最优调度策略，从而达到针对预测负荷和 DG 出力的最优无功优化。然而，这些策略并不能应对波动的负荷和 DG 出力，而仿真出来的电压幅值在蓝色“×”和黑色圆圈之间波动，如图 4.12 所示。

慢控制会考虑不确定集中的所有负荷和 DG 出力的可能场景，快控制可以改善最优性和可行性。鲁棒电压优化(robust voltage optimization，RVO)中考虑了最恶劣场景，因此在图 4.13 所示的 RVO 仿真中不会发生电压越限的问题；在 DVO 中电压越限的节点，经过 RVO 后回到运行边界以内。由此可见，本节提出的 RVO 更适用于负荷、DG 出力不确定场景下的电压控制。

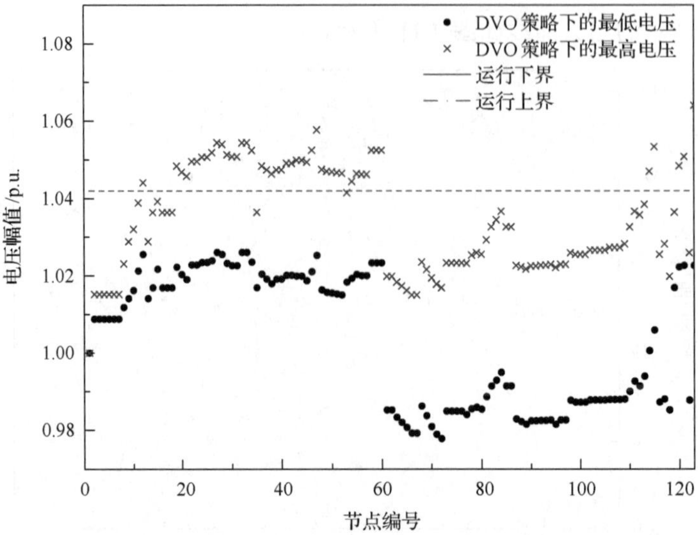

图 4.12　IEEE 123 节点系统 DVO 策略下的电压幅值

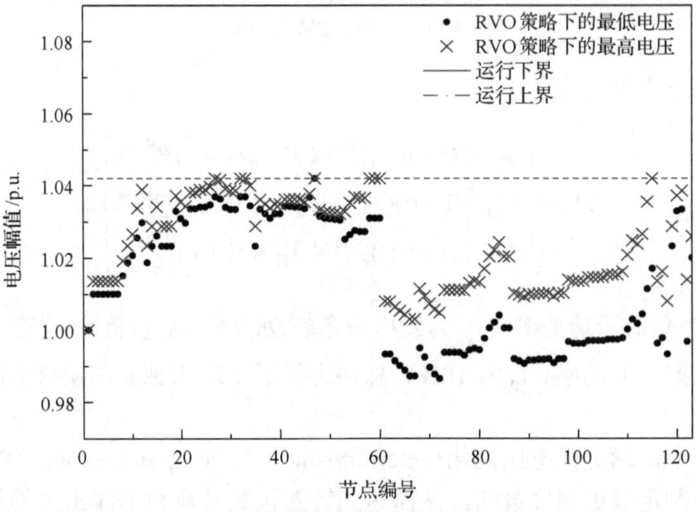

图 4.13　IEEE 123 节点系统 RVO 策略下的电压幅值

4.2.2　特性各异集群间的有功-无功协调调度技术

考虑通过多种连续、离散控制变量，以降低配电网运行成本、提高分布式光伏并网能力、消除过电压为目的的特性各异集群间的有功-无功协调调度模型，采用二阶锥松弛技术将其中的潮流方程作凸化松弛处理，并采用精确线性化技术将非凸的变压器变比约束转变为凸约束，将原问题转化为一个混合整数二阶锥优化问题进行有效求解。

根据时间尺度的不同，可以建立不同的协调优化模型，包括主动配电网有功-无功日前协调优化模型、滚动协调优化模型、实时调度优化模型。此处以主动配电网有功-无功日前协调优化模型为例，进行简要介绍。

在本节介绍的公式中，t 为多时段优化的 t 时刻；$P_i^{(t)}$、$Q_i^{(t)}$ 为主动配电网中节点 i 的净注入有功功率、无功功率；$P_{i,\mathrm{dg}}^{(t),\mathrm{forcast}}$ 为节点 i 所接光伏功率的预测值；$P_{i,\mathrm{dg}}^{(t)}$ 为节点 i 所接光伏功率的优化值；$K(j)$ 为所有与节点 j 相连的节点组成的节点集；$U_i^{(t)}$、$U_j^{(t)}$ 分别为主动配电网中节点 i 和节点 j 的电压幅值的平方；$P_{ij}^{(t)}$、$Q_{ij}^{(t)}$ 分别为支路 ij 首端的有功功率和三相无功功率；R_{ij}、X_{ij} 分别为支路 ij 的电阻和电抗；$L_{ij}^{(t)}$ 为支路 ij 的电流幅值的平方。

(1) 主动配电网有功-无功协调优化模型的目标为降低网损和光伏弃光成本：

$$\mathrm{Min}\sum_{t}\sum_{t}\left[P_i^{(t)}+c(P_{i,\mathrm{dg}}^{(t),\mathrm{forcast}}-P_{i,\mathrm{dg}}^{(t)})\right] \tag{4.47}$$

(2) 建立主动配电网三相支路形式潮流方程。

主动配电网中任一节点 j 的支路形式潮流方程为

$$\begin{aligned}&\sum_{i\in K(j)}(P_{ij}^{(t)}-L_{ij}^{(t)}R_{ij})+P_j^{(t)}=0\\&\sum_{i\in K(j)}(Q_{ij}^{(t)}-L_{ij}^{(t)}X_{ij})+Q_j^{(t)}=0\end{aligned} \tag{4.48}$$

主动配电网中的任一含变压器支路 ij 的三相支路形式潮流方程为

$$\begin{aligned}&U_i^{(t)}-U_{jt}^{(t)}=2(R_{ij}P_{ij}^{(t)}+X_{ij}Q_{ij}^{(t)})-(R_{ij}^2+X_{ij}^2)L_{ij}^{(t)}\\&U_{jt}^{(t)}=t_{ij}^{(t)}U_i^{(t)}\end{aligned} \tag{4.49}$$

主动配电网中的任一不含变压器支路 ij 的三相支路形式潮流方程为

$$U_i^{(t)}-U_j^{(t)}=2(R_{ij}P_{ij}^{(t)}+X_{ij}Q_{ij}^{(t)})-(R_{ij}^2+X_{ij}^2)L_{ij}^{(t)} \tag{4.50}$$

主动配电网电流、电压和功率之间的关系为

$$L_{ij}^{(t)}=\frac{P_{ij}^{(t)2}+Q_{ij}^{(t)2}}{U_i^{(t)}} \tag{4.51}$$

节点 i 的有功功率和无功功率净注入量 $P_i^{(t)}$、$Q_i^{(t)}$ 的定义为

$$\begin{aligned}&P_i^{(t)}=P_{i,\mathrm{dg}}^{(t)}+P_{i,\mathrm{es}}^{(t)}-P_{i,d}^{(t)}\\&Q_i^{(t)}=Q_{i,\mathrm{dg}}^{(t)}-Q_{i,d}^{(t)}+Q_{j,\mathrm{com}}^{(t),\mathrm{dis}}+Q_{j,\mathrm{com}}^{(t),\mathrm{con}}\end{aligned} \tag{4.52}$$

式中，$P_{i,\mathrm{dg}}^{(t)}$ 和 $Q_{i,\mathrm{dg}}^{(t)}$ 分别为节点 j 所连接的分布式电源的有功功率和三相无功功率；

$P_{i,d}^{(t)}$ 和 $Q_{i,d}^{(t)}$ 分别为节点 j 所连接的负荷的有功功率和无功功率；$P_{i,\mathrm{es}}^{(t)}$ 为节点 j 所连接的储能的有功功率；$Q_{j,\mathrm{com}}^{(t),\mathrm{dis}}$ 为节点 j 所连接的分组投切电容器的无功功率；$Q_{j,\mathrm{com}}^{(t),\mathrm{con}}$ 为节点 j 所连接的连续无功补偿装置的无功功率。

(3) 主动配电网的连续无功补偿装置的运行约束为

$$Q_{j,\mathrm{com}}^{(t),\min} \leqslant Q_{j,\mathrm{com}}^{(t),\mathrm{con}} \leqslant Q_{j,\mathrm{com}}^{(t),\max} \tag{4.53}$$

式中，$Q_{j,\mathrm{com}}^{(t),\mathrm{con}}$ 为节点 i 所连接的连续无功补偿装置的无功功率；$Q_{j,\mathrm{com}}^{(t),\min}$ 和 $Q_{j,\mathrm{com}}^{(t),\max}$ 分别为主动配电网中节点 i 所连接的连续无功补偿装置无功功率的下限值和上限值。

(4) 主动配电网中分组投切电容器的运行约束为

$$\begin{aligned} & Q_{j,\mathrm{com}}^{(t),\mathrm{dis}} = d_i^{(t)} Q_{i,\mathrm{com}}^{\mathrm{step}} \\ & 0 \leqslant d_i^{(t)} \leqslant D_i \\ & d_i^{(t)} \in \mathrm{integers} \end{aligned} \tag{4.54}$$

式中，$Q_{j,\mathrm{com}}^{(t),\mathrm{dis}}$ 为节点 i 所连接的分组投切电容器的无功功率；$Q_{i,\mathrm{com}}^{\mathrm{step}}$ 为节点 i 所连接的分组投切电容器的每一组的无功功率；$d_i^{(t)}$ 为节点 i 所连接的分组投切电容器投切的组数；D_i 为主节点 i 所连接的分组投切电容器的最大组数。

(5) 主动配电网中分布式电源的运行约束为

$$\begin{aligned} & 0 \leqslant P_{i,\mathrm{dg}}^{(t)} \leqslant P_{i,\mathrm{dg}}^{(t),\mathrm{forcast}} \\ & -\lambda P_{i,\mathrm{dg}}^{(t),\mathrm{forcast}} \leqslant Q_{i,\mathrm{dg}}^{(t)} \leqslant \lambda P_{i,\mathrm{dg}}^{(t),\mathrm{forcast}} \end{aligned} \tag{4.55}$$

式中，$P_{i,\mathrm{dg}}^{(t)}$、$Q_{i,\mathrm{dg}}^{(t)}$ 分别为节点 i 所连接的分布式电源的有功功率和无功功率；$P_{i,\mathrm{dg}}^{(t),\mathrm{forcast}}$ 为节点 i 所连接的分布式电源的有功功率预测值；λ 为节点 i 所连接的分布式电源的功率因数。

(6) 主动配电网中储能的运行约束为

$$\begin{aligned} & -P_{i,\mathrm{es}}^{\max} \leqslant P_{i,\mathrm{es}}^{(t)} \leqslant P_{i,\mathrm{es}}^{\max} \\ & 0 \leqslant E_{i,\mathrm{es}}^{\mathrm{initial}} - \sum_{t=0}^{k} P_{i,\mathrm{es}}^{(t)} \Delta t \leqslant E_{i,\mathrm{es}}^{\max}, k \in [0,23] \\ & \sum_{t=0}^{23} P_{i,\mathrm{es}}^{(t)} \Delta t = 0 \end{aligned} \tag{4.56}$$

式中，$P_{i,\mathrm{es}}^{(t)}$ 为节点 i 所连接的储能的有功功率；$P_{i,\mathrm{es}}^{\max}$ 为节点 i 所连接的储能的最大充放电功率；$E_{i,\mathrm{es}}^{\mathrm{initial}}$ 为节点 i 所连接的储能的初始电量；$E_{i,\mathrm{es}}^{\max}$ 为节点 i 所连接的储

能的最大电量；Δt 为每个时段的长度，通过式(4.56)，可以保证储能系统的荷电状态运行在安全范围内，经过一个周期的充放电后电量不发生变化。

(7) 主动配电网的安全运行约束为

$$
\begin{aligned}
&U^{\min} \leqslant U_i^{\phi} \leqslant U^{\max} \\
&L_{ij}^{\phi} \leqslant L^{\max}
\end{aligned}
\tag{4.57}
$$

式中，U_i^{ϕ} 为不确定集 ϕ 下节点 i 电压幅值的平方；L_{ij}^{ϕ} 为不确定集 ϕ 下线路 ij 电流幅值的平方；$U^{\min}$ 和 $U^{\max}$ 分别为主动配电网节点电压幅值下限值和上限值的平方；$L^{\max}$ 为主动配电网支路电流上限值的平方。

使用二阶锥松弛的方法求解该模型，即可得到特性各异集群间的有功–无功协调调度技术。

4.3　输配两级电网协调优化

大量分布式可再生能源的接入使配电网变得愈加难以控制。在有功调度方面，传统的日内经济调度中，由于传统发电资源主要集中在输电网，经济调度也主要在输电网中进行。随着分布式可再生能源在配电网中大量汇集，配电侧的经济调度在主动配电网中变得十分有必要。当前输电网的经济调度和配电网的经济调度是独立进行的，然而这种独立调度模式存在一些不足。首先，在这种独立调度模式下，输配网之间的功率传输在每个调度时段是固定的，这导致了分布式可再生能源给电网带来的灵活性被限制在配网侧，无法被输电网充分利用；其次，当配电网中的发电资源波动量大时，输配网的边界处会产生功率失配。

在无功电压控制方面，当前对输电网和配电网的无功电压优化也是独立进行的。典型的无功优化以降低网络损耗为目标，显然，输配网之间独立的无功优化无法达到全网网络损耗最优。另外，在配电网中，当某条馈线所连接的分布式能源大量注入时，该条馈线末端的节点电压会显著提高，如未将输电网的调节能力加以利用，配电网自身难以将过电压节点降到合理的电压水平。

此外，伴随着新一轮电改中对输配分离的继续推进，输配电业务内部财务独立核算，各配电网公司的利益主体地位得到凸显。在新的形势下，如何通过对配电网所管辖的电力资源进行优化配置，以实现其在市场化交易机制下自身利益的最大化是配电公司所面临的巨大挑战；而在输配两级电网协同背景下，如何实现多配网互动交易机制是电力系统极具研究价值的问题。

由于输电网与配电网分属于不同调度中心，直接求解输配一体网络的有功/无功问题不切实际。基于以上背景，此处给出针对输配联合经济调度与无功优化问题的分解协调算法，在保证输电网与配电网调度独立性的前提下，简要介绍分散式的解决方案，同时，基于配网内部多利益主体间的完全信息动态博弈行为，介绍输配协调调控背景下多配网互动交易机制。

4.3.1 基于改进并行子空间算法的输配协同优化调度技术

1)模型分析

在前文所叙述的模型中，不仅包含输配两级电网潮流及优化计算，同时还需考虑输配两级电网之间的耦合关系，其直接求解较为复杂。因此，此处采用改进并行子空间法进行求解，下面简要介绍其建模过程。

根据并行子空间(concurrent subspace optimization，CSSO)算法思想，输配两级电网协同优化问题可看作系统级优化过程，其包含输电网和配电网学科级优化，输、配电网之间通过联络线相互耦合，其耦合关系可利用响应面来近似模拟。在实际运行中，输电网通常与多个配电网相联。为了采用 CSSO 算法进行求解，首先需要对电网调度模型进行标准化处理[9]。

若系统中输电网与 DIST 个配电网相联，则含多配电网接入的输配协同优化调度的系统级模型可统一表示为

$$
\begin{aligned}
\text{Min.}\ & F^{\text{sys}}(X,Y^{\text{tran}},Y^{\text{dist},1},\cdots,Y^{\text{dist},k},\cdots,Y^{\text{dist},\text{DIST}}) \\
\text{s.t.}\ & G^{\text{sys}}(X,Y^{\text{tran}},Y^{\text{dist},1},\cdots,Y^{\text{dist},k},\cdots,Y^{\text{dist},\text{DIST}}) \leqslant 0 \\
& H^{\text{sys}}(X,Y^{\text{tran}},Y^{\text{dist},1},\cdots,Y^{\text{dist},k},\cdots,Y^{\text{dist},\text{DIST}}) = 0 \\
& Y^{\text{tran}} = d^{\text{tran}}(X,Y^{\text{dist},1},\cdots,Y^{\text{dist},k},\cdots,Y^{\text{dist},\text{DIST}}) \\
& Y^{\text{dist},1} = d^{\text{dist},1}(X,Y^{\text{tran}}) \\
& \qquad \vdots \\
& Y^{\text{dist},k} = d^{\text{dist},k}(X,Y^{\text{tran}}) \\
& \qquad \vdots \\
& Y^{\text{dist},\text{DIST}} = d^{\text{dist},\text{DIST}}(X,Y^{\text{tran}}) \\
& k = [1,2,\cdots,\text{DIST}]
\end{aligned}
\tag{4.58}
$$

式中，F^{sys} 为系统级优化目标；G^{sys}、H^{sys} 分别为系统级不等式和等式约束条件；X 为输电网和各配电网设计变量的集合，满足 $X=[X^{\text{tran}},X^{\text{dist},1},\cdots,X^{\text{dist},k},\cdots,X^{\text{dist},\text{DIST}}]$，其中 X^{tran} 和 $X^{\text{dist},k}$ 分别为输电网和配电网 k 的设计变量；Y^{tran} 和 $Y^{\text{dist},k}$ 分别为输电网和配电网 k 的状态变量；d^{tran} 和 $d^{\text{dist},k}$ 分别为输电网和配电网 k 对应的系统分析策略。

通常输配两级电网被作为两级电网进行调度，但在 CSSO 算法中，多个配电

网将被看作与输电网平行的子空间进行求解。因此，对于含 DIST 个配电网接入的输配两级电网协同优化调度问题，其将包含 DIST+1 个子学科优化。在利用并行子空间算法进行求解时，首先需要对系统进行学科级分析和响应面近似模型的构建。

2) 学科级系统分析

为了构造响应面近似模型，首先需要根据系统设计变量进行系统分析，以得到相应的状态变量。在 CSSO 算法中，状态变量体现了各学科之间的耦合关系。系统分析的过程即在已知设计变量的情况下，对学科间的耦合变量进行分析和求解的过程。

在输配两级电网协同优化调度问题中，系统的设计变量为输配网中各发电机在各时段的出力。但在电网优化过程中，为了满足功率平衡和潮流平衡约束，需要一台机组作为平衡机组，其不参与优化。选取输电网中发电机 1 作为平衡机组，则系统设计变量为

$$
\begin{aligned}
&X=[X^{\text{tran}},X^{\text{dist},k}]\\
&X^{\text{tran}}=[P_{2,t}^{\text{tran}},\ldots,P_{i,t}^{\text{tran}}]\\
&X^{\text{dist},k}=\left[P_{1,t}^{\text{dist},k},\ldots,P_{j,t}^{\text{dist},k}\right]\\
&i\in N_G^{\text{tran}},j\in N_{\text{DG}}^{\text{dist},k},k\in \text{DIST},t\in T
\end{aligned}
\tag{4.59}
$$

式中，$P_{i,t}^{\text{tran}}$ 为输电网第 i 台发电机在 t 时段的出力；$P_{j,t}^{\text{dist},k}$ 为配电网 k 中的第 j 台发电机在 t 时段的出力。

根据现有研究基础，本章采用输电网出清电价以及配电网购电功率作为输配两级电网之间的交互变量，则有

$$
\begin{aligned}
&Y^{\text{tran}}=\text{price}_t\\
&Y^{\text{dist},k}=\text{PB}_t^{\text{dist},k},t\in T
\end{aligned}
\tag{4.60}
$$

式中，price_t 为输电网在 t 时段的出清电价，根据本章模型，其应和配电网在 t 时段的购电电价相等，即满足

$$
c_{b,t}^{\text{dist},k}=\text{price}_t \tag{4.61}
$$

下面来分析设计变量和状态变量之间的关系。输电网出清电价通常在直流模型下求得，在负荷不变的条件下，出清电价为

$$\text{price}_t = \frac{\sum_{i \in N_G^{\text{tran}}} \frac{b_i}{c_i}}{\sum_{i \in N_G^{\text{tran}}} \frac{1}{c_i}} \tag{4.62}$$

为了体现网损对出清电价的影响，可将交流模型下求得的网损作为固定负荷代入到直流模型中。经过推导可以得到考虑网损影响后的输电网出清电价为

$$\text{price}'_t = \frac{2\sum_{l \in N_L^{\text{tran}}} \text{PL}_{l,t}^{\text{tran}} + \sum_{i \in N_G^{\text{tran}}} \frac{b_i}{c_i}}{\sum_{i \in N_G^{\text{tran}}} \frac{1}{c_i}} \tag{4.63}$$

对于配电网 k 而言，其在 t 时段的购电功率可通过功率平衡方程求得，即

$$\text{PB}_t^{\text{dist},k} = \sum_{r' \in N_D^{\text{dist},k}} \text{PD}_{r',t}^{\text{dist},k} + \sum_{l \in N_L^{\text{dist},k}} \text{PL}_{l,t}^{\text{dist},k} - \sum_{j \in N_{DG}^{\text{dist},k}} P_{j,t}^{\text{dist},k} \tag{4.64}$$

在已知机组出力的情况下，输电网和配电网 t 时段的有功网损均可通过潮流计算求得。

结合潮流计算，即可根据设计变量得到各学科相应的状态变量，用作下一步响应面近似模型的构建。

3) 响应面近似模型

考虑到输配两级电网之间复杂的耦合关系及非线性特性，采用 RBF 神经网络模型来构建响应面。利用神经网络响应面逼近，可以减少优化运算中由于耦合现象而导致的大量迭代运算。在本书中，神经网络的输入向量即为各学科对应的设计变量，输出即为各学科对应的状态变量。

在并行子空间算法中，响应面的构建是分学科进行的，即对应于学科 $1,\cdots,n$，共有 n 个对应的响应面 $(rs_1, rs_2, \cdots, rs_n)$，其响应面输入均为系统级设计变量，输出则为各子学科对应的状态变量。考察输配系统运行情况，对于配电网 k 而言，其状态变量满足

$$Y^{\text{dist},k} \Rightarrow \left\{ X^{\text{dist},k} \middle| \sum_{r' \in N_D^{\text{dist},k}} \text{PD}_{r',t}^{\text{dist},k} \right\} \tag{4.65}$$

式中，$a \Rightarrow b$ 表示 a 与 b 相关；“|”为分隔符，仅用以区分设计变量和一般变量。

对于输电网而言，其状态变量满足：

$$Y^{\text{tran}} \Rightarrow \left\{ X^{\text{tran}} \middle| \left(\sum_{k\in\text{DIST}} PB_t^{\text{dist},k}, \sum_{r\in N_D^{\text{tran}}} PD_{r,t}^{\text{tran}} \right) \right\} \tag{4.66}$$

又由前述推导可知

$$\sum_{k\in\text{DIST}} PB_t^{\text{dist},k} \Rightarrow \left\{ X^{\text{dist},1},\cdots,X^{\text{dist},k} \right\} \tag{4.67}$$

因此式(4.68)可转化为

$$Y^{\text{tran}} \Rightarrow \left\{ X^{\text{tran}},X^{\text{dist},1},\cdots,X^{\text{dist},k} \middle| \sum_{r\in N_D^{\text{tran}}} PD_{r,t}^{\text{tran}} \right\} \tag{4.68}$$

在实际调度中，通常输配两级电网负荷将通过预测提前得到，其在一个调度周期内可作为已知量参与系统分析，则可构建输配两级电网的响应面近似模型。

4) 算法改进及流程

原 CSSO 算法中，迭代过程中的学科级优化仅是为了提供一个性能比较优良的试验点用以构造较为精确的响应面，对系统级优化直接起作用的并不是学科级优化本身。因此，采用一种改进的 CSSO 算法，学科级将只进行学科分析而不进行优化设计任务，优化设计由系统级统一完成。同时在此后的迭代过程中，将直接使用系统级优化的结果作为新的试验点更新响应面。基于改进 CSSO 算法的输配两级电网协同优化调度策略求解过程如图 4.14 所示。

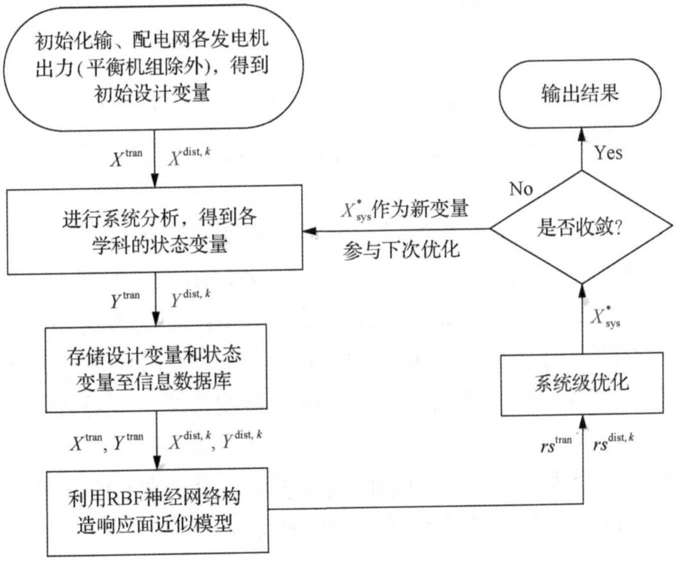

图 4.14　改进 CSSO 算法流程图

(1) 初始化输配两级电网中各发电机出力，即优化过程中的设计变量$(X^{\text{tran}}, X^{\text{dist},k})$，平衡机组无需初始化。

(2) 利用已有设计变量，分别进行输电网及各配电网学科内部的系统分析，得到对应的状态变量$(Y^{\text{tran}}, Y^{\text{dist},k})$。

(3) 将已有设计变量及对应的状态变量存储至信息数据库。

(4) 利用最近十组数据(不足十组则采用已有数据)构建 RBF 神经网络响应面近似模型。

(5) 系统级优化，并得到优化后的设计变量($X_{\text{sys}}^* = [X^{\text{tran}*}, X^{\text{dist},k*}], k = 1, 2, \cdots, \text{DSIT}$)。优化过程中的各学科状态变量均采用响应面近似模型得到，可大大简化优化复杂度。

(6) 若 X_{sys}^* 满足

$$\left| X_{\text{sys},h+1}^* - X_{\text{sys},h}^* \right| < \varepsilon \tag{4.69}$$

则优化收敛，并输出结果。$X_{\text{sys},h+1}^*$ 和 $X_{\text{sys},h}^*$ 分别为第 h+1 和 h 次的优化变量，ε 为极小正实数。如果优化结果不收敛，则将 X_{sys}^* 代入到第(2)步中，继续参与迭代，直到收敛。

4.3.2 考虑多利益主体的输配两级协调有功优化调度技术

1. 主动配电网整体架构及源荷模型[10]

1) 主动配电网架构

主动配电网内市场主体主要分为两部分：配电网络运营商(distribution network operator，DNO)和负荷聚合商(load aggregator，LA)，另外不可调度负荷(inflexible load，IL)不参与市场活动。

(1) DNO 主要负责主动配电网的日常运营与维护，为电能的供应方。可调度资源包括配网内的可再生能源(renewable energy source，RES)、可控分布式电源(dispatchable distributed generator，DDG)及与大电网的交换功率。为提高可再生能源利用率，参照已有研究，本章设 DNO 采用“照付不议”合同(take-or-pay contract，TOPC)购买可再生能源电能，即以比常规市场价更低价格购买可再生能源的所有可发电量。

(2) LA 可以聚合大量可调节的柔性负荷资源，代表他们参与市场投标竞争。可调度资源主要包括工业、商业等各类型柔性负荷。

(3) IL 为传统的不可调度负荷，用电电价为统一电价，不参与博弈环节，其用电方式不受市场行为导向影响。

2) 主动配电网源荷模型

(1) RES 模型。以风力发电代表 RES，风力发电机出力模型采用线性模型，如式(4.70)所示：

$$P_{\mathrm{w}}^{a}=\begin{cases}0, & v\leqslant v_{\mathrm{ci}}, v>v_{\mathrm{co}}\\ \dfrac{v-v_{\mathrm{ci}}}{v_{\mathrm{r}}-v_{\mathrm{ci}}}P_{\mathrm{r}}, & v_{\mathrm{ci}}<v\leqslant v_{\mathrm{r}}\\ P_{\mathrm{r}}, & v_{\mathrm{r}}<v\leqslant v_{\mathrm{co}}\end{cases} \tag{4.70}$$

式中，P_{w}^{a} 为当前风速下风力发电机最大可发功率；P_{r} 为风力发电机额定输出功率；v 为当前风速；v_{ci} 为风机切入风速；v_{co} 为风机切出风速；v_{r} 为风机额定风速。

(2) DDG 模型。DDG 为 DNO 的重要可控资源，建立 DDG 运行成本的线性模型如下式所示：

$$C_i(P_{i,t}^{\mathrm{DDG}})=a_i u_{i,t}+\Delta T\sum_{n=1}^{N_i}\lambda_{i,n}P_{i,n,t}^{\mathrm{DDG}} \tag{4.71}$$

式中，$C(P_{i,t}^{\mathrm{DDG}})$ 为可控分布式电源出力为 $P_{i,t}^{\mathrm{DDG}}$ 时的发电成本，为一分段线性化函数；a_i 为 DDG 最小出力下的固定运行成本；$u_{i,t}$ 为 DDG 的运行状态变量，运行时为 1，停运时为 0；ΔT 为单位时长；N_i 为分段线性化的分段数，$\lambda_{i,n}$、$P_{i,n,t}^{\mathrm{DDG}}$ 分别为分段线性化后 DDG 第 n 段的发电边际成本与发电机出力。其中 $P_{i,t}^{\mathrm{DDG}}$ 的计算方法可表示为

$$\begin{cases}P_{i,t}^{\mathrm{DDG}}=P_{i,\min}^{\mathrm{DDG}}u_{i,t}+\sum\limits_{n=1}^{N_i}P_{i,n,t}^{\mathrm{DDG}}\\ 0\leqslant P_{i,n,t}^{\mathrm{DDG}}\leqslant P_{i,n}^{\mathrm{DDG}}\end{cases} \tag{4.72}$$

式中，$P_{i,\min}^{\mathrm{DDG}}$ 为 DDG 机组 i 的最小出力；$P_{i,n}^{\mathrm{DDG}}$ 为分段线性化下第 n 段的最大出力。

(3) 需求响应模型。

需求响应效用函数模型如图 4.15 所示，其横坐标为单位时间用电量(MW·h)，纵坐标为边际效用($/MW·h)。实际用电量与边际效用所围阴影部分面积即为 LA 实际用电效益。

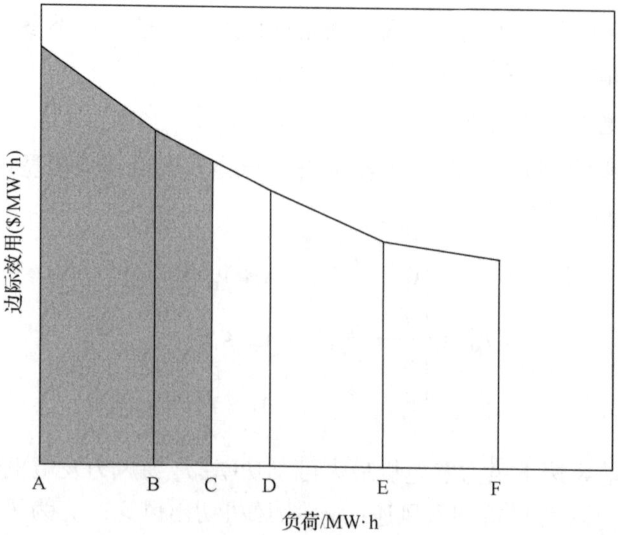

图 4.15　效用函数模型

2. 完全信息动态博弈下多利益主体响应行为模型[10]

1) 博弈参与人收益函数

(1) DNO 收益函数。DNO 为电能的供应商，其策略组合包括 RES 出力，DDG 出力，与主网电能交换量及需求响应电价。收益函数为 DNO 净利润，如式(4.73)所示：

$$B_{\mathrm{DNO}} = r_{\mathrm{DNO}} - c_{\mathrm{DNO}} \tag{4.73}$$

式中，c_{DNO} 为 DNO 运行成本；r_{DNO} 为 DNO 收入，主要包括向配网负荷的售电收入与向主网的售电收入，其计算方式如式(4.91)所示：

$$r_{\mathrm{DNO}} = \sum_{t=1}^{\mathrm{NT}} \Delta T \left(c_t^R L_t^n + \sum_{d=1}^{\mathrm{NDR}} c_t^{\mathrm{DR}} L_{d,t}^{\mathrm{DR}} + c_t^{\mathrm{gs}} P_t^{\mathrm{gs}} \right) \tag{4.74}$$

式中，L_t^n、c_t^R 分别为 t 时刻常规负荷的负荷大小与电价；NDR 为 LA 数量，$L_{d,t}^{\mathrm{DR}}$、c_t^{DR} 分别为 t 时刻负荷聚合商 d 的负荷大小与需求响应电价；P_t^{gs}、c_t^{gs} 分别为 t 时刻配网向主网售电量与售电价格。

c_{DNO} 主要包括从电网的买电成本、可再生能源发电成本、DDG 启停及运行成本等，其计算方式如下式所示：

$$c_{\mathrm{DNO}}=\sum_{t=1}^{\mathrm{NT}}\Delta T\left\{c_t^{\mathrm{gb}}P_t^{\mathrm{gb}}+\sum_{k=1}^{\mathrm{NR}}c_{k,t}^{\mathrm{RES}}P_{k,t}^{\mathrm{RES},a}+\sum_{i=1}^{\mathrm{ND}}\left[\mathrm{SU}_{i,t}+C_i(P_{i,t}^{\mathrm{DDG}})\right]\right\} \tag{4.75}$$

式中，P_t^{gb}、c_t^{gb} 分别为 t 时刻主动配电网向大电网买电电量及电价；NR 为 RES 数量，$P_{k,t}^{\mathrm{RES},a}$、$c_{k,t}^{\mathrm{RES}}$ 分别为 t 时刻可再生能源 k 的可发功率与 TOPC 上网电价；ND 为 DDG 数量，$\mathrm{SU}_{i,t}$、$P_{i,t}^{\mathrm{DDG}}$ 为可控分布式电源 i 在 t 时刻的启停成本与出力大小。

(2) LA 收益函数。LA 可通过需求响应改变柔性负荷用电量与 DNO 进行议价，其收益函数为收入与支出之差。收入以效用函数 $U_d(*)$ 的形式给出，支出为用户缴纳电费。负荷聚合商 d 的收益函数 $B_{\mathrm{LA},d}$ 的计算公式如下式所示：

$$B_{\mathrm{LA},d}=\sum_{t=1}^{\mathrm{NT}}\left[U_d(L_{d,t}^{\mathrm{DR}})-\Delta T c_t^{\mathrm{DR}}L_{d,t}^{\mathrm{DR}}\right] \tag{4.76}$$

式中，$U_d(L_{d,t}^{\mathrm{DR}})$ 为负荷聚合商 d 在 t 时刻柔性负荷用电量为 $L_{d,t}^{\mathrm{DR}}$ 时的效用函数值。

2) 博弈约束条件

(1) 功率平衡约束。

在运行过程中，应当严格保证主动配电网内的功率平衡，即

$$P_t^{\mathrm{gb}}-P_t^{\mathrm{gs}}+\sum_{k=1}^{\mathrm{NR}}P_{k,t}^{\mathrm{RES}}+\sum_{i=1}^{\mathrm{ND}}P_{i,t}^{\mathrm{DDG}}=L_t^n+\sum_{d=1}^{\mathrm{NDR}}L_{d,t}^{\mathrm{DR}} \tag{4.77}$$

式中，$P_{k,t}^{\mathrm{RES}}$ 为可再生能源 k 在 t 时刻的实际出力大小。

(2) 与主网交换功率约束。

受线路传输容量及主网调度需求影响，主动配电网同主网的上行下行功率 P_t^{gs}、P_t^{gb} 应当限制在适当范围内，即

$$\begin{cases}0\leqslant P_t^{\mathrm{gs}}\leqslant P_{\max}^{\mathrm{gs}}\\0\leqslant P_t^{\mathrm{gb}}\leqslant P_{\max}^{\mathrm{gb}}\end{cases} \tag{4.78}$$

式中，$P_{\max}^{\mathrm{gs}}$、$P_{\max}^{\mathrm{gb}}$ 分别为主动配电网向主网的最大上行功率与最大下行功率。

(3) 可再生能源出力约束。

可再生能源的实际出力 $P_{k,t}^{\mathrm{RES}}$ 应当小于其在相应时刻的最大可发功率 $P_{k,t}^{\mathrm{RES},a}$。

$$0\leqslant P_{k,t}^{\mathrm{RES}}\leqslant P_{k,t}^{\mathrm{RES},a} \tag{4.79}$$

(4) 需求响应电价约束。

为保证 DNO 不出现亏损，售电价格 c_t^{DR} 应高于发电边际成本，同时小于规定的最高售电电价，即

$$c_t^m \leqslant c_t^{\mathrm{DR}} \leqslant c_{\max}^{\mathrm{DR}} \tag{4.80}$$

式中，$c_{\max}^{\mathrm{DR}}$ 为政策限定的需求响应最高售电电价，为提高用户参与需求响应积极性，本书设定 $c_{\max}^{\mathrm{DR}}=c_t^R$。$c_t^m$ 为 DNO 在 t 时刻发电的边际成本，如下式所示

$$c_t^m = \frac{c_t^{\mathrm{gb}} P_t^{\mathrm{gb}} - c_t^{\mathrm{gs}} P_t^{\mathrm{gs}} + \sum_{k=1}^{\mathrm{NR}} c_{k,t}^{\mathrm{RES}} P_{k,t}^{\mathrm{RES},a} + \sum_{i=1}^{\mathrm{ND}} C_i(P_{i,t}^{\mathrm{DDG}})}{P_t^{\mathrm{gb}} - P_t^{\mathrm{gs}} + \sum_{k=1}^{\mathrm{NR}} P_{k,t}^{\mathrm{RES}} + \sum_{i=1}^{\mathrm{ND}} P_{i,t}^{\mathrm{DDG}}} \tag{4.81}$$

(5) DDG 约束。

DDG 出力最大不得高于其额定功率 $P_{i,\max}^{\mathrm{DDG}}$，最小不得低于其最小出力 $P_{i,\min}^{\mathrm{DDG}}$：

$$P_{i,\min}^{\mathrm{DDG}} \leqslant P_{i,\mathrm{t}}^{\mathrm{DDG}} \leqslant P_{i,\max}^{\mathrm{DDG}} \tag{4.82}$$

3. 主动配电网完全信息动态博弈求解[10]

此处的博弈形式为完全信息动态博弈。博弈的参与人拥有所有其他参与者的特征、策略及收益函数等方面的准确信息。双方轮流提出各自运行策略，并报出售电、用电电价。为叙述方便，规定提出新电价与运行方式的参与人为议价参与人，决定是否接受新电价与运行方式的参与人为决策参与人。

为提升博弈公平性的同时保证博弈的顺利进行，需要博弈的参与方在不严重损害自己利益的同时做出一定程度让步。为刻画这一“让步”行为，使参与人在作出决策时兼顾自身与整体的利益，本书基于心理物理学中韦伯-费希纳(weber-fechner law，W-F) 定律提出序贯议价函数。

1) 序贯议价函数

(1) 韦伯-费希纳定律。

W-F 定律可准确表达人体产生的反应量 k 与客观环境刺激量 c 之间的函数关系，最早被应用于心理学和声学等领域。

W-F 定律指出：感觉的大小同刺激强度的对数成正比，刺激强度按几何级数递增，而感觉强度按算术级数递增。即

$$s = k\lg(I) + s_0 \tag{4.83}$$

式中，s 为人体感受量；I 为客观刺激量；k 为韦伯系数；s_0 为刺激常数。针对当前问题，客观刺激量 I 为决策参与人收益减少量，如下式所示，其中人体感受量 s 为决策参与人对新方案的反感程度。

$$I = \frac{\Delta I_{ij}}{I_{i0}} = \frac{I_{i0} - I'_{ij}}{I_{i0}} \tag{4.84}$$

式中，I_{i0} 为决策参与人 i 的原始收益，I'_{ij} 为议价参与人 j 提出新的运行方式与电价后决策参与人 i 的收益。

(2) 序贯议价函数。

基于 W-F 定律，提出序贯议价函数，如图 4.16 所示。表征决策参与人对议价参与人所提方案的拒绝概率。当其收益降低量小于最小可觉差(死区)，决策参与人接受新议价方案。随着收益降低量的增多，决策参与人拒绝新方案的概率逐渐升高，直至饱和。具体函数如下式所示：

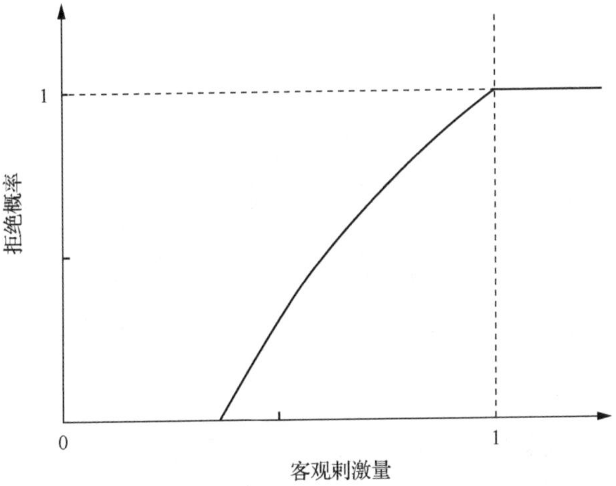

图 4.16　序贯议价函数图

$$P(I) = \begin{cases} 0, & I < I_M \\ \dfrac{k\lg(I) + s_0}{s_0}, & I_M < I < 1 \\ 1, & I > 1 \end{cases} \tag{4.85}$$

式中，$P_{ij}(I)$ 为决策参与人 i 拒绝参与人 j 所提方案的概率；I_M 为最小可觉差。取值为 $I_M = 10^{-\frac{s_0}{k}}$。

2) 动态博弈粒子群与博弈流程

为适应主动配电网完全信息动态博弈问题求解需求，在传统粒子群基础上提出动态博弈粒子群优化(dynamic game particle swarm optimization，DGPSO)算法，如图 4.17 所示。算法主旨为“同粒子，多目标，交互迭代”。针对各参与人的收益函数与动态博弈顺序，引入收益函数列表 $T=\{\mathrm{TG}_i\}, i=1,2,\cdots,n$，$n$ 为博弈参与人总数量。算法对当前议价参与人收益函数进行优化，并通过序贯议价函数确定其他参与人对运行方案的拒绝概率。当找到最优解且其他参与人接受时，切换至下一参与人进行优化，循环迭代直至结果收敛。

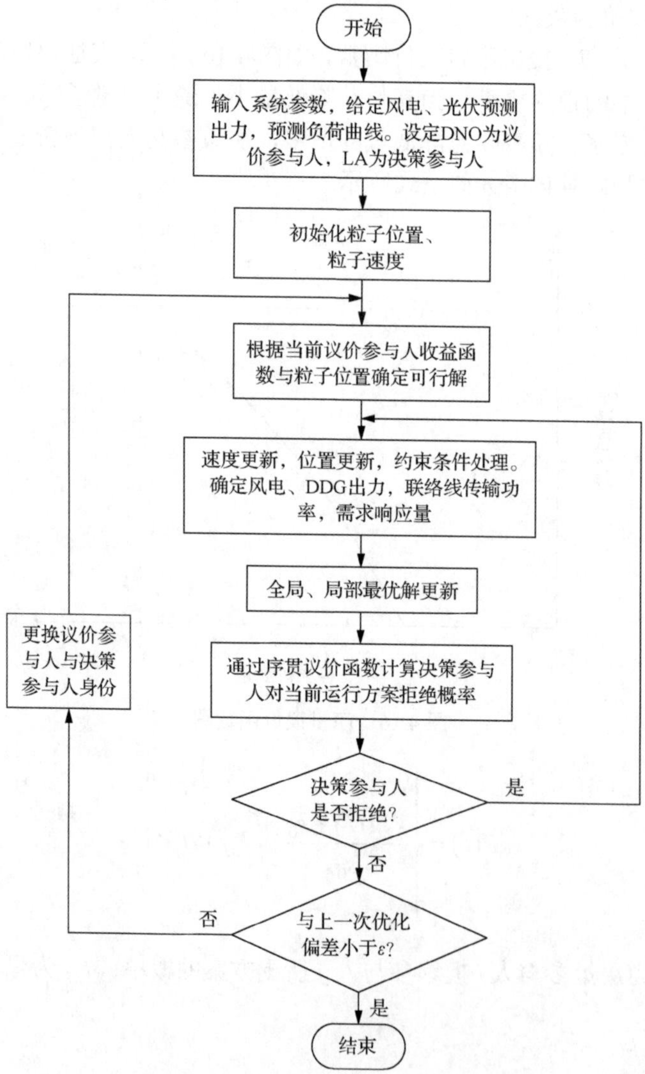

图 4.17　动态博弈粒子群算法流程

4.3.3 基于输配协调调控技术的多配网互动交易机制

1. 输配协同安全约束经济调度模型

传统的输配一体化调度模型更多是考虑经济调度，将配电网潮流通过转移因子体现，对安全约束进行求解验证以达到输配一体化安全经济调度目的，这主要是受困于配电网优化模型中潮流约束的巨大非凸性。本节建立的模型，可以方便地采用二阶锥松弛的方法进行松弛求解，而二阶锥松弛方法在各类文献中已有详细叙述，故此处不再给出。由于本节中输电网模型和配电网模型在形式上均采用 SCED 模型，所以部分网络约束形式保持一致，重复部分不再赘述。

1) 约束条件

输电网采用极坐标形式表示潮流方程，包含潮流约束和安全约束。其中安全约束根据具体问题的场景可以写出，形式上与 4.2.1 节类似，在此处不再详述。网络方程可利用基尔霍夫定律得

$$
\begin{aligned}
P_{ij} &= \frac{P_{ij}^2 + Q_{ij}^2}{U_i} r_{ij} + P_j + \sum_{(j,k)\in E} P_{jk} \\
Q_{ij} &= \frac{P_{ij}^2 + Q_{ij}^2}{U_i} x_{ij} + Q_j + \sum_{(j,k)\in E} Q_{jk} \\
U_i &= U_j + 2(r_{ij}P_{ij} + x_{ij}Q_{ij}) - (r_{ij}^2 + x_{ij}^2)\frac{P_{ij}^2 + Q_{ij}^2}{U_i}
\end{aligned}
\tag{4.86}
$$

式中，$U_i, i \geqslant 0$ 代表节点 i 电压幅值的平方；P_{ij}、Q_{ij} 分别为支路 ij 上从 i 到 j 的有功功率、无功功率；r_{ij}、x_{ij} 为线路的电阻和电抗。其中节点功率的表达为

$$
\begin{aligned}
P_j &= p_j^c - p_j^g + G_j^{sh} V_j^2 \\
Q_j &= q_j^c - q_j^g - B_j^{sh} V_j^2
\end{aligned}
\tag{4.87}
$$

式中，p_j^c、q_j^c 为有功、无功负荷；p_j^g、q_j^g 为有功、无功发电。

2) 目标函数

输电网目标函数为

$$
\min C^t(P_g) \tag{4.88}
$$

输电网主要考虑其发电成本。

对于配电网而言，满足固定负荷的卖电收益为常数，本节只考虑配电网在互动交易过程中可变成本量，因此配电网针对固定负荷的卖电收益暂且不计。

当配电网在互动交易过程中作为购电方时，

$$\text{Min}\ C^{D}(P_g)+C_{\text{buy}}^{t}(P_{bi})+C_{\text{buy}}^{D'}(P_{bj}) \tag{4.89}$$

式中，$C^{D}(P_g)$为配电网中分布式电源发电成本；$C_{\text{buy}}^{t}(P_{bi})$为从输电网购电成本；$C_{\text{buy}}^{D'}(P_{bj})$为从邻近配电网购电成本。

当配电网在互动交易过程中作为卖电方时，

$$\text{Min}\ C^{D}(P_g)+C_{\text{buy}}^{t}(P_{bt})-C_{\text{sell}}^{D'}(P_{bj}) \tag{4.90}$$

式中，$C_{\text{sell}}^{D'}(P_{bj})$为配电网的卖电收益。

2. 配网互动交易机制设计

本节主要是在HGD算法的基础上提出DHGD算法构建多配网互动交易机制，所涉及的配电网互动交易机制是要研究随着分布式发电渗透率逐步增大甚至相对负荷盈余的情况下，配电网间通过相互交易机制最大限度地减少成本，获取收益。若采用传统的互动等效机制，虽然在计算上较为方便，但配电网间的交易必须通过输电网实现信息交互，不利于配电网间多利益主体的直接交易，可行性较差。配电网之间若存在交易，则对于购电主体来说必然存在输电网与临近配电网等多卖电主体进行竞价的过程，从模拟此竞价过程的角度出发，本节提出了基于输配两级协调的安全约束经济调度下的多配网双重异构分解互动交易机制(简称DHGD 交易机制)，重在输配同权，搭建扁平化交易平台，实现配电网之间直接交易。

交易机制如下：

第 1 步，各联络线处边界功率初始化。

第 2 步，求解输电网模型，计算各联络线处电价。

第 3 步，求解各配电网模型，计算配电网间联络线处电价。

第 4 步，比较相邻配电网间联络线处电价，若价格相等，则不发生交易，直接转向第 7 步，设定价格差值为 0，否则确定电能交易主体，电价低的作为卖电方，电价高的作为购电方。

第 5 步，将卖电方配电网的电价作为购电方配电网购入的电价，比较输电网电价和临近配电网的电价，求解购电方模型，得到购电功率。

第 6 步，根据购电方配电网提供的购电功率，求解卖电方配电网模型，更新卖电方配电网联络线处电价。

第 7 步，比较所有卖电方配电网两次提供的电价，若差值的绝对值之和小于容差，则认为配电网间关于电能交易价格达成一致，进行第 8 步，否则转向第 5 步。

第 8 步，配电网间交易达成一致后，将各配电网对输电网的购电功率 提供给输电网，求解输电网模型，更新与各配电网联络线处电价。

第 9 步，比较输电网两次提供的各联络线处电价之差，当各差值绝对值之和小于容差时，认为输电网和各配电网关于电能交易价格达成一致，交易完成，输出收敛解。否则，转向第 3 步。

3. 算例结果

本节以单个 5 节点输电网和两个 6 节点配电网(以下简称 T5D6D6)及单个 6 节点输电网和两个 33 节点配电网(以下简称 T6D33D33)为例，说明并验证输配两级协调安全约束经济调控调度情形下的多配电网 DHGD 交易机制。

如表 4.3 和表 4.4 所示，设置 3 种不同场景，对 DHGD 交易机制的有效性进行分析。

场景 1：输电网与各配电网直联，但各自独立调度，配电网相较于输电网为等值负荷，输电网相较于配电网为无穷大电源。

场景 2：在场景 1 基础上增加输配一体化安全约束经济调度，允许输电网和各配电网之间通过简单信息交互进行全局优化。

场景 3：在场景 2 基础上增加多配电网 DHGD 互动交易机制，允许配网间通过联络线进行直接交易。

表 4.3　T5D6D6 不同场景求解结果比较分析

项目	场景 1	场景 2	场景 3
配电网 1 交易角色	/	/	卖电方
配电网 2 交易角色	/	/	购电方
输电网成本	11407.0	9366.7	8998.1
配电网 1 成本	3123.9	3741.9	3073.3
配电网 2 成本	3948.3	5019.0	3957.5
社会总成本	18479.2	18127.6	16028.9
配电网 1 DG 消纳量	55.19%	68.75%	80.59%
配电网 2 DG 消纳量	81.84%	99.57%	93.10%
DG 总消纳量	67.67%	83.18%	86.44%

表 4.4　T6D33D33 不同场景求解结果比较分析

项目	场景 1	场景 2	场景 3
配电网 1 交易角色	/	/	卖电方
配电网 2 交易角色	/	/	购电方
输电网成本	2208.2	2208.2	1922.7
配电网 1 成本	312.5957	310.0920	86.5186
配电网 2 成本	695.1529	682.5625	686.4243
社会总成本	3215.9486	3200.8545	2695.6429
配电网 1 DG 消纳量	68.13%	68.10%	100%
配电网 2 DG 消纳量	100%	100%	100%
DG 总消纳量	80.42%	80.39%	100%

分析表 4.3 和表 4.4 可知：

(1) 从社会总成本角度分析，T5D6D6 和 T6D33D33 两个算例中输配一体化 SCED 相较于传统的输配电网各自独立调度，信息不通的场景 1 分别节约总成本 1.9%、0.47%，但采用多配网 DHGD 互动交易机制后，社会总成本分别相较于场景 1 分别下降 13.26%、16.18%，相较于场景 2 分别下降 11.58%、15.78%，市场化交易制度的创新带来了巨大的社会福利，极大地降低了社会生产总成本。

(2) 从分布式发电消纳率角度分析，采用多配网 DHGD 互动交易机制后，T5D6D6 和 T6D33D33 两个算例中分布式发电消纳率分别较场景 1 提升 27.74%、24.35%，分别较场景 2 提升 3.92%、24.39%，这主要是因为市场放开后，配电网 1 的分布式发电的盈余量可以卖给配电网 2，进而提升了消纳率。

(3) 针对输电网分析，在场景 1 中无论配电网提出需求电量为多少，均不能随意更改电价，因此有可能给输电网带来较大成本支出。采用输配一体化 SCED 后，输电网通过联络线处 LMP 调节电价，进而影响需求量，达到三者的利益均衡。因此在 T5D6D6 算例中会存在输电网成本减小，但配电网成本均大幅度提升的情况，但就社会总成本而言依然是有利的。

参 考 文 献

[1] 张艺镨, 艾小猛, 方家琨, 等. 基于极限场景的两阶段含分布式电源的配网无功优化[J]. 电工技术学报, 2018, 33(2): 380-389.

[2] Xu T, Wu W, Zheng W, et al. Fully Distributed Quasi-Newton Multi-Area Dynamic Economic Dispatch Method for Active Distribution Networks[J]. IEEE Transactions on Power Systems, 2018, 33; 33(4; 4): 4253-4263.

[3] 窦晓波, 常莉敏, 倪春花, 等. 面向分布式光伏虚拟集群的有源配电网多级调控[J]. 电力系统自动化, 2018, 42(3): 21-31.

[4] 盛万兴, 季宇, 吴鸣, 等. 基于改进模糊 C 均值聚类算法的区域集中式光伏发电系统动态分群建模[J]. 电网技术, 2017, 41(10): 3284-3291.

[5] Xu T, Wu W, Sun H,et al. Fully distributed multi-area dynamic economic dispatch method with second-order convergence for active distribution networks[J]. IET Generation, Transmission & Distribution, 2017, 11; 11(16; 16): 3955-3965.

[6] Wang Z, Wu W. Coordinated Control Method for DFIG-Based Wind Farm to Provide Primary Frequency Regulation Service[J]. IEEE Transactions on Power Systems, 2018, 33; 33(3; 3): 2644-2659.

[7] Zheng W, Wu W, Zhang B, et al. Distributed optimal residential demand response considering operational constraints of unbalanced distribution networks[J]. IET Generation, Transmission & Distribution, 2018, 12; 12(9; 9): 1970-1979.

[8] Zheng W, Wu W, Zhang B, et al. Robust reactive power optimisation and voltage control method for active distribution networks via dual time-scale coordination[J]. IET Generation, Transmission & Distribution, 2017, 11; 11(6; 6): 1461-1471.

[9] 叶畅, 苗世洪, 李超, 等. 基于改进并行子空间算法的输配两级电网协同优化[J]. 电工技术学报, 2018, 33(23): 5509-5522.

[10] 李力行, 苗世洪, 孙丹丹, 等. 多利益主体参与下主动配电网完全信息动态博弈行为[J]. 电工技术学报, 2018, 33(15): 3499-3509.

第5章　分布式发电集群等值建模与实时仿真测试技术

电力系统仿真是电力系统试验研究、规划设计和调度运行的重要工具[1]。从实时性上，电力系统仿真技术可分为离线仿真和实时仿真，电力系统离线仿真主要有电磁暂态过程仿真、机电暂态过程仿真和中长期动态过程仿真 3 种，而电力系统实时仿真可分为全数字仿真[2]、物理仿真[3,4]及数模混合仿真，其仿真速度与实际系统动态过程完全相同。

随着计算机技术的快速发展，结合了数字仿真和物理仿真各自优点的数模混合仿真被广泛应用于原型设计与系统测试，电力系统数模混合仿真是指用数字模型模拟一部分电网，用物理模型模拟另外一部分电网，用相应的软硬件接口实现两种模型的联合仿真[5,6]。作为一种先进的设计和测试手段，数模混合仿真允许在较宽泛的真实条件下，在构建的虚拟系统中对被测试设备进行重复、安全、经济的测试。数模混合仿真建模快捷、仿真规模大，减少了投资及设备的占地面积，提高了系统的仿真效率和能力，支持更大规模更为复杂的电力系统模型，且具备良好的置信度。目前，国内外已有多家研究机构建立了数模混合式仿真试验室，国外包括加拿大魁北克电力研究院、日本中央电力研究所、巴西中央电力研究院、ABB、西门子等；国内包括中国科学院电工研究所、中国电力科学研究院、华北电力大学等。

随着分布式电源的快速发展，其电源数量众多，采用集群控制十分必要，而对分布式发电集群建模是开展上述工作的基础。目前分布式电源的集群控制是对区域内分布式电源进行整合，但区别于虚拟电厂内部电源的多样性，集群控制对象一般为同种类型或出力特性近似的机组，在控制策略上更侧重于集群内各机组、不同控制目标在空间和时间上的协调互补，克服单机控制的孤立性和盲目性[7,8]。

在建模过程中，若对分布式发电集群中的每一台机组及其场内集电网络进行建模，不仅增加了电力系统模型的规模，而且还会带来许多严重问题，诸如模型的有效性、数据的修正等，同时也将增加潮流计算和时域仿真的时间。在实际工程中，大规模分布式电源并网考虑更多的是分布式电源外特性对电网的影响，对于规划和运行部门来说，使用分布式电源详细模型来进行分析是没有必要的。因此，为了减少计算量和仿真时间，有必要采用等值的方法描述分布式发电集群[9-11]。

分布式发电集群等值需要综合考虑分布式电源空间分布集中度、多机出力相似度等要素，本章阐述不同控制方式和不同元素组成的分布式电源多机集群聚类方法，建立分布式发电集群稳态/动态/电磁暂态等值模型，构建分布式发电集群并网关键设备硬件在环实时仿真平台，进行风储联合发电系统、微网系统的数模混合仿真，并对基于安徽金寨小型测试环境的关键设备进行硬件在环测试。

5.1　分布式发电集群稳态模型及等值

分布式电源稳态模型是基于电力电子变换原理和功率平衡原理建立的，并考虑了最大功率跟踪控制策略。分布式电源稳态模型维数较低，建模简单，主要用于通过该模型与电网潮流计算方法的交互，评估分布式电源和电网在稳态性能方面的相互影响[12,13]。

在分析并网分布式发电集群对区域电网的稳态影响方面，传统的方法是将逆变型分布式电源看作有功功率时变、无功功率为零的 PQ 节点，这种方法能够获得分布式电源对电网状态的影响，但是无法得到其自身的状态[14-16]。将分布式电源的稳态模型与电网潮流计算交替求解，获得分布式发电集群系统和电网两方面的状态信息，进而较全面地评估分布式发电集群系统并网运行的稳态性能。

5.1.1　光伏发电集群稳态模型及等值

1. 光伏发电稳态模型

光伏发电主要由太阳电池组件、无功补偿装置、并网逆变器、升压变压器、集电线路和其他常见的电气一次、二次设备连接组成，其典型结构如图 5.1 所示。

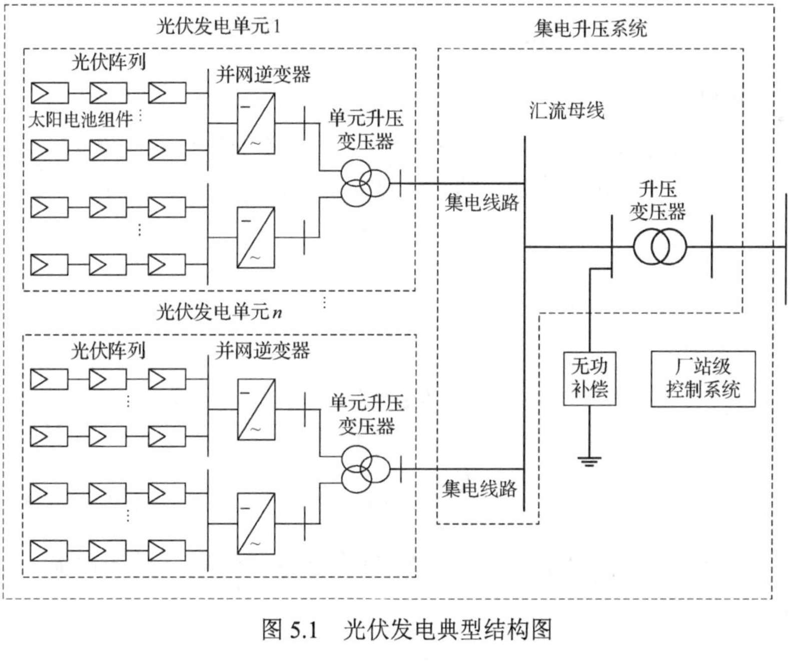

图 5.1　光伏发电典型结构图

进行光伏发电并网潮流分析时，首先要建立光伏发电功率模型。本书基于典型光伏发电的拓扑结构，考虑了光伏发电的变压器和集电线路损耗情况，确定光伏发电并网点处的输出功率。

1）光伏特性模型

五参数模型为太阳电池组件的经典数学模型，能精确地表达太阳电池 I-U 特性：

$$I_{\mathrm{PV}}=I_{\mathrm{ph}}-I_0\left\{\exp\left[\frac{q(U_{\mathrm{PV}}+I_{\mathrm{PV}}R_{\mathrm{s}})}{n_{\mathrm{g}}k_{\mathrm{t}}T_0}\right]-1\right\}-\frac{U_{\mathrm{PV}}+I_{\mathrm{PV}}R_{\mathrm{s}}}{R_{\mathrm{sh}}} \tag{5.1}$$

式中，I_{ph} 为光生电流；I_0 为二极管反向饱和电流；q 为电子电荷，值为 1.6×10^{-19}C；n_{g} 为二极管理想因子；k_{t} 为玻尔兹曼常数，值为 1.38×10^{-23}J/K；T_0 为绝对温度；R_{s} 为太阳电池串联电阻；R_{sh} 为太阳电池并联电阻。

光伏阵列的构成方式包括组件串联、并联、串并联混合 3 种。串联时，阵列的输出电压成比例增加，并联时输出电流成比例增加。设光伏阵列中组件串联数为 N_{s}，并联数为 N_{p}，组合的功率效率为 η_{cell}，阵列电压为 U_{array}，阵列电流为 I_{array}，阵列输出功率为 P_{array}，即光伏阵列模型如下：

$$U_{\mathrm{array}}=N_{\mathrm{s}}\times U_{\mathrm{PV}} \tag{5.2}$$

$$I_{\mathrm{array}}=N_{\mathrm{p}}\times I_{\mathrm{PV}} \tag{5.3}$$

$$P_{\mathrm{array}}=U_{\mathrm{array}}\times I_{\mathrm{array}}=\eta_{\mathrm{cell}}\times N_{\mathrm{s}}\times U_{\mathrm{PV}}\times I_{\mathrm{PV}} \tag{5.4}$$

2）逆变器模型

光伏阵列并网通过逆变器接入三相电网。逆变器的主要功能就是将光伏阵列输出的直流电转换为与电网电压、频率一致的交流电。当逆变器功率因数为 1 时，逆变器模型如下：

$$U_{\mathrm{ac}}=\frac{m_{\mathrm{t}}U_{\mathrm{array}}}{\sqrt{2}} \tag{5.5}$$

$$P_{\mathrm{ac}}=\eta_{\mathrm{ac}}\times P_{\mathrm{array}} \tag{5.6}$$

$$I_{\mathrm{ac}}=\frac{P_{\mathrm{ac}}}{\sqrt{3}U_{\mathrm{ac}}} \tag{5.7}$$

式中，U_{ac} 为逆变器输出电压有效值；P_{ac} 为输出功率；I_{ac} 为输出电流；m_{t} 为调制度；η_{ac} 为逆变效率。

3）光伏发电功率模型

光伏发电主要是由光伏发电单元、升压变压器和集电线路构成，本书在潮流计算功率分析中，考虑到变压器和集电线路的功率损耗，故光伏发电接入电网的功率为发电单元逆变器的输出功率总和减去变压器和线路的功率损耗。

每一条集电线路功率损耗计算公式为

$$\Delta P_{\mathrm{L}}=3I_{\mathrm{ac}}^{2}R_{\mathrm{L}} \tag{5.8}$$

$$\Delta Q_{\mathrm{L}}=3I_{\mathrm{ac}}^{2}X_{\mathrm{L}} \tag{5.9}$$

式中，ΔP_{L} 为线路有功功率损耗；ΔQ_{L} 为线路无功功率损耗；R_{L} 为线路电阻；X_{L} 为线路电抗。

每一台变压器功率损耗为

$$\Delta P_{\mathrm{T}}=P_{0}+K_{\mathrm{T}}\beta_{\mathrm{T}}^{2}P_{\mathrm{k}} \tag{5.10}$$

$$\Delta Q_{\mathrm{T}}=Q_{0}+K_{\mathrm{T}}\beta_{\mathrm{T}}^{2}Q_{\mathrm{k}} \tag{5.11}$$

式中，ΔP_{T} 为变压器有功功率损耗；ΔQ_{T} 为变压器无功功率损耗；P_0 为变压器空载损耗；P_{k} 为变压器短路损耗；Q_0 为空载无功损耗；Q_{k} 为额定负载漏磁功率；K_{T} 为负载波动损耗系数，取值 1.05；β_{T} 为平均负载系数，取值 0.75。

光伏发电接入电网的功率模型可如式(5.12)、式(5.13)表示：

$$P_{\mathrm{PS}}=\sum_{i=1}^{N}P_{\mathrm{dc}i}-\sum_{i=1}^{N}\Delta P_{\mathrm{T}i}-\sum_{i=1}^{N}\Delta P_{\mathrm{L}i} \tag{5.12}$$

$$Q_{\mathrm{PS}}=\sum_{i=1}^{N}Q_{\mathrm{dc}i}-\sum_{i=1}^{N}\Delta Q_{\mathrm{T}i}-\sum_{i=1}^{N}\Delta Q_{\mathrm{L}i} \tag{5.13}$$

式中，N 为发电单元和变压器个数；P_{PS} 为光伏发电并网点有功功率；Q_{PS} 为光伏发电并网点无功功率；$P_{\mathrm{dc}i}$ 为第 i 个发电单元有功功率；$Q_{\mathrm{dc}i}$ 为第 i 个发电单元无功功率；$\Delta P_{\mathrm{T}i}$ 为第 i 台变压器有功损耗；$\Delta Q_{\mathrm{T}i}$ 为第 i 台变压器无功损耗；$\Delta P_{\mathrm{L}i}$ 为第 i 条集电线路有功损耗；$\Delta Q_{\mathrm{L}i}$ 为第 i 条集电线路无功损耗。

2. 光伏发电稳态等值建模

光伏发电各状态变量不仅受到光照、温度等外界环境不确定性因素的影响，还和电网自身的状态有关；而光伏发电并网，也会对电网功率和电压分布产生影响。通过潮流计算和光伏特性方程交替迭代，不断更新网侧参数，将其反馈给光伏发电系统模型，重新联立求解光伏特性方程，将光伏发电稳态等值为一个节点，同时对光伏发电和电网的稳态性能进行评估。

光伏特性方程与电网潮流计算交替迭代图如图 5.2，具体流程如下。

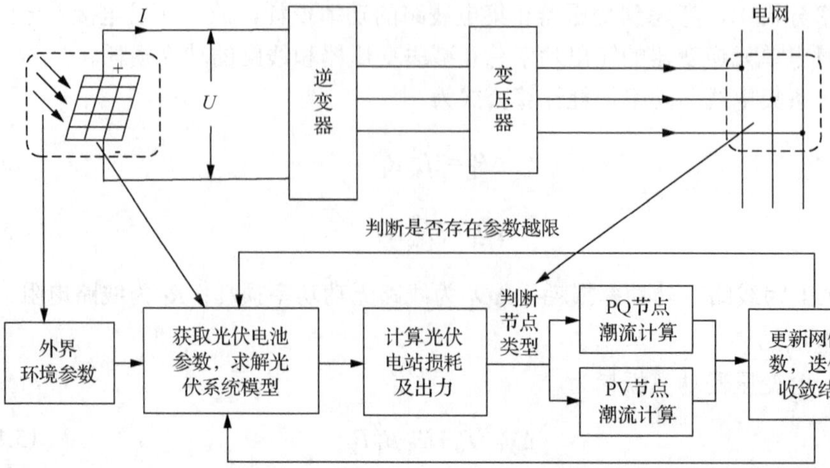

图 5.2　光伏发电模型与潮流计算交替迭代图

步骤 1：获取光伏发电外界环境参数，如阵列表面温度、太阳辐射强度等。

步骤 2：假定太阳电池控制部分能实时实现 MPPT 策略，设置太阳电池参数初始值，包括太阳电池串、并联电阻及相同温度下不同光照强度所对应的太阳电池 MPPT 点电压和电流等。

步骤 3：结合光伏 5 参数模型，联立光伏特性方程求解光伏发电单元的出力。

步骤 4：根据式(5.8)～式(5.11)分别计算光伏发电的总线路损耗和变压器损耗，再由式(5.12)、式(5.13)求解光伏发电的出力。

步骤 5：判断光伏发电并网的控制方式，若为恒电压控制方式，将其等效为 PV 节点；若为恒功率因素控制方式，将其等效为 PQ 节点，进行潮流计算。

步骤 6：将潮流计算后更新的网侧参数再次反馈至太阳电池模型，重新联立求解光伏特性方程，进行参数修正。

步骤 7：设置光伏电集群数运行条件，判断是否存在参数越限，如果越限，返回步骤 2 重新计算；如果不越限，得到光伏发电稳态等值结果。

3. 算例分析

1) 算例介绍

光伏发电通过升压变压器和 35kV 线路接入 IEEE14 节点标准测试系统的 7 号节点，具体情况如图 5.3 所示。节点 1 为平衡节点，节点 4、5、节点 9～14 为 PQ 节点，节点 2、3、6、8 为 PV 节点。潮流计算采用标幺值，基准容量 100MV·A，基准电压取额定电压。

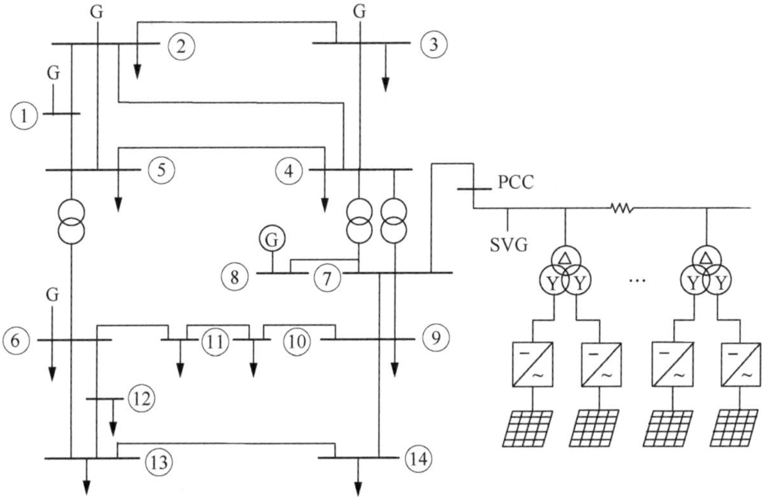

图 5.3　光伏发电接入 IEEE14 系统图

本算例采用太阳电池五参数模型，整个光伏发电的额定容量为 15MW，共由 100 个参数相同的光伏发电单元组成，每个发电单元由电池模块串并联组成，其中串联数为 5，并联数为 66。已知在同一温度条件下，光伏发电的容量会随太阳辐射条件的变化而变化。当外界温度为 25℃时，设置光伏发电现场的太阳辐射强度在 0.2～1.0kW/m^2 逐步递增。

2) 不同控制策略下的对比分析

设定光伏发电现场的太阳辐照度 I 在 0.2～1.0kW/m^2 以 0.1kW/m^2 为单位均匀递增，接入节点 7 光伏发电出力容量 P_{PW} 如图 5.4 所示。

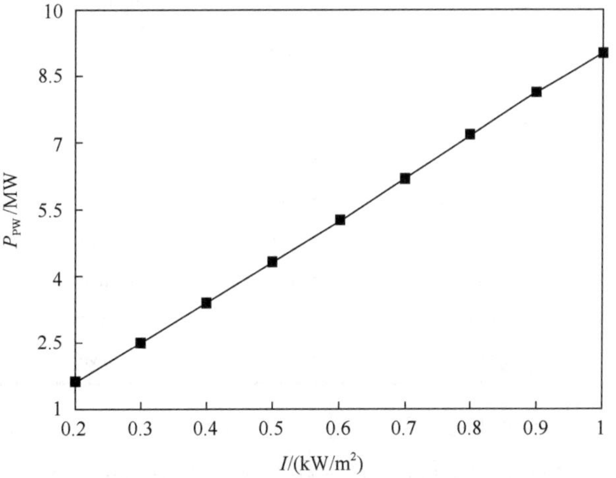

图 5.4　太阳辐照度变化时光伏出力情况

当光伏发电采用恒功率因素控制策略并网时，并网点电压 U_i 随太阳辐照度的升高而升高，其结果见表 5.1。当辐照度达到 1.0kW/m^2 时，节点 7 的电压达到了上限值 1.07397p.u，比较辐照度变化过程中节点最大电压与辐照度最小时的情况，U_7 最大升高 0.066%。由此可知，太阳辐照度的大幅变化导致光伏发电有功出力大幅变化，从而也影响了电网电压分布。

表 5.1 恒功率因素控制下的并网点计算结果

P_i/MW	U_i/p.u.	δ/(°)	P_{SN}/MW	Q_{SN}/Mvar
1.623	1.0733	–7.6241	10.224	37.627
2.497	1.0734	–7.5278	10.175	37.386
3.395	1.0734	–7.4289	10.126	37.142
4.310	1.0735	–7.3282	10.076	36.897
5.236	1.0732	–7.2262	10.025	36.652
6.177	1.0737	–7.1227	9.9750	36.407
7.120	1.0738	–7.0189	9.9250	36.164
8.120	1.0739	–6.9089	9.8720	35.911
9.037	1.0740	–6.8080	9.8240	35.683

当光伏发电采用恒电压控制策略并网时，光伏发电吸收的无功功率随光伏节点有功出力的增加而增加，其结果见表 5.2。当辐照度达到 1.0kW/m^2 时，节点 7 吸收的无功功率达到了最大量 15.210Mvar。随着光伏发电的有功功率的增加，线路电容发出的无功功率增加，光伏发电吸收的无功功率也随之增加。

表 5.2 恒电压控制下的并网点计算结果

P_i/MW	U_i/p.u.	δ/(°)	P_{SN}/MW	Q_{SN}/Mvar
1.623	–14.613	–7.680	10.266	39.009
2.497	–14.686	–7.582	10.218	38.768
3.395	–14.761	–7.482	10.168	38.524
4.310	–14.836	–7.379	10.118	38.279
5.236	–14.912	–7.258	10.068	38.035
6.177	–14.987	–7.170	10.018	37.790
7.120	–15.062	–7.065	9.9680	37.547
8.120	–15.140	–6.953	9.9150	37.295
9.037	–15.210	–6.850	9.8680	37.066

3) 不同等值方法的对比分析

当光伏发电采用恒功率因数控制策略并网，太阳辐照度在 0.2～1.0kW/m^2 均匀变化时，将传统潮流计算方法和本书提出的方法中的电网功率损耗进行对比，

总有功功率损耗 P_{SN}、总无功功率损耗 Q_{SN} 的对比结果如图 5.5 所示。

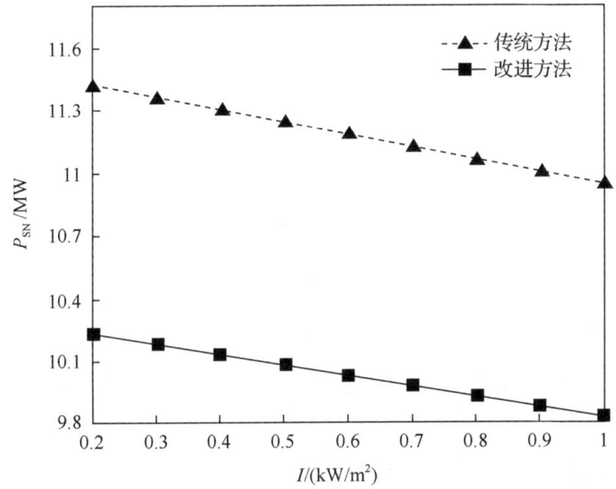

(a) 总有功功率损耗对比

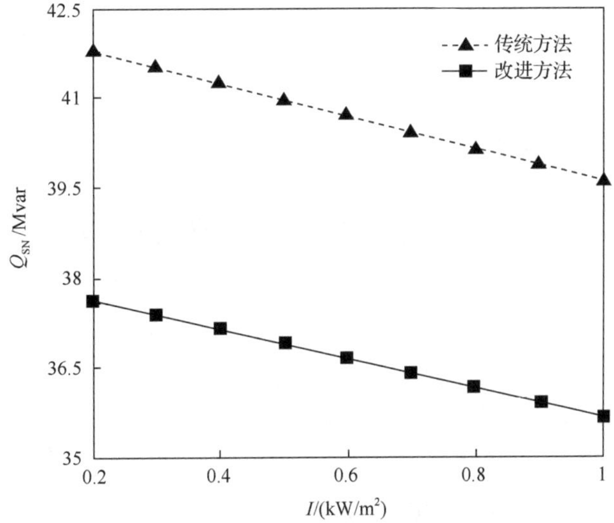

(b) 总无功功率损耗对比

图 5.5　电网功率损耗对比图

由图 5.5 可见，辐照度对电网损耗有直接影响，电网损耗会随辐照度升高而下降。图 5.5(a)中，当辐照度达到最高值 1.0kW/m^2 时，传统潮流计算方法中的总有功损耗为 10.944MW，比原系统有功损耗降低了 4.17%；而本书提出的方法中总有功损耗仅为 9.824MW，比原系统有功损耗降低了 3.91%。图 5.5(b)中，传统潮流计算方法中的总无功损耗为 39.616Mvar，比原系统无功损耗降低了 5.25%；而本书提出的方法中总无功损耗仅为 35.683Mvar，比原系统无功损耗降低了

5.16%。通过两种方法的对比，本书提出的方法输电损耗较小，更有利于进行电网调度，一定程度上提高了光伏发电稳态等值模型的精度。

5.1.2 风力发电集群稳态模型及等值

1. 风力发电稳态模型

在电力系统潮流计算中，风电场节点电压和无功功率均为待求量，风电场所在节点不能简单处理为 PQ 或 PV 节点。针对异步机组成的风电场的这一特点，风机多机集群的稳态模型可分为两大类：PQ 模型和 PV 模型[17,18]。

1) 恒功率因数模式

控制模式要求无功功率按照 $Q = P\tan\varphi$ 变化。一般将功率因数固定为 $\cos\varphi = 1.0$，即设定机组与电网交换的无功功率为 0。此时无功功率控制系统的参考值可直接设为 $Q^{\text{ref}} = 0$。恒功率因数方式下潮流计算，通过调节转子绕组外接电源电压的幅值和相角，可以维持风电机组定子侧功率因数恒定不变。若风电机组功率因数设定值为 $\cos\varphi$，则有

$$Q_s = P_s \tan\varphi \tag{5.14}$$

代入有功功率表达式

$$P_{\text{WTe}} = P_s + P_r = \frac{r_r x_{ss}^2 (P_s^2 + Q_s^2)}{x_m^2 |u_s|^2} + \frac{2r_r x_{ss}}{x_m^2} Q_s + (1 - s_z) P_s + \frac{r_r |u_s|^2}{x_m^2} \tag{5.15}$$

得到

$$P_{\text{WTe}} = P_s + P_r = \frac{r_r x_{ss}^2 P_s^2}{x_m^2 |u_s|^2}(1 + \tan^2\varphi) + \left(1 + \frac{2r_r x_{ss} \tan\varphi}{x_m^2} - s_z\right) P_s + \frac{r_r |u_s|^2}{x_m^2} \tag{5.16}$$

式中，$x_{ss} = x_s + x_m$，x_s 为定子电抗；r_r 为转子电阻；x_m 为励磁电抗；s_z 为转差率；u_s 为定子电压；P_s 和 P_r 分别为定子和转子绕组有功功率；Q_s 为定子绕组无功功率；P_{WTe} 为总无功功率。

采用恒功率因数控制运行方式时，定子侧输出的功率因数为恒定值，因此计算中需要对风场节点进行相应处理才能视为 PQ 节点。在恒功率因数方式下，设定初始电压，利用单台发电机总的有功功率与定子有功功率的关系式求取定子发出的有功功率，进而由给定功率因数计算无功功率，风场节点作为 PQ 节点进行潮流计算，如此反复迭代，进行电压或功率的修正，最终完成全电网的潮流计算。该方法亦分两步迭代，迭代次数多，计算量较大。

2) 恒电压模式

在这种运行方式下，系统电压水平偏低时，变速恒频风机向系统提供一定的无功功率以调节系统电压。风电机组可以提供的无功功率受自身约束条件的限制，只能在一定的范围内调节。在风电机组无功调节范围内，风电机组节点可以看做 PV 节点，当所需无功越限时，则可以看做无功功率为限值的 PQ 节点。对某一变速恒频风电机组，当风电机组定子侧电压不变时，它的无功功率调节范围受定子绕组热极限电流、转子绕组热极限电流和变流器最大电流的限制，但其中起主要作用的是变流器最大电流限制。定子侧无功功率与转子绕组电流有关，变流器电流运行范围决定了转子电流的运行范围，若变流器最大电流限制为 I_{rmax} ，则有

$$\begin{cases} P_{\mathrm{WTe}}=\dfrac{r_{\mathrm{r}}x_{\mathrm{ss}}^{2}(P_{\mathrm{s}}^{2}+Q_{\mathrm{e}}^{2})}{x_{\mathrm{m}}^{2}\left|u_{\mathrm{s}}\right|^{2}}+\dfrac{2r_{\mathrm{r}}x_{\mathrm{ss}}}{x_{\mathrm{m}}^{2}}Q_{\mathrm{WTe}}+(1-s_{\mathrm{z}})P_{\mathrm{s}}+\dfrac{r_{\mathrm{r}}\left|u_{\mathrm{s}}\right|^{2}}{x_{\mathrm{m}}^{2}} \\ P_{\mathrm{s}}^{2}+\left(Q_{\mathrm{WTe}}+\dfrac{\left|u_{\mathrm{s}}\right|^{2}}{x_{\mathrm{ss}}}\right)^{2}\leqslant\dfrac{\left|u_{\mathrm{s}}\right|^{2}x_{\mathrm{m}}^{2}}{x_{\mathrm{ss}}^{2}}I_{\mathrm{rmax}}^{2} \end{cases} \tag{5.17}$$

式中，I_{rmax} 为转子电流最大值；Q_{WTe} 为总无功功率。

当采用恒电压运行方式时，风场节点可作为 PV 节点进行潮流计算，但由于定子侧无功功率受到定子绕组、转子绕组和变流器最大电流的限制，此时需考虑到各种限制条件。在恒电压运行方式下，考虑无功功率极限，计算开始时将风电场节点处理为 PV 节点，当风电机组发出的无功功率超过功率极限时，其节点类型从 PV 节点转换为 PQ 节点。

2. 风力发电集群稳态等值建模

同光伏类似，风力发电集群稳态等值同样采用基于潮流计算和风机特性交替迭代的等值方法。风电场的稳态等值模型是在满足下列条件时适用的，并且假定了风机群内运行条件的一致性：

(1) 等值风场的容量等于风场内风机容量之和。

(2) 等值风场向电网输送的有功功率等于风场内风机有功功率之和。

(3) 对于等值风电机组的无功功率，则决定于风电机组的并网控制模式。

若风电场全场采用恒功率因数并网控制模式，则将风电场等值成 PQ 节点；若风电场全场采用恒电压控制方式，则可将风电场等值成 PV 节点；若风电场采用混合控制方式(一部分机组恒功率因数控制，一部分机组恒电压控制)，则同样将风电场等值成 PV 节点，只需根据采用恒电压控制的风电机组的数目确定等值机的无功容量的上下限。

3. 算例分析

1) 算例介绍

不考虑风速在风电场的空间分布，风电机组为同一机型机组，风机的切入风速、切出风速、额定风速均相同，额定电压为 690V。风电场经输电线路接入 IEEE14 节点算例系统，系统如图 5.6 所示，为了简化计算，假定所有风力机处具有相同的风速。

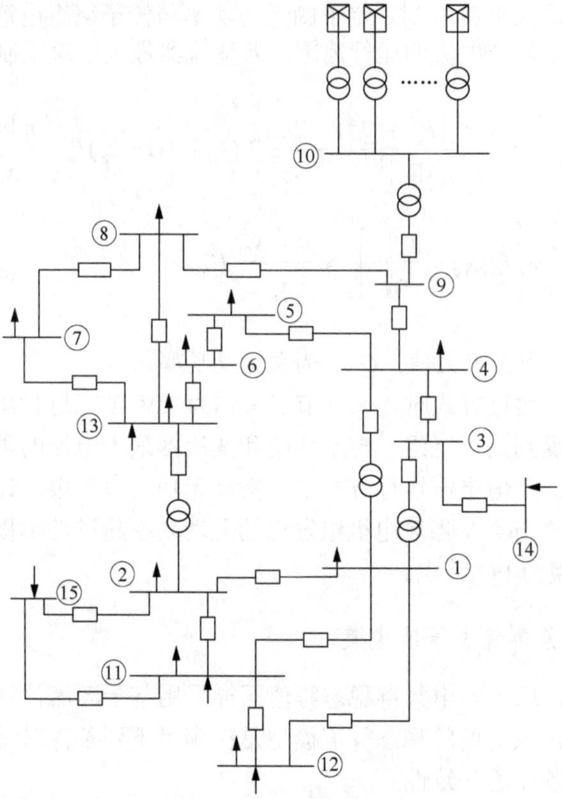

图 5.6　算例节点图

图 5.6 中，节点 1～9 为 PQ 节点，节点 11～14 为 PV 节点，节点 15 为平衡节点。在恒电压控制方式下，节点 10 为 PV 节点；在恒功率因数控制方式下，节点 10 为 PQ 节点。假设风电场安装 10 台额定容量 1.5MW 的双馈异步发电机组。

2) 不同控制策略下的对比分析

恒电压控制方式下，潮流计算结果如表 5.3 所示。恒功率因数控制方式下，假定所有发电机功率因数控制在相同水平，发出感性无功功率，则潮流计算结果如表 5.4 所示。

表 5.3　接入风电集群计算结果(恒电压控制)

风速/(m/s)	≤2		4		6		8	
风电集群输出功率/MW	0		1.7		5.66		13.16	
节点	U/p.u.	δ/(°)	U/p.u.	δ/(°)	U/p.u.	δ/(°)	U/p.u.	δ/(°)
1	0.9967	−0.2019	0.9968	−0.2011	0.9971	−0.1992	0.9976	−0.1954
2	0.9935	−0.1724	0.9936	−0.1718	0.9939	−0.1700	0.9945	−0.1666
3	1.0230	−0.2600	1.0229	−0.2587	1.0229	−0.2552	1.0228	−0.2485
4	1.0163	−0.2901	1.0162	−0.2885	1.0159	−0.2842	1.0153	−0.2760
5	1.0100	−0.2918	1.0099	−0.2912	1.0097	−0.2870	1.0092	−0.2780
6	1.0104	−0.2851	1.0103	−0.2835	1.0102	−0.2795	1.0100	−0.2718
7	1.0062	−0.2846	1.0062	−0.2830	1.0062	−0.2788	1.0062	−0.2707
8	1.0010	−0.2913	1.0011	−0.2894	1.0011	−0.2847	1.0012	−0.2755
9	0.9943	−0.3112	0.9943	−0.3081	0.9942	−0.2999	0.9939	−0.2841
10	1.0000	−0.3136	1.000	−0.3085	1.000	−0.2952	1.0000	−0.2694
11	1.0440	−0.1128	1.0440	−0.1124	1.0400	−0.1115	1.0440	−0.1097
12	1.0100	−0.2514	1.0100	−0.2508	1.0100	−0.2493	1.0100	−0.2464
13	1.0200	−0.2730	1.0200	−0.2715	1.0200	−0.2677	1.0200	−0.2604
14	1.0400	−0.2500	1.0400	−0.2487	1.0400	−0.2452	1.0400	−0.2385
15	1.0000	0	1.000	0	1.000	0	1.000	0

表 5.4　接入风电集群计算结果(恒功率控制)

风速/(m/s)	≤2		4		6		8	
风电集群输出功率/MW	0		1.7		5.66		13.16	
节点	U/p.u.	δ/(°)	U/p.u.	δ/(°)	U/p.u.	δ/(°)	U/p.u.	δ/(°)
1	0.9965	−0.2018	0.9966	−0.2011	0.9971	−0.1992	0.9980	−0.1955
2	0.9933	−0.1724	0.9935	−0.1717	0.9939	−0.1700	0.9947	−0.1666
3	1.0220	−0.2589	1.0224	−0.2576	1.0229	−0.2542	1.0239	−0.2485
4	1.0147	−0.2890	1.0150	−0.2874	1.0158	−0.2832	1.0174	−0.2752
5	1.0177	−0.2917	1.0080	−0.2902	1.0087	−0.2860	1.0099	−0.2780
6	1.0097	−0.2852	1.0098	−0.2836	1.0102	−0.2795	1.0109	−0.2717
7	1.0058	−0.2847	1.0059	−0.2830	1.0062	−0.2788	1.0068	−0.2705
8	1.0000	−0.2900	1.0003	−0.2883	1.0011	−0.2837	1.0027	−0.2748
9	0.9894	−0.3085	0.9907	−0.3059	0.9940	−0.2989	1.0003	−0.2854
10	0.9894	−0.3085	0.9920	−0.3045	0.9989	−0.2941	1.0114	−0.2740
11	1.0440	−0.1128	1.0440	−0.1124	1.0400	−0.1115	1.0440	−0.1097
12	1.0100	−0.2504	1.0100	−0.2499	1.0100	−0.2483	1.0100	−0.2454
13	1.0200	−0.2733	1.0200	−0.2717	1.0200	−0.2677	1.0200	−0.2600
14	1.0400	−0.2589	1.0400	−0.2576	1.0400	−0.2542	1.0400	−0.2477
15	1.0000	0	1.000	0	1.000	0	1.000	0

由表 5.3 数据可知，恒电压控制方式下，随着风机有功出力的增大，风电场发出的无功功率减少，导致系统部分节点电压下降。

由表 5.4 数据可知，而在恒功率因数方式下，随着风机有功出力的增大，因功率因数不变，风电场发出的无功功率随之增大，系统内各节点电压随之上升。

对两种控制方式下的潮流计算结果进行分析，不难发现，恒功率因数方式下的潮流计算结果更趋于合理。

5.1.3 储能集群稳态模型及等值

1. 储能稳态模型

储能系统由蓄电池、电力电子器件和控制器组成，蓄电池储能结构示意图如图 5.7 所示。系统结构必须满足蓄电池储能双向运行的要求，即蓄电池既能够向外部系统供给电能(放电)，又能够从外部系统获得电能(充电)。

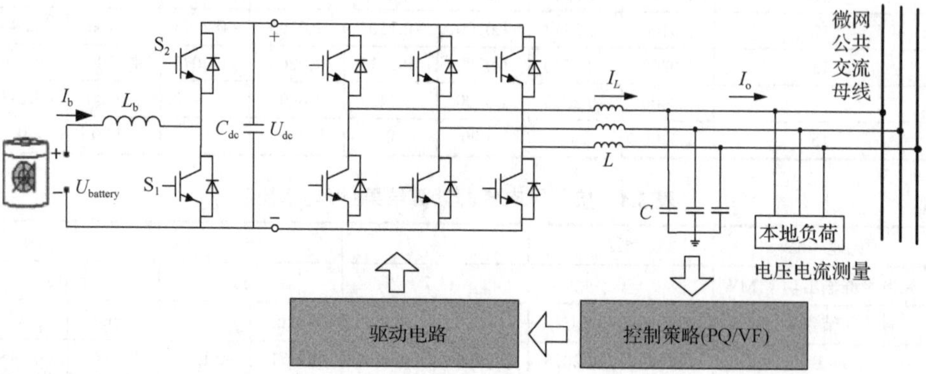

图 5.7　蓄电池储能结构示意图

当蓄电池充电时，双向 DC/DC 变换器将作为 Buck 电路使用；当蓄电池放电时，双向 DC/DC 变换器则作为 Boost 电路使用。双向 DC/DC 变换器的主要控制目标是维持直流侧电压恒定。当蓄电池充电或放电时，直流侧电容电压始终保持稳定，可以减小整个系统电压和频率的波动。蓄电池储能逆变器模块的控制策略一般有恒功率控制(PQ 控制)、恒电压恒频率控制(VF 控制)，不同的控制策略可以满足不同状态下微网系统对逆变电源的要求。根据不同的控制策略，在潮流计算中将采用 PQ 控制的处理为 PQ 节点，采用 VF 控制的处理为 PV 节点。

2. 蓄电池储能集群稳态等值建模

蓄电池储能采用直接连接方式，其接线示意图如图 5.8 所示。

等值后的接线示意图如图 5.9 所示。

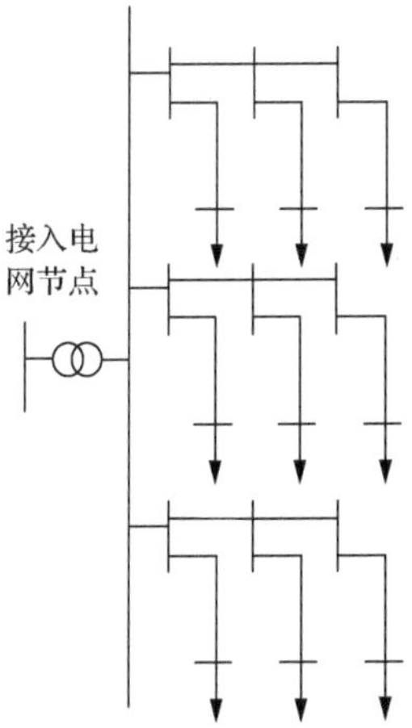

图 5.8　储能系统接线示意图

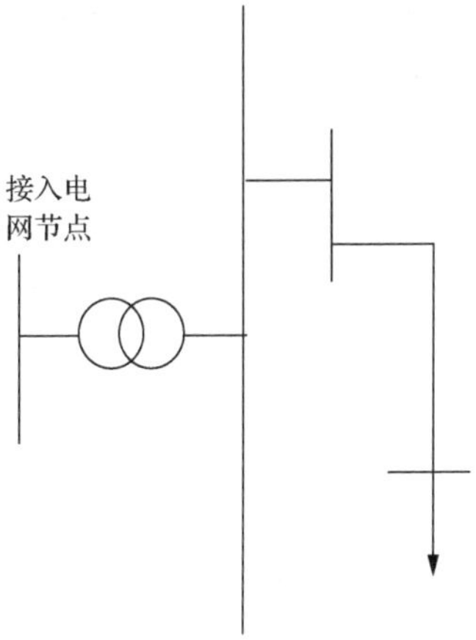

图 5.9　储能系统等值示意图

分布式电源参数等值采用容量加权法，其参数等值为

$$P_{\mathrm{eq}}=\sum_{i=1}^{n}P_{\mathrm{ESS}i},\qquad Q_{\mathrm{eq}}=\sum_{i=1}^{n}Q_{\mathrm{ESS}i} \tag{5.18}$$

式中，P_{eq}、Q_{eq} 分别为分布式等值机组的有功功率和无功功率；$P_{\mathrm{ESS}i}$、$Q_{\mathrm{ESS}i}$ 分别为第 i 台分布式电源的额定有功功率和额定无功功率。

3. 算例分析

1) 算例介绍

蓄电池储能集群接入IEEE30节点标准测试系统的节点26。蓄电池储能集群接入电网拓扑图与微型燃气轮机集群相同，以PQ控制为例，节点数据如表5.5所示。

表 5.5　蓄电池储能集群潮流计算初始数据

节点号	节点类型	母线电压		节点负荷功率	
		U/p.u.	δ / (°)	P_L/MW	Q_L/Mvar
34	PQ	1.0	0	–0.01	0
35	PQ	1.0	0	–0.01	0
36	PQ	1.0	0	–0.01	0
40	PQ	1.0	0	–0.0125	0
41	PQ	1.0	0	–0.0125	0
42	PQ	1.0	0	–0.0125	0
46	PQ	1.0	0	–0.015	0
47	PQ	1.0	0	–0.015	0
48	PQ	1.0	0	–0.015	0

2) 蓄电池储能集群等值结果分析

通过对比蓄电池储能集群稳态等值前后对 IEEE30 节点系统其他节点和线路的影响，分析稳态等值的效果。蓄电池储能集群接入时等值前后原系统节点电压对比 U_{ESSW} 和流经线路有功功率 P_{ESSW} 对比结果如图 5.10 所示。

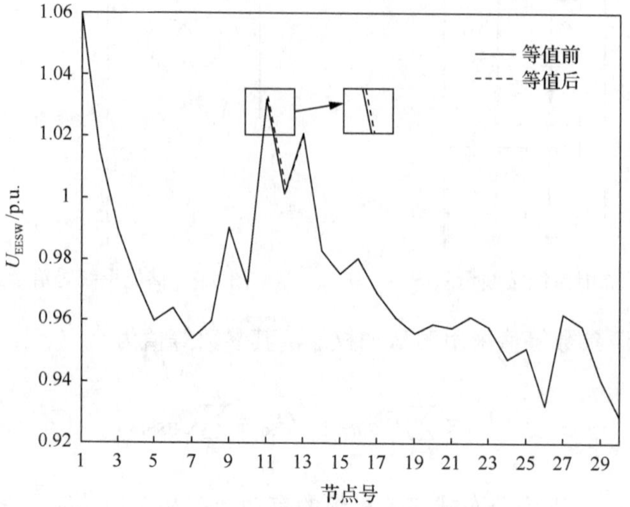

(a) 蓄电池储能等值前后节点电压对比

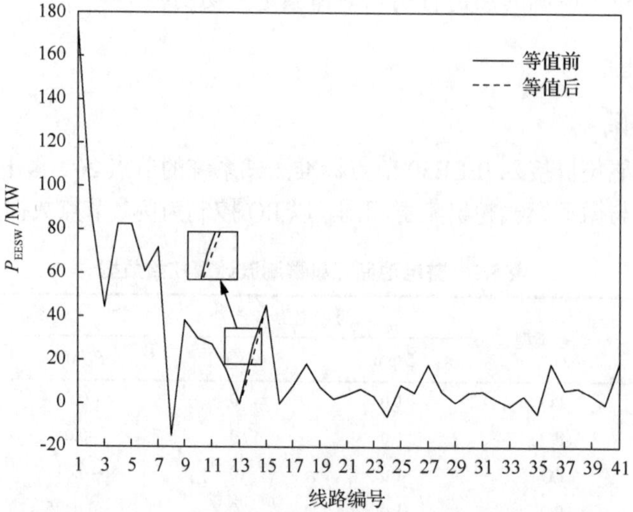

(b) 蓄电池储能等值前后线路有功功率对比

图 5.10 蓄电池储能集群稳态等值前后原系统节点电压和线路有功功率对比

等值前后节点 26 电压和系统总线损相对误差如表 5.6 所示。

表 5.6　节点 26 电压和系统总线损相对误差

分布式电源接入类型	电压相对误差/%	线损相对误差/%
蓄电池储能集群	0.0001	0.0002

5.2　分布式发电集群动态模型及等值

分布式发电系统模型通常采用两类模型，一类是 5.1 节研究的稳态模型，也称潮流模型，即将其建模成简单的功率源，不考虑其动态过程，该模型仅适用于潮流分析，而不能用于暂态分析[19,20]。另一类是基于特定的分布式电源建立对应的电路或电磁模型，严格体现系统中具体的最大功率点跟踪控制算法和逆变器电路及其控制逻辑，这类模型非常翔实，理论上能满足电网机电暂态分析要求，但也存在诸多问题，如：①分布式电源的内部结构和控制方法因厂家不同而具体各异，导致其电路或电磁模型的通用性差，如果对不同厂家、型号的分布式电源均如此建模，则工作量极大，不现实；②电路或电磁模型涉及各厂家专有的设备内部参数，往往难以取得相关的模型参数；③电路或电磁模型复杂度高，为保证精度，计算步长往往设置得非常低，从而严重制约计算的速度。

分布式电源动态模型主要是从并网分布式电源各个模块的外部特性出发，避免了因内部结构不同导致的建模复杂性问题，模型实现简单，由于忽略了内部结构的差异，所以对分布式发电集群动态模型的等值采用先聚类后等值的思路。

5.2.1　光伏发电集群动态模型及等值

1. 光伏发电动态模型

光伏动态模型是在较长时间尺度上的模型，一般的时间尺度为 10ms 级，可以分别从光伏电源的电池组件、Boost 电路、逆变桥及滤波器和并网控制等角度来建立动态模型。

1) 光伏阵列动态模型

单个光伏电池的输出功率和输出电压都很低，通常将几十个光伏电池封装成一个光伏组件，再将若干个光伏组件以串并联的关系构成一个光伏阵列。光伏组件模型采用五参数模型：

$$I_{PV}=I_{ph}-I_0\left\{\exp\left[\frac{q(U_{PV}+I_{PV}R_s)}{n_g k_t T_0}\right]-1\right\}-\frac{U_{PV}+I_{PV}R_s}{R_{sh}} \tag{5.19}$$

2) DC/DC 斩波电路动态模型

以 Boost 电路为例，DC/DC 变换器主要起到了升压及功率变换的作用，在斩波电路当中，电流内环最终是通过调节占空比 D_p 来实现输出电流和输出电压的调节。故而将电流外环和电压外环合并，直接通过电压差经过 PI 调节后控制 D_p，其控制关系的数学表达式如式(5.20)所示

$$\frac{\mathrm{d}D_{\mathrm{p}}}{\mathrm{d}t}=A_{\mathrm{Dp}}\frac{\mathrm{d}(U_{\mathrm{PV}}-U_{\mathrm{PVref}})}{\mathrm{d}t}+A_{\mathrm{Di}}(U_{\mathrm{PV}}-U_{\mathrm{PVref}}) \tag{5.20}$$

式中，A_{Dp} 为比例调节的系数；A_{Di} 为积分调节的系数；U_{PV} 为光伏电池端口电压；U_{PVref} 为最大功率点的光伏电池端口电压。

3) 最大功率点跟踪(maximum power point tracking，MPPT) 动态模型

MPPT 控制的方式虽然多种多样，但其目的都是使光伏阵列输出电压跟踪最大功率点电压，以输出不同环境下的最大功率。MPPT 实现的效果可视为：光伏阵列输出电压一阶滞后于参考电压，稳态时存在固定的跟踪误差。MPPT 控制的模型可以主要由一阶惯性环节、滞后环节及跟踪误差组成，MPPT 模型可以表示为

$$U_{\mathrm{PVm1}}=\frac{\mathrm{e}^{-\gamma_{\mathrm{M}}s_{\mathrm{M}}}}{1+T_{\mathrm{M}}s_{\mathrm{M}}}U_{\mathrm{PVm}}+\Delta U_{\mathrm{PVm}} \tag{5.21}$$

式中，γ_{M} 为控制器的纯滞后时间常数；T_{M} 为一阶时间常数；ΔU_{PVm} 为稳态跟踪误差；s_{M} 为时间；U_{PVm} 为修正前电压；U_{PVm1} 为修正后输出电压。

4) 逆变器动态模型

以 SPWM 调制技术为例，其核心原理主要通过比较调制波和载波的大小来确定相关器件的开通和关断过程，这里不详细展开。

2. 光伏发电的动态近邻传播聚类过程

1) 光伏聚类指标

双级式光伏的动态特性的主要影响因素包括控制环路的控制参数和储能元件的参数，前者包括 DC/DC 变换器中 MPPT 控制器的 PI 参数及逆变器中双环控制器的 PI 参数，后者包括组件电容、DC/DC 变换器中的储能元件以及滤波器等[21-23]。

基于上述分析，可以很自然地联想到将这些储能元件参数和控制参数作为光伏单元的聚类指标，但这些参数在实际工程环境中往往难以获得。所以，在实际应用中，需要找到其他可以直接获得或通过增加简单的测量工具便可以获得的参

数来代替上述这些参数作为聚类指标。这些具体的指标包括阵列的输出电压和输出电流 $u_{\rm pv}$、$i_{\rm pv}$，逆变器输入电压和电流 $u_{\rm dc}$、$i_{\rm dc}$ 和光伏输出功率 p、q 等。定义包含 6 个变量波形的光伏单元波形聚类指标矩阵 **WCI** 如下所示：

$$\mathbf{WCI}=\left[\tilde{\boldsymbol{u}}_{\rm pv},\tilde{\boldsymbol{i}}_{\rm pv},\tilde{\boldsymbol{u}}_{\rm dc},\tilde{\boldsymbol{i}}_{\rm dc},\tilde{\boldsymbol{p}},\tilde{\boldsymbol{q}}\right]^{\rm T} \tag{5.22}$$

式中，上标“~”表示该变量是一个子指标，例如子指标 $\tilde{\boldsymbol{u}}_{\rm pv}$ 为一个含有 n 个采样数据的向量$[u_{\rm pv}(1),\cdots,u_{\rm pv}(i),\cdots,u_{\rm pv}(n)]^{\rm T}$。

2) 光伏发电的 AP 聚类算法

在含有高光伏渗透率的电网中，可以将每个光伏电站的采样数据看做是一个采样点，从而获得的总数据量和数据维度均非常大。本书提出了一种新型的聚类算法用于减少采样数据的维度。目前，常用的聚类算法包括 K 均值(K-means)聚类、模糊 C 均值(Fuzzy C-means)聚类和层次聚类等。这些算法中的大多数均需要事先设置聚类数和聚类中心，这将会引入很多主观因素。其中，K-means 和 FCM 对初值十分敏感且容易陷入局部最优，从而导致不同的初值可能产生不同的聚类结果。于是 K-means 通常需要运行多次，这使其不适用于含有大量数据的系统中。层次法也有计算复杂度高的问题。此外，层次法和 K-means 不能处理含有孤立点数据的问题[24-25]。

近邻传播(affinity propagation，AP)聚类算法克服了上述常用聚类算法的缺点。在实际中，AP 获得聚类分组比其他算法有更低的误差，并且只需其它算法所需时间的百分之一。因此，AP 算法更加会用于处理光伏发电中的大数据问题。根据上述背景，本书将 AP 算法引入光伏发电的建模中。AP 算法通常基于欧氏距离计算相似度 $s(i,k)$，这是 AP 算法重要的基础部分。在 AP 算法中引入动态时间弯曲(dynamic time warping，DTW)距离代替欧氏距离以捕捉光伏聚类指标波形之间动态趋势的相似度。两个电站的同类型子指标可以分别表示为 $Q=q_1,\cdots,q_i,\cdots,q_j$ 和 $C=c_1,\cdots,c_i,\cdots,c_j$。随后定义动态距离 $D(q_i,c_j)$ 为

$$D(q_i,c_j)=\begin{cases}\text{abs}(q_1,c_1),\ i=1\text{ 和 }j=1\\ \text{abs}(q_1,c_j)+D(q_1,c_{j-1}),\ i=1\text{ 和 }j\neq1\\ \text{abs}(q_i,c_1)+D(q_{i-1},c_1),\ i\neq1\text{ 和 }j=1\\ \text{abs}(q_i,c_j)+\min\{D(q_{i-1},c_j),D(q_{i-1},c_{j-1}),D(q_i,c_{j-1})\},i\neq1\text{和}j\neq1\end{cases} \tag{5.23}$$

式(5.23)表示两个子指标中采样数据 q_i 和 c_j 在局部区域的累计距离值。之后，可以定义两个子指标的动态距离矩阵 $\text{A}(Q,C)$ 为

$$A(Q,C)=\begin{bmatrix} D(q_1,c_1) & D(q_1,c_2) & \cdots & D(q_1,c_j) \\ D(q_2,c_1) & D(q_2,c_2) & \cdots & D(q_2,c_j) \\ \vdots & \vdots & \ddots & \vdots \\ D(q_i,c_1) & D(q_i,c_2) & \cdots & D(q_i,c_j) \end{bmatrix} \tag{5.24}$$

$A(Q,C)$ 的计算从动态距离 $D(q_1,c_1)$ 开始，然后逐行计算。在生成 $A(Q,C)$ 之后，需要找出一条最优路径 $p^*=\{p_1,\cdots,p_i,\cdots,p_j\}$ 将子指标 Q 非线性地映射到 C，以使总的累积畸变量最小。该路径的选取规则为 $p_i=\min\{D(q_i,c_1),\cdots,D(q_i,c_j)\}$，随后定义子指标 Q 和 C 之间的动态时间弯曲距离 DTW 为

$$\mathrm{DTW}(Q,C)=\sum_{i=1}^{I} p_i \tag{5.25}$$

然后，将式(5.24)中 6 个子指标的 DTW 之和(sumDTW)定义为光伏电站 i 和 k 之间的新的相似度 $s(i,k)$。因此，本书将上述基于指标间动态距离进行聚类的算法称为动态距离传播(dynamic affinity propagation，DAP)聚类算法。

本章引入聚类结果的评价指标：DBI(Davies-Bouldin index)。DBI 是一种常用的聚类结果评价指标，其可以综合描述某一具体聚类数下聚类结果的组内紧致度和组间离散度。DBI 值越小，则组内紧致度和组间离散度越高，也即说明聚类结果越好。DBI 的定义如下：

$$\mathrm{DBI}=\frac{1}{k}\sum_{i=1}^{k} R_{\mathrm{H}i} \tag{5.26}$$

式中，k 为聚类数；$R_{\mathrm{H}i}$ 为组 i 的最大合适度。

为确定最优聚类数，需要先获得随聚类数变化的 DBI 指数趋势图，再根据 DBI 指数图和模型复杂度确定最优聚类数。

第一步：基于波形聚类指数聚类多次，每一次均根据上次聚类获得的聚类数调整偏爱度系数 P。若需获得更大的聚类数，将 P 减小；而若获得更小的聚类数，将 P 增大。最终，获得聚类数从 1 到 k($k\geqslant 1$ 且为整数)的聚类结果，其中 k 不应过大以防模型复杂度过高。在计算完各聚类数对应的 DBI 指数后，即可得出 DBI 随聚类数变化的趋势图。

第二步：根据 DBI 的定义，DBI 值越小则组内紧致度和组间离散度越好。此外，更大的聚类数将导致模型的复杂度大幅增加。因此，最优聚类数应当尽量同时满足较小的 DBI 值和较小的聚类数。对于一组具体的数据，DBI 的趋势曲线通常在最初阶段(聚类数从 1 到某个正整数)下降，随后曲线变化相对稳定，也即在曲线最初阶段的末段将出现一个明显的拐点。当聚类数大于拐点对应的聚类数时

DBI 值变化较小，这意味着随着聚类数增加，聚类结果的组内紧致度和组间离散度变化较小，但模型的复杂度却大幅增加。基于上述原因，选取拐点对应的聚类数作为最优聚类数最为合适。

3) 光伏发电 DAP 聚类算法流程图

基于上述讨论，整个 DAP 聚类算法的流程图如图 5.11 所示。

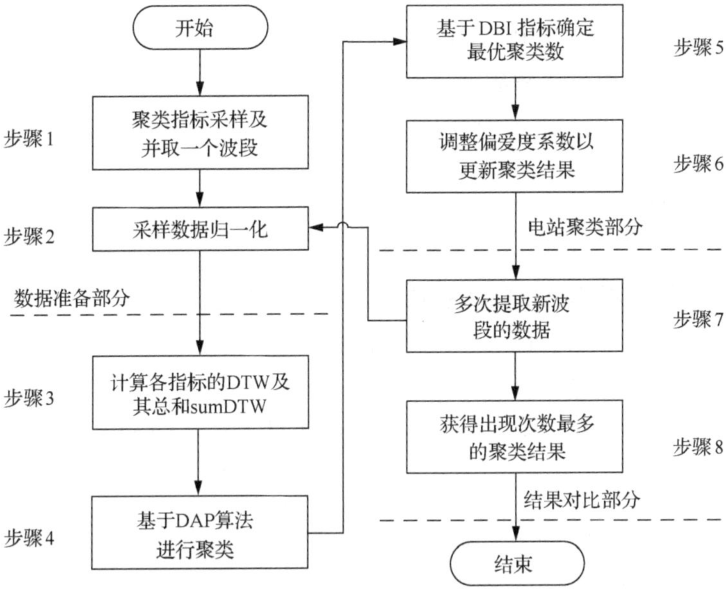

图 5.11　DAP 聚类算法流程图

3. 光伏参数等值

(1) 光伏阵列参数。在聚合前后，阵列的总容量和输出电压应保持一致。因此，等值阵列中光伏组件的串联数和并联数应计算如下：

$$N_{\mathrm{sEQ}}=\rho_{\mathrm{b}}N_{\mathrm{sCE}},N_{\mathrm{pEQ}}=\rho_{\mathrm{b}}N_{\mathrm{pCE}} \tag{5.27}$$

式中，N 为串联或并联数，下标 s、p、EQ 和 CE 分别为串联、并联、等值和聚类中心电站值；ρ_{b} 为该组光伏电站总容量 S_{GR} 与聚类中心电站容量 S_{CE} 之比。

(2) 变流器与滤波器参数。直流斩波器、逆变器和滤波器含有多个电容和电感元件，应使等值元件与等值阵列容量保持一致并且等值前后的动态特性保持不变。等值参数的计算如下所示：

$$\begin{aligned}&C_{\mathrm{arraypvEQ}}=\rho C_{\mathrm{arraypvCE}},\quad L_{\mathrm{dcEQ}}=L_{\mathrm{dcCE}}/\rho\\&C_{\mathrm{zdcEQ}}=\rho C_{\mathrm{zdcCE}},\quad L_{\mathrm{fEQ}}=L_{\mathrm{fCE}}/\rho\end{aligned} \tag{5.28}$$

式中，C_{arraypv} 和 C_{zdc} 分别为阵列和斩波器的电容；L_{dc} 和 L_{f} 分别为斩波器和滤波器的电感。

(3)变压器参数。每个光伏电站均通过一个变压器与电网相连，其容量和阻抗的聚合参数计算如下：

$$S_{\text{NtEQ}}=\rho_{\text{b}}S_{\text{NtCE}},\ Z_{\text{NtEQ}}=Z_{\text{NtCE}}/\rho_{\text{b}} \tag{5.29}$$

式中，S_{Nt} 和 Z_{Nt} 分别为变压器的额定容量和阻抗。

(4)控制参数。每组的等值光伏电站的斩波器和逆变器中控制器的控制参数与聚类中心光伏电站的控制参数相同。

4. 算例分析

1)算例介绍

实验系统模型搭建 MATLAB/Simulink 仿真平台。模型的网络结构按照桃岭变电站(经度：115.87°，纬度：31.67°)供电区域的辐射型配网搭建，该地区光伏渗透率超过 60%。根据光伏动态模型搭建一个含有 20 个光伏电站的网络，如图 5.12 所示。在该图中，各电站的装机容量情况为：PV1～PV11 均为 60kW，PV12～

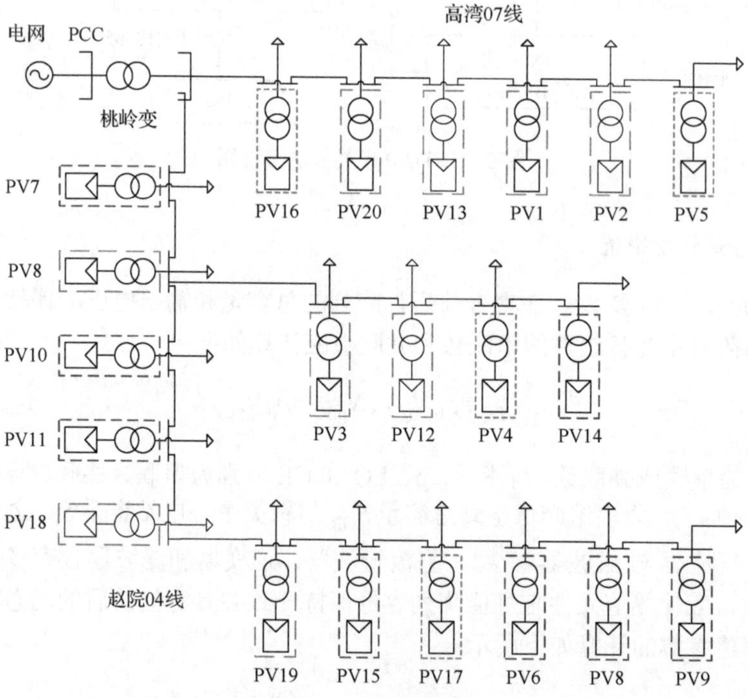

图 5.12　实验模型单线图

PV13 均为 60kW，PV14～PV17 均为 240kW，PV18～PV20 均为 300kW，总光伏装机容量为 2880kW，且各光伏电站的参数不同，该网络的总负荷为 3715+j2300kV·A。

2) 实验结果

通过辐照度变动算例和三相短路算例，分析和对比详细模型、所提出的多电站等值模型和单电站等值模型的动态特性，验证本书所提出的动态等值建模方法的有效性和准确性。

(1) 辐照度变动。在该算例中，设仿真时间为 1s，设整个区域的太阳辐照度在时段 0～0.3s、0.3～0.6s 和 0.6～1s 中分别为 $1000W/m^2$、$1500W/m^2$ 和 $1000W/m^2$。首先，基于第一次辐照度变动(0.3s 后)的波形聚类指标的多个波段聚类多次。当聚类数增加时，DBI 指数的总体变化趋势是下降的，如图 5.13 所示。当聚类数为 3 时，DBI 曲线出现一个明显的拐点，这表明当聚类数大于 3 时，DBI 值变化较小而仿真复杂度由于聚类数增加而大幅增加。因此，可以确定最优聚类数为 3。根据 DAP 算法，选取出现频率最高的结果作为最终聚类结果。类似地，可以用第二次辐照度变动(0.6s 后)的波段进行聚类。可获得最优聚类数为 3 且出现次数最多的结果与表 5.7 相同。

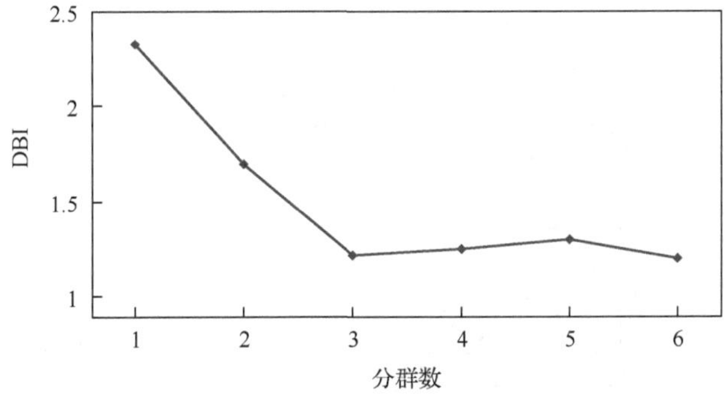

图 5.13　DBI 随聚类数的变化趋势

表 5.7　光伏电站的最优聚类结果

分组号	光伏电站编号	聚类中心
1	6,7,8,9,10,11,14,15	14
2	1,2,3,12,13,18,19,20	12
3	4,5,16,17	16

聚类结果如表 5.7 所示，可以对光伏电站的参数进行聚合并对网络进行等值。随后，可以获得整个光伏发电的三电站等值模型(本书提出的)和单电站等值模型。

使用两个模型重新对辐照度变动算例进行仿真，可获得 PCC 处输出功率如图 5.14 所示。其中，图 5.14(a)为有功功率 P_{PV} 曲线，图 5.14(b)为无功功率 Q_{PV} 曲线，蓝色、红色和黑色曲线分别表示详细模型、所提出的等值模型和单电站等值模型的仿真结果。

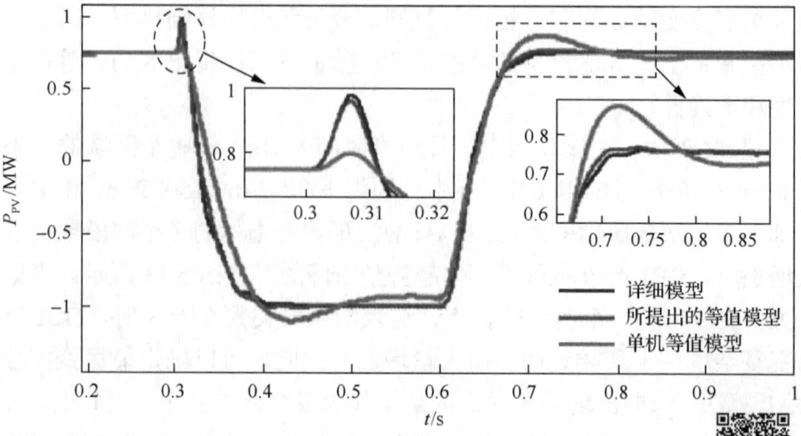

(a) 有功功率

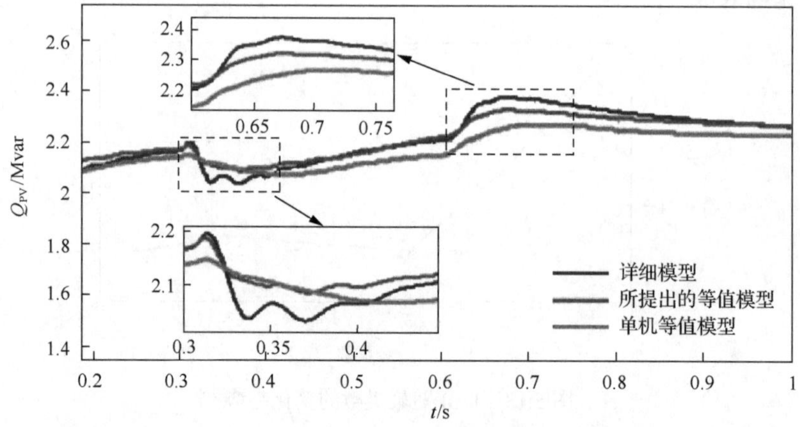

(b) 无功功率

图 5.14 辐照度变动下的详细模型、所提模型和单电站模型的动态响应

可以发现，当辐照度变动时，所提出的三电站等值模型可以保持对详细模型动态响应的追踪，而单电站模型虽可以反映实验系统的动态行为但其追踪性能不如所提出的模型。

(2)三相短路故障。在该算例中，设仿真时间为 1s。设 PCC 处在 0.35s 时发生三相短路故障并在 0.5s 时故障解除。在仿真过程中，网络总负荷为 3715+2300kV·A，辐照度为 1000W/m^2。聚类结果与表 5.5 相同，并根据表格结果搭建了所提等值模型和单电站等值模型。PCC 处输出有功功率和无功功率的曲线如图 5.15 所示。

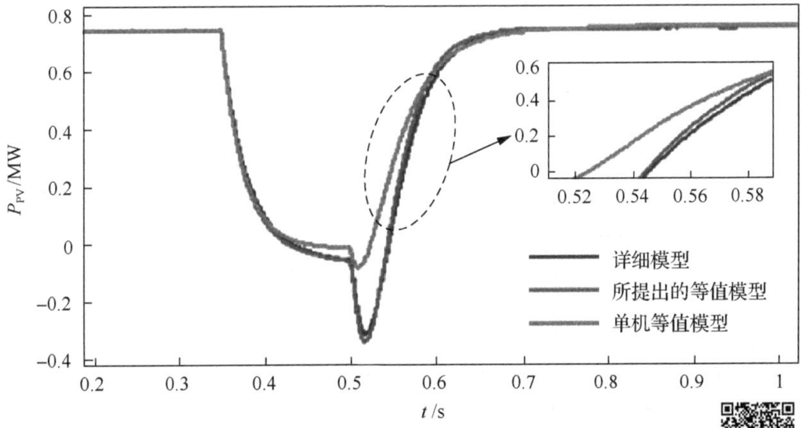

(a) 有功功率

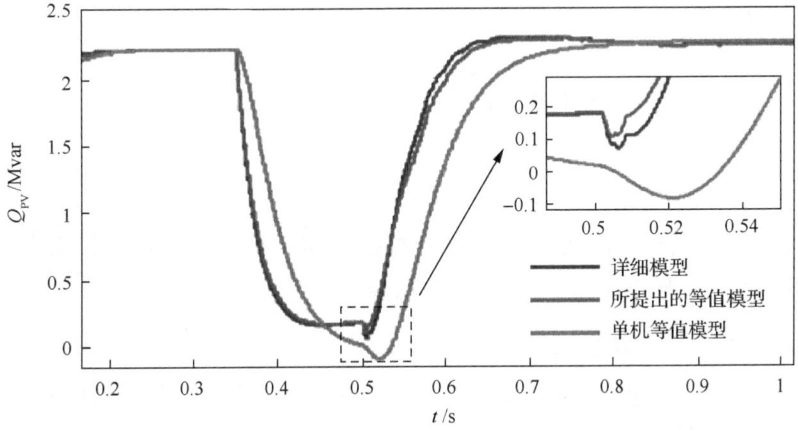

(b) 无功功率

图 5.15　三相短路故障时详细模型、所提模型和单电站模型的动态响应

结果显示，当系统中发生大扰动时(如三相短路故障)，则单电站等值模型的精度难以满足工程需求，而所提出的等值模型仍能表现出理想的动态追踪性能。

5.2.2　风力发电集群动态模型及等值

1. 风力发电集群动态模型

双馈风力发电集群结构如图 5.16 所示，由风力发电机、变压器、架空线路等组成。

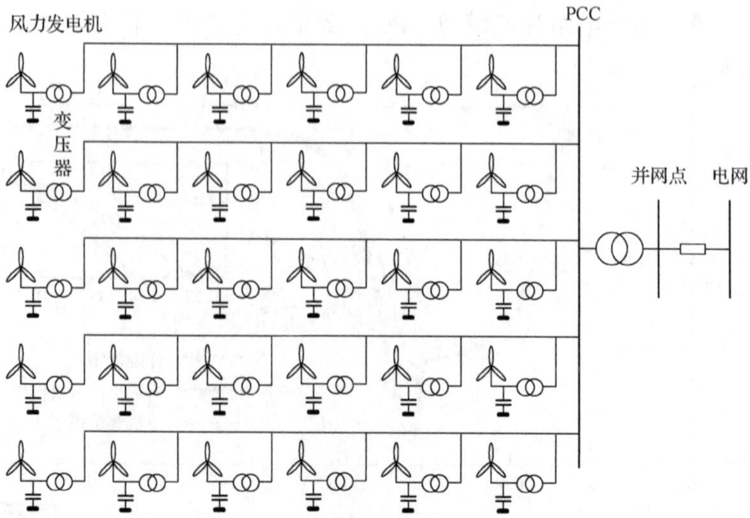

图 5.16　风力发电集群典型结构图

1) 风力发电机组动态模型

当风以一定的速率吹向风力机时，风轮上产生的力矩驱使风轮转动，风力驱动的机械能可按空气动力学原理计算得到风机的输出功率 P_{WT} 为

$$P_{\mathrm{WT}} = \frac{1}{2}\rho_0 A_0 \mathrm{C_p}(\lambda,\beta) v_{\mathrm{W}}{}^3 \tag{5.30}$$

式中，ρ_0 为空气密度；A_0 为叶片扫风横截面积；$C_{\mathrm{p}}(\lambda,\beta)$ 为风能利用系数；λ 为叶尖速比；β 为叶片桨距角；v_{W} 为风速。

2) 传动系统动态模型

双馈风力发电机组风轮将风能转变为转动能量，经过齿轮箱增速驱动发电机，可由以下微分方程表示：

$$\frac{\mathrm{d}T_{\mathrm{T}}}{\mathrm{d}t} = \frac{1}{T_{\mathrm{d}}}(T_{\mathrm{M}} - T_{\mathrm{T}}) \tag{5.31}$$

$$\frac{\mathrm{d}s}{\mathrm{d}t} = \frac{1}{T_{\mathrm{j}}}(T_{\mathrm{e}} - T_{\mathrm{T}}) \tag{5.32}$$

式中，T_{M} 为风力机转矩；T_{T} 为转子机械转矩；T_{e} 为发电机电磁转矩；T_{d} 为传动系统时间常数；T_{j} 为发电机惯性时间常数。

3) 双馈电机动态模型

双馈风力发电机的暂态模型用暂态电压源 $E' = E'_{\mathrm{d}} + E'_{\mathrm{q}}$ 和暂态电抗 X'_{s} 来表示，交换到同步旋转坐标系的状态方程

$$
\begin{cases}
\dfrac{\mathrm{d}E_d'}{\mathrm{d}t} = -\dfrac{1}{T_0'}\left(E_d' + \dfrac{x_\mathrm{m}^2}{x_\mathrm{r} + x_\mathrm{m}} i_{q\mathrm{s}}\right) + s\omega_\mathrm{e} E_q' - \dfrac{x_\mathrm{m}}{x_\mathrm{r} + x_\mathrm{m}} \omega_\mathrm{e} u_{q\mathrm{r}} \\
\dfrac{\mathrm{d}E_q'}{\mathrm{d}t} = -\dfrac{1}{T_0'}\left(E_q' - \dfrac{x_\mathrm{m}^2}{x_\mathrm{r} + x_\mathrm{m}} i_{d\mathrm{s}}\right) - s\omega_\mathrm{e} E_d' + \dfrac{X_\mathrm{m}}{x_\mathrm{r} + x_\mathrm{m}} \omega_\mathrm{e} u_{d\mathrm{r}} \\
E_d' = u_{d\mathrm{s}} + x_\mathrm{s}' i_{q\mathrm{s}} \\
E_q' = u_{q\mathrm{s}} - x_\mathrm{s}' i_{d\mathrm{s}}
\end{cases}
\tag{5.33}
$$

式中，T_0' 为暂态时间常数；ω_e 为电网速度；i_s 为定子电流；u_r 为转子电压；i_{ds}、i_{qs} 分别为定子电流的有功分量和无功分量；$u_{d\mathrm{r}}$、$u_{q\mathrm{r}}$ 分别为转子电压的有功分量和无功分量；u_{ds}、u_{qs} 分别为机端电压的有功分量和无功分量。

2. 风力发电集群的 K-means 聚类过程

1) 风机聚类指标

当风电集群的风速发生变化时，风电机组的控制系统发出变桨距指令，通过变桨距系统改变风轮叶片桨距角，最大限度捕获风能，控制输出功率。

当风力发电机组系统侧发生短路故障，发电机端电压的变化将引起电磁转矩的变化。在不平衡转矩作用下，发电机的转速增加，导致发电机等值阻抗减小，功率因数也会下降，因此异步发电机转差率可以表征风电机组的运行特性[26]。

考虑到故障期间风电机组的运行特性和异步发电机转差率有关，风电集群不同区域的风速发生变化影响控制系统。故选用风速、输出功率、转差率作为分群的指标。

2) 风力发电集群的 K-means 聚类算法

传统 K-means 聚类方法是通过迭代计算把数据对象划分到不同的群中，同群内对象的相似度较高，而不同群间对象相似度较小。该算法需事先确定 k 个聚类个数和初始聚类中心，初始参数选择的好坏，将直接影响聚类结果的准确性。特别是对于 k 个初始聚类中心的选择，传统上采用随机选取方式，极易导致算法陷入局部最优。因此，针对传统 K-means 算法存在的不足，在选择初始聚类中心上，本书采用了以下的改进方法。

采用欧式距离作为变量之间的聚类目标函数，为了防止某些大值属性左右样本间的距离，先对样本数据进行处理，即减去均值，除以标准差。

先计算 n 个样本 $X_{1,}X_2,\cdots,X_n$ 两两之间的欧氏距离，计第 i 个样本为 $X=[x_{i1},x_{i2},\cdots,x_{iq}]$，则第 i 个样本和第 j 个样本之间的欧氏距离为

$$
d_{\mathrm{o}ij} = \left[\sum_{k=1}^{q}(X_{ik} - X_{jk})^2\right]^{1/2} \tag{5.34}
$$

再筛去 m 个与其他样本之间欧氏距离和最大的样本，然后从剩下的数据集合中选出两个欧氏距离最大的点作为两个不同群的聚类中心，接着从其余样本中找出已经选出来的所有聚类中心的距离和最大的点为另一个聚类中心，每一个聚类中心点表示对应的群中聚类指标的平均特征，直到选出 k 个聚类中心。这样得到的初始聚类中心不受样本的输入顺序影响。

在改进的 K-means 算法聚类过程中，设 $X_1,X_2,X_3,\cdots,X_n$ 为 n 个样本，$z_1,z_2,z_3,\cdots,z_k$ 为 k 个群的中心点集，簇间距离为所有群的中心距离之和 D，即

$$D=\sum_{1\leqslant j\leqslant i\leqslant k} d(z_j,z_i) \tag{5.35}$$

设定簇间距离的加权平均值为类簇指标，类簇指标对 k 的取值十分敏感，当假设的分群数目等于或者高于真实的分群数目时，该指标会缓慢下降，而少于真实数目的分群时，该指标会急剧下降。

为评价聚类效果的好坏，结合群内距离和群间距离两种因素，引入轮廓系数 $S(i)$

$$S(i)=\begin{cases} 1-\dfrac{a(i)}{b(i)}, & a(i)<b(i) \\ 0, & a(i)=b(i) \\ \dfrac{b(i)}{a(i)}-1, & a(i)>b(i) \end{cases} \tag{5.36}$$

式中，$a(i)$ 为第 i 个样本到所有它属于的群中其他点的距离；$b(i)$ 为第 i 个样本到所有非本身所在群的点的平均距离。

由式(5.36)可见，轮廓系数 $S(i)$ 的值介于[−1,1]：越趋近 1 代表内聚度和分离度都相对较优，聚类效果越好，反之亦然。

3) 风力发电集群 K-menas 聚类算法流程图

由于 K-means 算法具有一定的随机性，所以针对每个 k 值，重复执行多次，并计算轮廓系数 $S(i)$，取平均值作为最终评价标准。基于 K-means 算法的风机分群聚类步骤如下。

(1) 收集风电集群参数，将风速、输出功率和转差率作为样本数据进行标准化处理。

(2) 计算样本间欧氏距离及类簇指标。

(3) 筛掉距离最大的对象，从剩余样本中选取 k 个初始聚类中心点。

(4) 根据样本与聚类中心的相似度，分别将样本分配给与其距离最相近的群，迭代计算。

(5) 重复步骤(3)和(4)，直至所有样本都不能分配，目标函数小于算法允许误差 ε 并不再变化为止。

(6) 计算轮廓系数，若轮廓系数 $S(i)$ 不能满足条件，重新选取 k 个初始聚类中心点，直到 $S(i)$ 满足条件。若所有样本轮廓系数 P_1 都不满足条件，根据类簇指标，重新对 k 取值。

3. 风机参数聚合与网络等值

在上述聚类过程之后，需要将同组中风机的参数进行聚合并将配网进行简化等值。

1) 发电机参数

$$\begin{cases} S_{\text{WTeq}} = mS_{\text{WT}i}, \quad P_{\text{WTeq}} = \sum_{i=1}^{m} P_{\text{WT}i}, \quad x_{\text{m-eq}} = \dfrac{x_{\text{m}}}{m} \\ x_{\text{1-eq}} = \dfrac{x_1}{m}, \quad x_{\text{2-eq}} = \dfrac{x_2}{m}, \quad r_{\text{1-eq}} = \dfrac{r_1}{m}, \quad r_{\text{2-eq}} = \dfrac{r_2}{m} \end{cases} \tag{5.37}$$

式中，m 为等值前同群的风机台数；S_{WTeq} 和 P_{WTeq} 分别为等值风机的容量和有功功率；$S_{\text{WT}i}$ 和 $P_{\text{WT}i}$ 分别为第 i 台风机的容量和有功功率；$x_{\text{m-eq}}$ 为等值发电机励磁电抗；$x_{\text{1-eq}}$ 和 $x_{\text{2-eq}}$ 分别为等值定子电抗和等值转子电抗；x_1 和 x_2 分别为定子电抗和转子电抗；$r_{\text{1-eq}}$ 和 $r_{\text{2-eq}}$ 分别为等值定子电阻和等值转子电阻；r_1 和 r_2 分别为定子电阻和转子电阻。

2) 轴系参数

$$H_{\text{g-eq}} = \sum_{i=1}^{m} H_{\text{g}}, \quad H_{\text{t-eq}} = \sum_{i=1}^{m} H_{\text{t}}, \quad K_{\text{eq}} = \sum_{i=1}^{m} K_i, \quad D_{\text{eq}} = \sum_{i=1}^{m} D_i \tag{5.38}$$

式中，$H_{\text{g-eq}}$ 和 $H_{\text{t-eq}}$ 分别为等值发电机和等值风力机的惯性时间常数；H_{g} 和 H_{t} 分别为发电机和风力机的惯性时间常数；K_{eq} 和 D_{eq} 分别为第 i 台等值轴系刚度系数和等值轴系阻尼系数；K_i 和 D_i 分别为第 i 台轴系刚度系数和轴系阻尼系数。

3) 电容器和变压器参数

$$C_{\text{eq}} = \sum_{i=1}^{m} C_{\text{N}i}, \quad S_{\text{T-eq}} = mS_{\text{T}}, \quad Z_{\text{T-eq}} = \frac{Z_{\text{T}}}{m} \tag{5.39}$$

式中，C_{eq} 为第 i 台等值机端补偿电容；$C_{\text{N}i}$ 为第 i 台机端补偿电容；$S_{\text{T-eq}}$ 为等值机端变压器容量；S_{T} 为机端变压器容量；$Z_{\text{T-eq}}$ 为等值机端变压器阻抗；Z_{T} 为机端变压器阻抗。

4) 集电系统参数

根据等值损耗功率法，等效风电机组接入点电压等于等效前同群中所有风电

机组接入点电压的加权平均值，其权重为风电机组的输出功率，可得到等值电缆的阻抗为

$$Z_{\mathrm{eq}} = \frac{\sum_{i=1}^{m}(P_{zi}^2 Z_{1i})}{P_{Zs}^2} \tag{5.40}$$

式中，Z_{1i} 为第 i 台机组的线路阻抗；P_{zi} 为流过阻抗 Z_{1i} 的总功率；P_{Zs} 为流过等值阻抗 Z_{eq} 的总功率。

4. 算例分析

1) 算例介绍

通过 MATLAB/Simulink 仿真平台，搭建由 30 台额定功率为 1.5MW 的双馈风力发电机组成的详细模型如图 5.16 所示。场内每 6 台变压器由架空线路连接，输送至 35kV/220kV 变电站并输送至外部电网。

2) 动态聚类结果分析

使用 K-means 算法，分别对风速、输出功率和转差率 3 个状态变量所形成的矩阵标准化处理。在 K-means 算法聚类过程中，设定群间距离的加权平均值为类簇指标，类簇指标对 k 的取值十分敏感，当假设的分群数目等于或者高于真实的分群数目时，该指标会缓慢下降，而少于真实数目的分群时，该指标会急剧下降。图 5.17 是 k 从 2 到 6 时类簇指标的变化曲线，从图 5.17 可见，当 k 取值 5 时，类簇指标的变化趋势最明显，故 k 的最佳取值为 5。

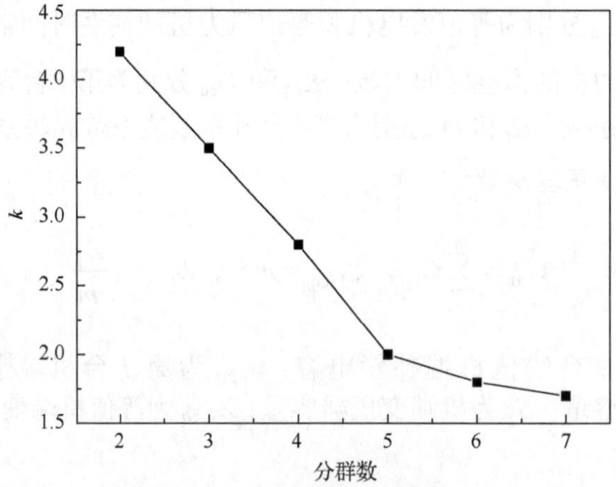

图 5.17　类簇指标变化曲线

此时系统的平均轮廓值如图 5.18 所示，随着迭代次数的增加，轮廓值趋近 1

说明聚类效果越好，因此，也进一步验证了本例取 5 个分群时效果最佳。根据风机分群的 3 个指标，对应的三维图如图 5.19 所示，此时风机的分群结果如表 5.8 所示。

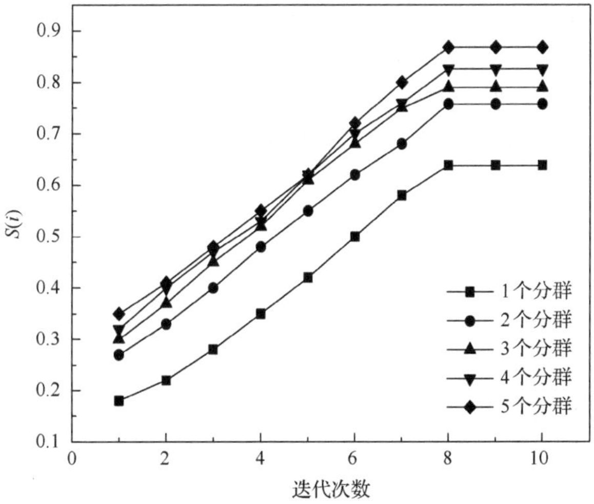

图 5.18　轮廓值的变化曲线

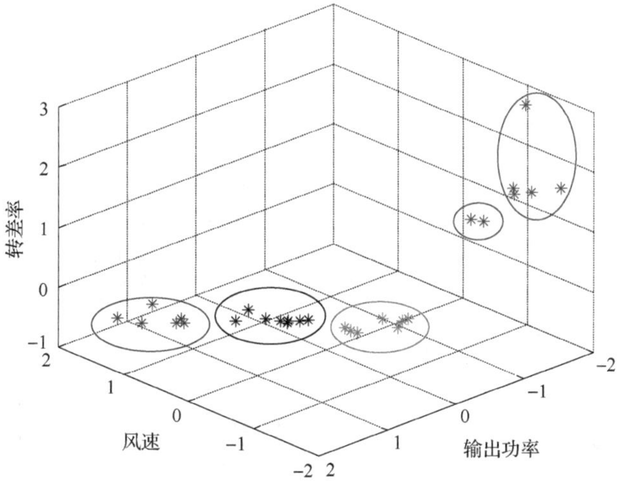

图 5.19　聚类结果分布图

表 5.8　风电机组聚类结果

聚类结果	风机编号	聚类中心	轮廓值
1	3, 7, 13, 24, 27	(−1.4749, −1.5688, 1.9264)	0.6381
2	2, 6, 12, 18, 21, 25, 29, 30	(−1.0716, −1.1886, 1.1328)	0.7585
3	4, 5, 9, 11, 15, 17, 23, 26	(−0.4082, −0.3009, −0.504)	0.7903
4	19, 22	(0.3863, 10.3563, −0.5852)	0.8264
5	1, 8, 10, 14, 16, 20, 28	(1.2240, 1.1801, −0.5340)	0.8681

3) 多机等值模型的比较分析

为比较详细模型、单机等值模型、多机等值模型的效果，本书在风速变化、系统侧故障的两种情况下进行了对比分析。

(1) 风速发生变化时的对比分析。设置风速在仿真时间 3～4s 期间，以 2m/s 的速度持续下降后不再发生变化。图 5.20 给出了此时单机等值模型，多机等值模型和详细模型在风电集群并网点的有功功率 P_{WT}、无功功率 Q_{WT} 变化曲线。

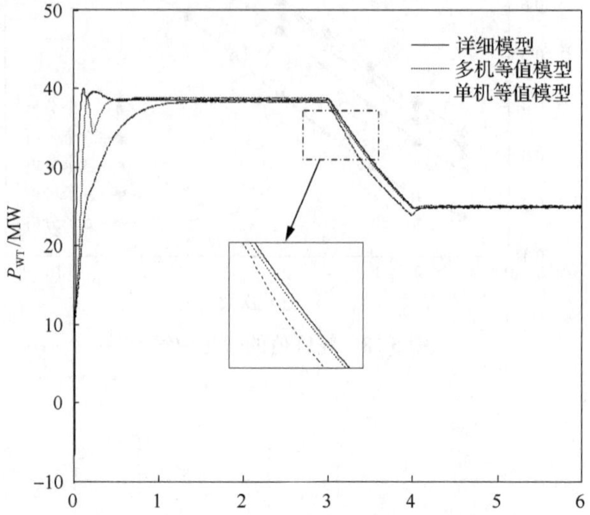

(a) 有功功率

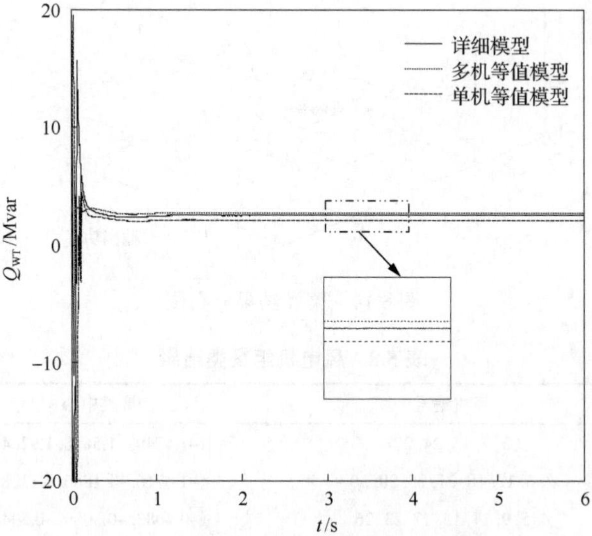

(b) 无功功率

图 5.20　风速变化时输出功率曲线

(2) 系统侧故障时的对比分析。设置风电集群出口处在 2s 时发生三相短路故障，0.1s 后故障切除。图 5.21 给出了此时单机等值模型，多机等值模型和详细模型在风电集群并网点的有功、无功功率变化曲线。

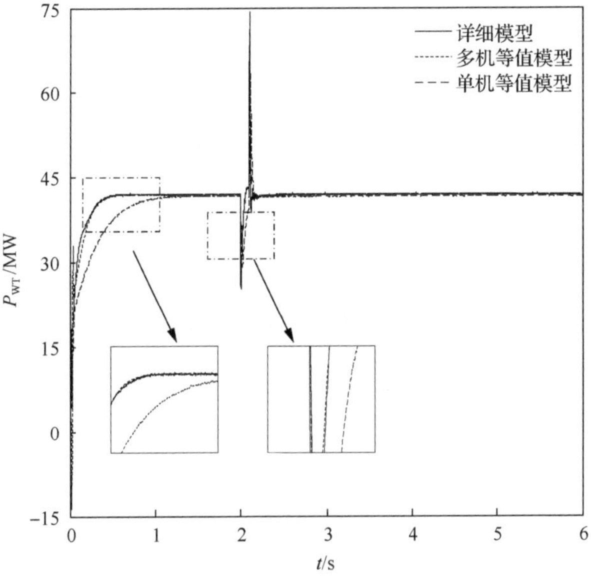

(a) 有功功率

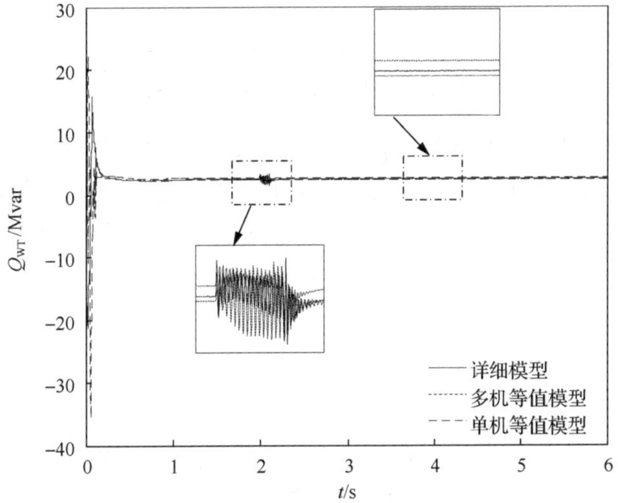

(b) 无功功率

图 5.21　系统侧故障时无功功率变化曲线

由图 5.20、图 5.21 可以看出，相比于传统单机模型，本书中根据聚类分群结果建立的多机等值模型的功率出力曲线与详细模型相似度更高，误差更小。因此该多机等值模型更能准确地描述双馈机组风电集群的实际情况，说明本方法适用于风电集群的等值建模。

5.2.3 储能集群动态模型及等值

1. 蓄电池储能集群动态模型

蓄电池模型通常可以分为实验模型、电化学模型和等效电路模型 3 种。其中，等效电路模型适用于动态特性仿真，本节主要详细介绍蓄电池的几种典型的等效电路模型。

(1) Thevenin 模型。蓄电池的 Thevenin 等效电路模型比简单等效电路模型更能准确地捕捉蓄电池的动态特性，是目前较为常用的蓄电池等效电路模型，常用于微电网的动态和暂态仿真中。电路结构如图 5.22 所示，由一个理想电压源 E_b、内阻 R_b、电容 C 和过压电阻 R 串并联组成。

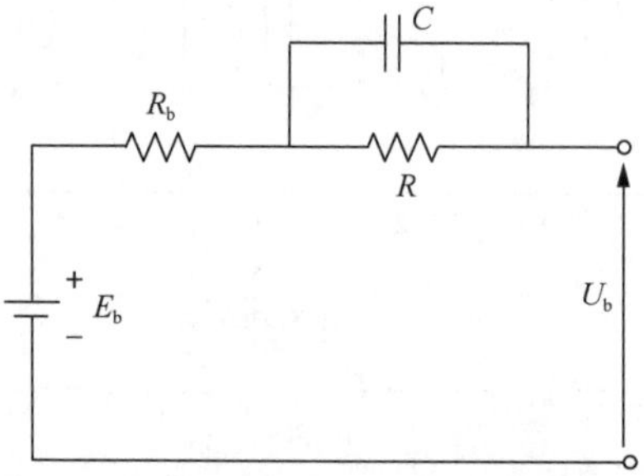

图 5.22　Thevenin 等效电路模型

(2) 蓄电池的四阶动态模型。蓄电池的四阶动态模型包括主分支和辅分支两个分支电路，如图 5.23 所示。其中，主分支电路用于模拟蓄电池内部的欧姆效应 (R_d)、能量散发 (R_w) 和电极反应 (R_p) 等现象；辅分支电路用于模拟电池的水解反应和自放电现象。

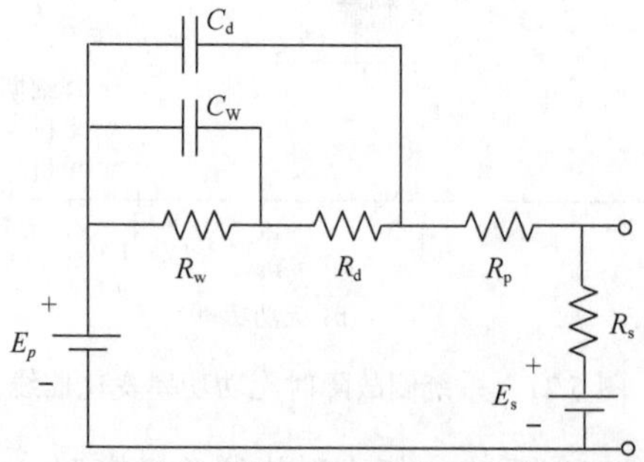

图 5.23　蓄电池的四阶动态等效电路模型

四阶动态等效模型把蓄电池等效为一个以电流为输入量，以电压为输出量的动力学系统。该模型考虑的因素较多，准确性较高，但是由于蓄电池模型的阶数较高，计算比较困难，仿真时所需的时间很长，所以其应用范围也具有一定的局限性。

2. 储能集群的层次聚类过程

相比于 K-means 算法层次聚类算法的优点在于不需要选初始聚类中心，也不需要事先定义聚类个数，在选择了合适的聚类距离后，可以直接得到任意数目计算迅速且能保证精度。由于模型较动态复杂，仿真步长短、时间长，所以选取层次聚类作为聚类方法十分必要。

1) 聚类距离选取

层次聚类过程中使用同表象相关系数来评价基于上述距离聚类的好坏，其值越大，表示效果越好。因此，选取同表象相关系数最大的某种距离法作为聚类时的距离准则，其计算如下：

$$c_{\mathrm{c}}=\frac{\sum_{i<j}(Y_{ij}-y)(Z_{ij}-z)}{\sqrt{\sum_{i<j}(Y_{ij}-y)^2\sum_{i<j}(Z_{ij}-z)^2}} \tag{5.41}$$

式中，Y_{ij} 为 Y 类中元素 i 和 j 之间的距离；Z_{ij} 为各类间的距离；y 为 Y 中类间距离的平均值；z 为 Z 中元素距离的平均值；c_{c} 为同表象相关系数。

2) 聚类个数选取

不一致系数用来计算每一个新聚类中的不一致程度，其值越大说明本次聚类的效果越差，取上次聚类结果，其计算如下：

$$Y(k,4)=[Z(k,3)-Y(k,1)]/Y(k,2) \tag{5.42}$$

式中，k 为第 k 次聚类；$Y(k,1)$ 为各类间距离的平均值；$Y(k,2)$ 为各类间距离的标准差；$Z(k,3)$ 为各类间的距离；$Y(k,4)$ 为第 k 次聚类的不一致系数。

记 m 为 $Y(k,4)$ 最小时对应的分群数，若不一致系数最小时对应的聚类个数有多个，选取聚类个数最少的 m，则最优聚类个数为 $k_b=m+1$。

3. 储能参数聚合

储能模型主体为蓄电池，输出功率的变化直接反映了储能的外特性，因此选取故障期间有功功率响应特性作为聚类指标，通过上述中的层次聚类分析，完成储能动态等值建模，相似度矩阵为

$$\boldsymbol{d}_{ij}=\lg\left[\sum_{m=n_1}^{n_2}\left(1+\sqrt{\left|P_{im}^2-P_{jm}^2\right|}\right)\right] \tag{5.43}$$

式中，P_{im}、P_{jm} 分别为第 i、j 台储能的第 m 个有功功率采样点；n_1 为第 n_1 个采样点，对应故障开始时；n_2 为第 n_2 个采样点，对应故障恢复结束时；$\boldsymbol{d}_{ij}$ 为第 i、j 台储能间的相似度。

4. 算例分析

1) 算例介绍

在 MATLABA/Simulink 上搭建了储能的详细模型，9 台储能接入 380V 馈线，再通过 380V/10.5kV 变压器接入变电站或电网。同一条馈线储能间线路长度为 10m，线路单位阻抗为 0.1153+j0.3958Ω，连接方式如图 5.24 所示。储能的额定容量为 8Ah，其他参数为默认值。

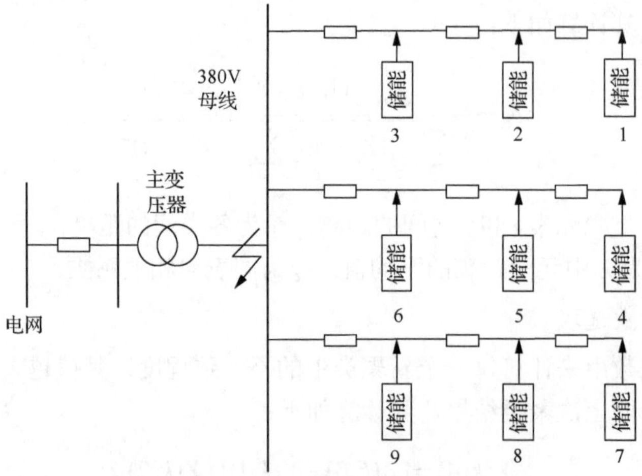

图 5.24　储能集群系统单线图

2) 聚类过程及聚类结果

根据分群指标形成相似度矩阵，设置 5.7～5.9s 时在 380V 母线处发生三相短路故障，仿真步长为 1ms，根据 5.2.3 中方法构造相似度矩阵，对相似度矩阵进行层次聚类分析，由同表象相关系数可知，离差平方和法为最短距离聚类法，其树状图如图 5.25 所示。

聚类过程的不一致系数 Y 变化过程如图 5.26 所示，由图可知，聚类数为 3 时 Y 值最大，因此最佳聚类个数为 4。

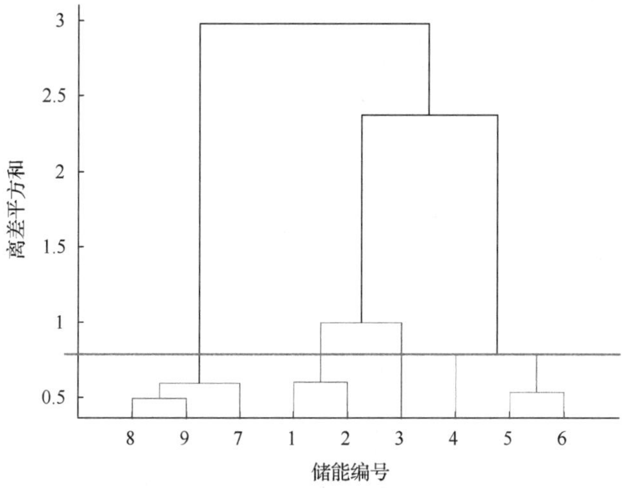

图 5.25　最短距离法下的聚类过程

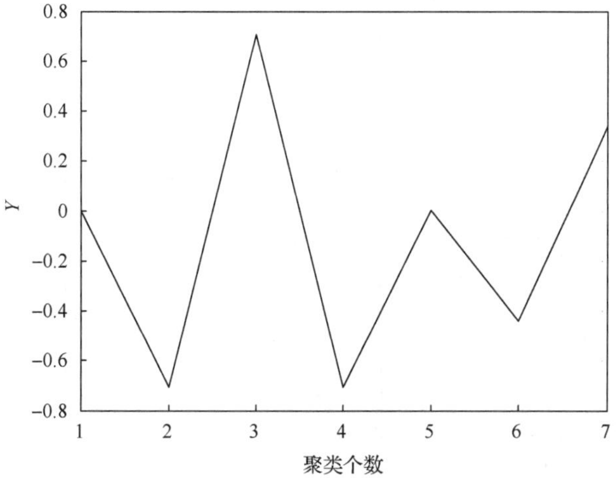

图 5.26　储能不一致系数变化图

当分群数为 4 时，聚类结果如表 5.9 所示。

表 5.9　储能动态聚类结果

集群编号	储能编号
1	7,8,9
2	1,2
3	3
4	4,5,6

3) 等值效果验证

为验证多机等值模型的效果，将其与详细模型进行比较，本书在 PCC 点 5.7～5.9s 时设置三相短路故障分析等值效果，仿真步长为 1ms，等值前后 PCC 点有功功率 P_{ESSD}、无功功率 Q_{ESSD} 对比如图 5.27、图 5.28 所示。

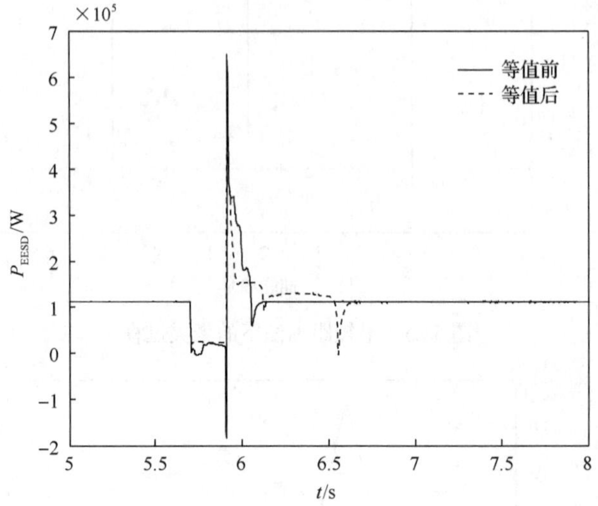

图 5.27　储能动态等值有功功率对比

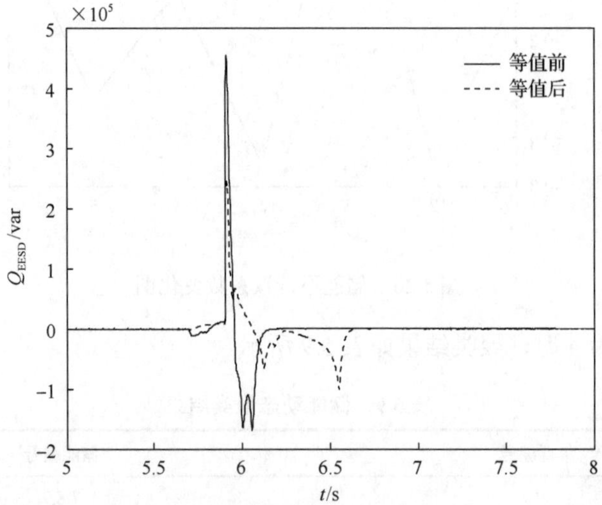

图 5.28　储能动态等值无功功率对比

在稳态后设置三相短路故障，计算 5.7～6.6s 的有功无功误差，如表 5.10 所示。

表 5.10　储能动态等值误差指标

评价指标	有功功率误差/%	无功功率误差/%
多机模型	1.48	1.89

5.3　分布式发电集群并网关键设备硬件在环测试平台

分布式发电集群系统的硬件在环实时仿真即数模混合仿真将被研究的电力系统分成两个部分：数字子系统用数字仿真来模拟；物理子系统用实际物理元件，或动模试验设备模拟。混合仿真要求数字与物理两个子系统之间进行动态交互，但两部分的数据类型不同：数字子系统在计算机(或其他计算设备)中进行数字计算，是弱电系统，其输入和输出是数字信号；而物理子系统由电力系统局部系统或设备等组成，是强电系统，在接口上交换的是真实的电功率。因此，两个子系统之间须增加混合仿真的接口模块，实现两侧不同类型数据之间的转换。混合仿真系统在逻辑上由数字子系统、物理子系统和接口 3 部分组成，如图 5.29 所示。

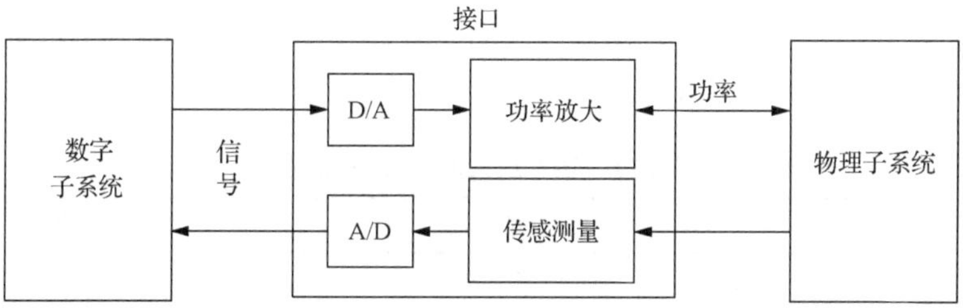

图 5.29　数模混合仿真的基本结构图

数模混合仿真接口分为两个通道，一个是从数字子系统到物理子系统的放大通道，将数字仿真得到的数字量转变为物理模型能够接受的模拟量，并放大到相应的功率；另一个则是从物理子系统到数字子系统的采样反馈通道，将物理模型实际运行的模拟量参数通过采样，转化为与数字仿真匹配的数字量，反馈到数字子系统。数模混合仿真系统主要由 3 部分组成：仿真数字子系统的全数字实时仿真器、作为数模混合仿真接口的功率放大器和作为实际装置的物理子系统。

5.3.1　实时仿真器

数模混合仿真与实际物理装置相连，其仿真属于实时仿真，要求数字子系统仿真能够可以实时模拟电力系统，须采用电力系统实时仿真器。本书采用 eMEGAsim 仿真器作为实时仿真器。eMEGAsim 是由加拿大魁北克水电研究院开发的实时仿真器，它是基于商业服务器，成本较低，便于扩展；在软件方面，与MATLAB/Simulink完全集成，采用模块式建模，减少了大量繁琐复杂的编程，简单易用，适用范围广泛，既可以利用 MATLAB 中的模块仿真大量非电力系统的实际物理模型，也可以利用专用模块库。再者，采用分布式并行处理思路，基于Intel CoreTM 2 Quad多核处理器和FPGA技术，实现大型电网的多速率实时仿真，能在微秒级的小步长实时运行，从而精确模拟目前电力系统中的各种电磁暂态过程。因此，eMEGAsim仿真器适用于大规模复杂电力网络实时仿真，对于含有大量电力电子器件的新能源和新装置具有较强的适用性，如风电机组、光伏发电、储能、FACTS装置和直流电网等。

5.3.2 功率放大器

功率放大器作为数字部分与物理部分之间的桥梁，其将数字部分的表征系统实际运行工况状态的数字信号放大，为物理系统接入提供类似于实际运行的环境；同时，将物理装置的实际运行状态，通过电气量(电压、电流等)采集馈入数字部分的电力系统中，形成闭环。因此，功率放大器性能指标对数模混合仿真准确性和可信度至关重要。按电源特性不同，功率放大器分为开关电源型放大器和线性电源型功率放大器，其性能对比如表5.11所示。本书采用法国Puissance公司开发的21kVA线性功率放大器。

表5.11 功率放大器性能指标对比

性能参数	开关电源	线性电源
响应时间	1～20ms	0.1ms
噪声	信噪比＜55dB	信噪比＜80dB
电磁污染	有	无
温度灵敏度	一般	较强
功率容量	较低	较高
价格	中	较高

5.3.3 物理子系统

物理子系统可以是某类设备的控制器，也可以是实际的整套设备(如电力系统一二次设备)，甚至是一定规模的模拟电网。一般将需要测试的新装置或难以采用数学模型准确表达的现有模型，作为实际物理装置，以进一步接近实际运行环境，验证模型的准确性，提高仿真结果的准确性和可信度。本书主要的动模装置为储能变流器、逆控一体机、光储一体机等。

5.3.4 数模混合仿真模拟比

基于实验室的实验条件，建立了电力系统数模混合仿真实验平台，其中电力系统模型运行于 eMEGAsim 实时仿真器，储能等系统作为实际动模装置，线性功率放大器作为数模混合仿真的物理接口。为保证数模混合仿真实验的真实性和准确性，须按照实际装置容量及电网电压等级等因素设置数模混合仿真数字接口算法，即模拟比，以储能系统为例，计算电压、储能充放电电流和馈入电流模拟比。

1) 电压模拟比

储能动模系统与数模系统通过功率放大器实现连接，功率放大器的电压变比为固定值 56.6。动模装置接入电力系统的母线相电压为 U_{in}，基准值为 U_{r}；线性功率放大器运行实际运行相电压为 U_{a}，基准值为 220V，基于电压标幺值等效原理

$$U_{\text{r}} * k_{\text{u}} * 56.6 = 220 \tag{5.44}$$

电压模拟比 k_{u} 为

$$k_{\text{u}} = 220 / (U_{\text{r}} * 56.6) \tag{5.45}$$

2) 储能充放电电流模拟比

储能动模装置在充放电时基准电压不同，当储能充电时，以直流侧电压 U_{DC} 为基准；当储能放电时，以交流侧电压 U_{a} 为基准；这就使得数字系统向动模装置下发充放电电流指令时涉及两个电流模拟比。

储能动模装置总的最大输出功率为 2.5kW，假设系统需要储能输出的最大功率为 2.5MW，则功率放大倍数为 1000 倍，设定功率放大倍数 $k_{\text{P}} = 1000$。

当要求储能充电时，储能充电功率为 P_{c}，则充电电流指令 i_{c} 为

$$i_{\text{c}} = P_{\text{c}} / (k_{\text{p}} * U_{\text{DC}}) \tag{5.46}$$

充电电流模拟比 k_{c} 为

$$k_{\text{c}} = 1 / (k_{\text{p}} * U_{\text{DC}}) \tag{5.47}$$

当要求储能放电时，储能放电功率为 P_{d}，则放电电流指令 i_{d} 为

$$i_{\text{d}} = P_{\text{d}} / (k_{\text{p}} * U_{\text{a}} * 3) \tag{5.48}$$

放电电流模拟比 k_{d} 为

$$k_{\mathrm{d}} = 1/(3*k_{\mathrm{p}}*U_{\mathrm{a}}) \tag{5.49}$$

3）馈入电流模拟比

电流传感器采样变比 k_{s} 为 1000∶1，采样电阻为 200Ω。通过传感器馈入数字仿真器的电流采样信号为

$$i_{\mathrm{in}} = \frac{i_{\mathrm{ain}}}{1000}*200 \tag{5.50}$$

式中，i_{in} 为馈入电流信号；i_{ain} 为实际电流信号。

基于功率等效原理

$$P = 3*U_{\mathrm{in}}*i_{\mathrm{in}}*k_{\mathrm{in}} = 3*U_{\mathrm{a}}*i_{\mathrm{a}}*k_{\mathrm{p}} \tag{5.51}$$

馈入电流模拟比 k_{in} 为

$$k_{\mathrm{in}} = \frac{5*10^3*U_{\mathrm{a}}}{U_{\mathrm{in}}} \tag{5.52}$$

5.4　分布式发电集群并网关键设备硬件在环测试案例

5.4.1　风储联合调频数模混合仿真

建立含风电场和储能的电力系统数模混合仿真平台，如图 5.30 所示，电力系统采用美国西部电网 WECC9 系统；风电场接入 Bus1，由 40 台 GE1.5MWDFIG 组成，额定功率为 60MW；储能系统（包括储能电池和变流器）作为实际动模装置，最大充放电功率为 2.5kW，模拟风电场配置的 2.5MW 储能电站。

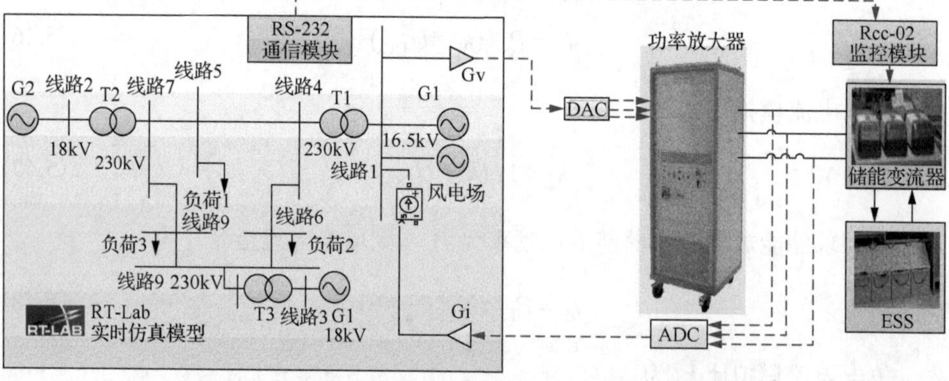

图 5.30　含风电场和储能的电力系统数模混合仿真平台

含风电场和储能的电力系统实时仿真模型，由风电场和电力系统模型、数模接口电压输入和储能电流馈入、储能功率串口通信和仿真状态实时监测 4 部分组成，其中风电场和电力系统模型包括风电场模型、电力系统模型、储能参与风电调频协调控制方法和数模混合仿真数字接口算法(模拟比)。采用规则和模糊控制两种风储协调控制进行分析，具体原理如下。

1. 基于规则的风储协调控制方法

根据风储联合调频系统不同调频方式的技术经济特性，提出基于规则的风储协调控制方法，如图 5.31 所示。图中，PLL 为锁相环；$k_{\rm df}$为惯性响应控制器参数；$k_{\rm pf}$为一次调频控制器参数；f_m 为锁相频率；f_r 为采集频率；$\Delta f = f_m - f_r$ 为频率偏差；$P_f = -k_{\rm df}\dfrac{{\rm d}\Delta f}{{\rm d}t} - k_{\rm pf}\Delta f$ 为风电场须提供的调频功率；ΔT_e^* 为转子惯量；ω_r 为角速度；β^* 为桨距角；P_{m0} 为风电场正常运行时的发电功率；P_{m1} 为风电场调频时的发电功率；$\Delta P_{wt} = P_{m1} - P_{m0}$ 为功率偏差；$P_{\rm be} = P_f - \Delta P_{wt}$ 储能参与风电场频率调节时须提供的功率。

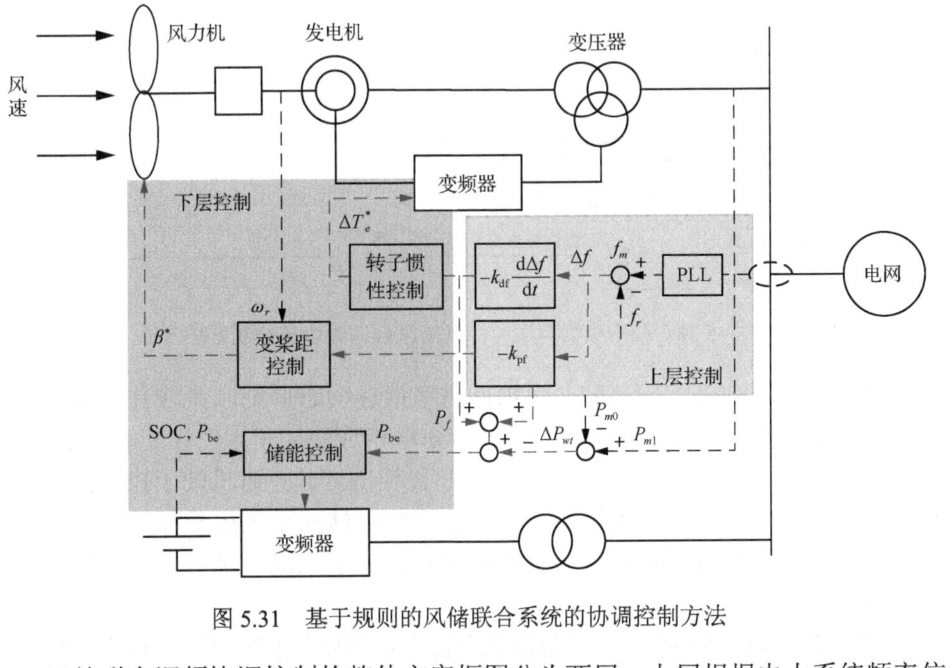

图 5.31　基于规则的风储联合系统的协调控制方法

风储联合调频协调控制的整体方案框图分为两层，上层根据电力系统频率信息、电力系统等效惯性常数和下垂系数，确定风储联合调频系统需要提供的惯性响应和一次调频功率，以使风储联合系统提供类似于传统发电机组的频率调节能力；下层控制分为 3 部分：惯性响应由转子惯性控制提供，一次调频控制由变桨控制提供，储能系统用于弥补风电机组频率调节的不足。

2. 基于模糊控制的风储协调控制方法

风储联合调频协调控制方法的上层根据系统频率变化动态，基于模糊自适应控制实时调节风储联合系统的辅助调频控制器惯性响应参数和一次调频参数，以利用风电机组和储能系统快速响应和柔性控制特性，改善风电高渗透下电力系统频率特性，下层控制利用储能与风电机组控制的互补特性，使风电场在全风况下具备惯性响应和一次频率调节能力，如图 5.32 所示。

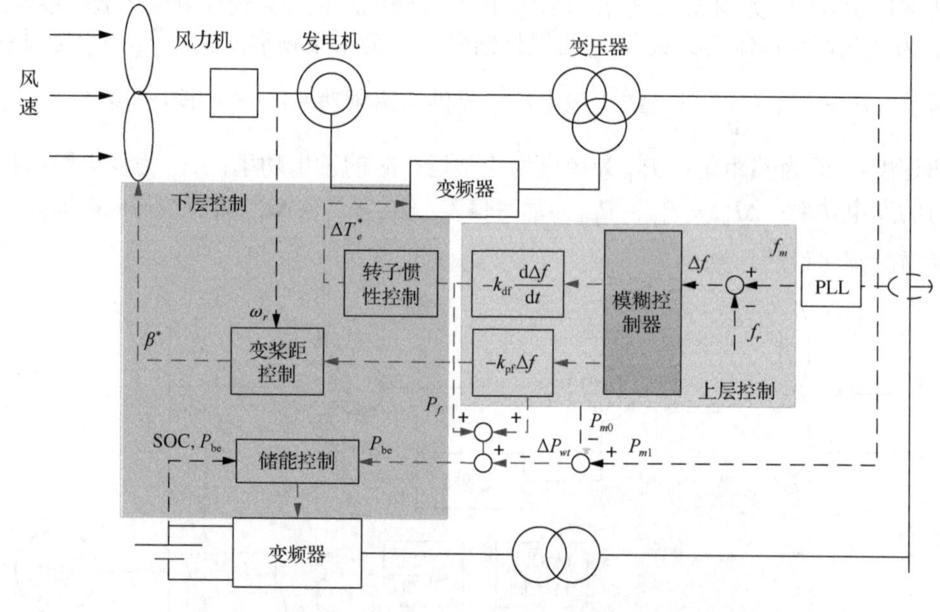

图 5.32　基于模糊自适应的风储联合调频协调控制方法

风储联合调频协调控制的上层根据频率信息动态调整风储联合系统的辅助调频控制器参数 k_{df} 和 k_{pf}，以利用风储联合系统响应快速和柔性控制的技术特性，降低系统频率变化；下层控制主要包括 3 种控制方式，风机转子控制提供风电场需要的惯性响应，变桨距控制提供一次调频，储能系统用于弥补风电调频的不足，以较少的储能容量配置，实现风储系统在全风况下风电场的短时频率响应需求。

储能参与风电场频率调节的数模混合仿真结构如图 5.33 所示，电力系统仿真典型数据如表 5.12 所示。为验证全数字实时仿真中储能系统数学模型和风储协调控制方法的实用性，进行数模混合实验，并与全数字仿真结果进行对比。

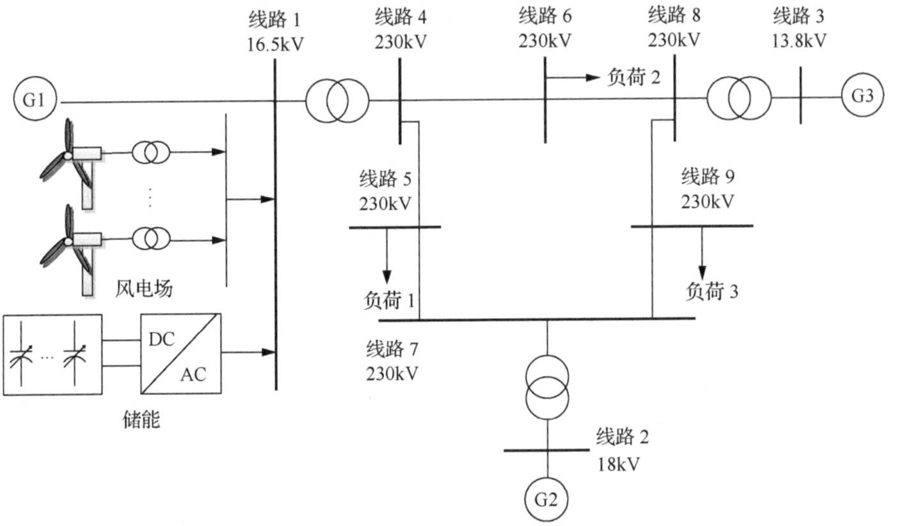

图 5.33 含风电场和储能的电力系统数模混合仿真结构图

表 5.12 电力系统仿真典型数据

风速/(m/s)	风电/MW	G1/MW	G2/MW	G3/MW	负荷 1/MW	负荷 2/MW	负荷 3/MW
10	29.85	47	160	80	118	90	100

案例 1：基于规则的风储协调控制方法，t=5s 负荷突增 12MW 时，风电场和储能的频率响应如图 5.34。

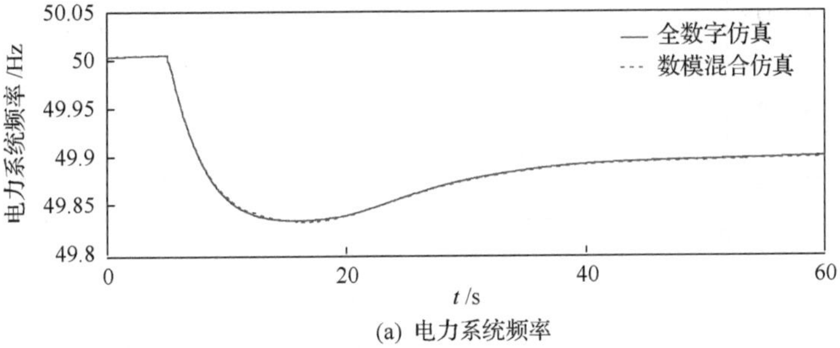

(a) 电力系统频率

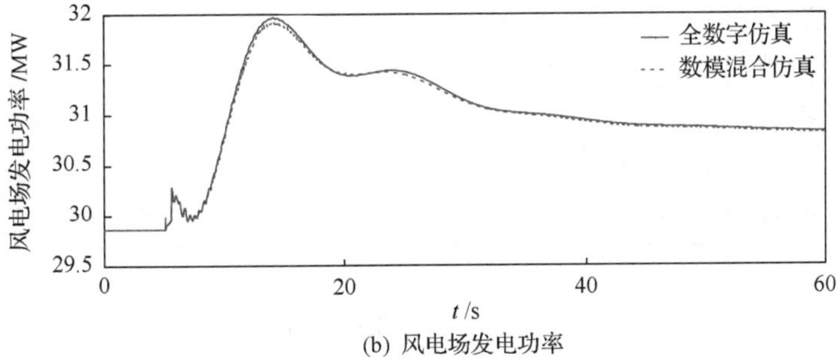

(b) 风电场发电功率

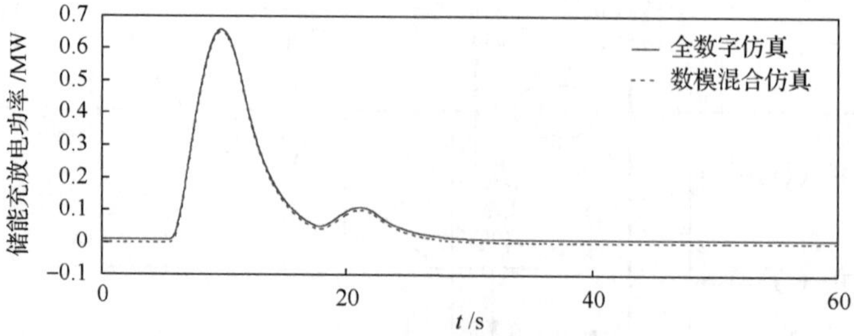

(c) 储能充放电功率

图 5.34　负荷突增，风电场和储能的频率响应

案例 2：基于规则的风储协调控制方法，在 t=5s 负荷突降 12MW 时，风电场和储能的频率响应如图 5.35。

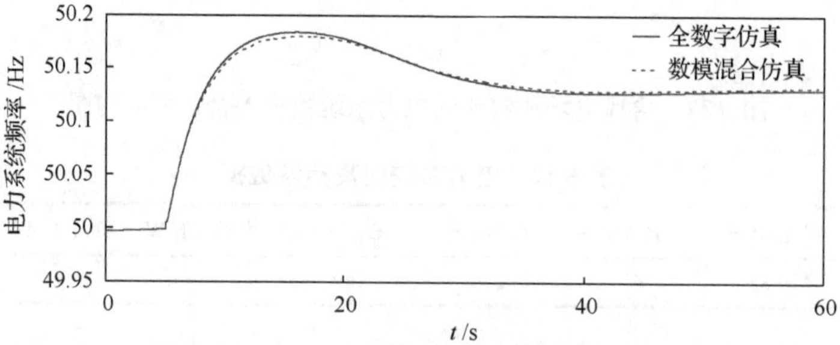

(a) 电力系统频率

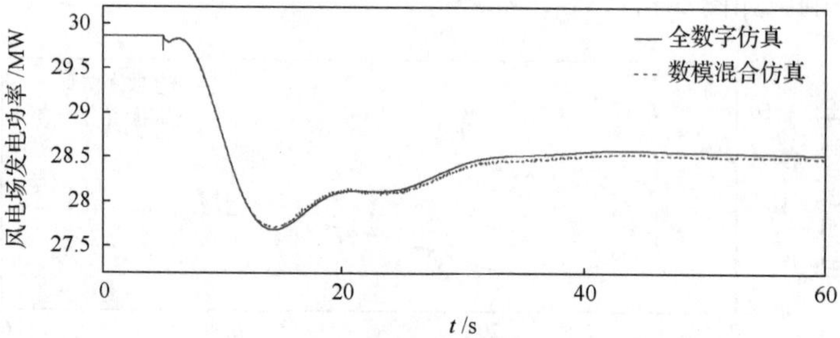

(b) 风电场发电功率

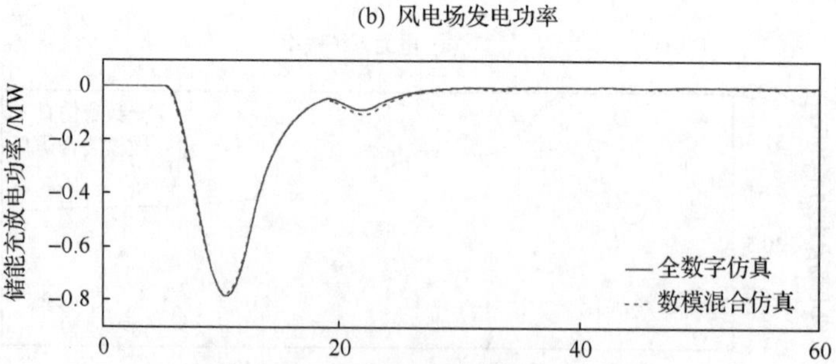

(c) 储能充放电功率

图 5.35　负荷突降，风电场和储能的频率响应

案例 3：基于模糊控制的风储协调控制方法，在 t=5s 负荷突增 12MW 时，风电场和储能的频率响应如图 5.36。

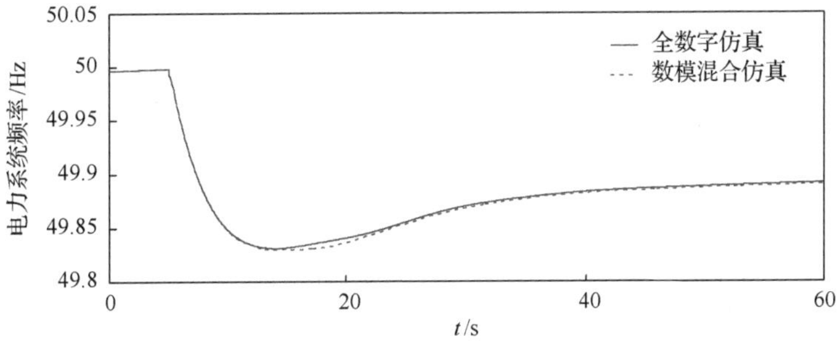

(a) 电力系统频率

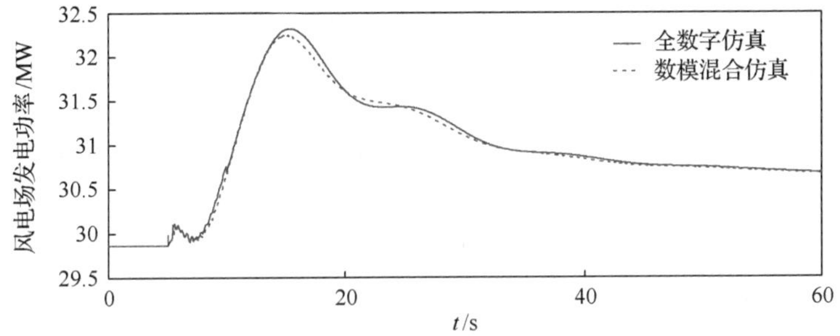

(b) 风电场发电功率

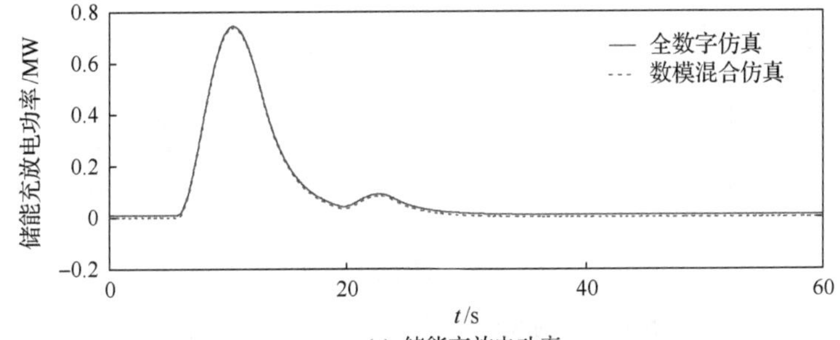

(c) 储能充放电功率

图 5.36　负荷突增，风电场和储能的频率响应

案例 4：基于模糊控制的风储协调控制方法，在 t=5s 负荷突降 12MW 时，风电场和储能的频率响应如图 5.37。

由图 5.34～图 5.37 可知：①在负荷突增/突降引起系统频率降低/升高时，数模混合仿真实验与全数字仿真对比，在系统频率、风电场发电功率和储能充放电功率基本相同，表明建立的储能系统数学模型可以准确地模拟实际物理装置的充放电动态特性，模型的准确性和可信度高；②由于串口通信造成的延迟、储能变

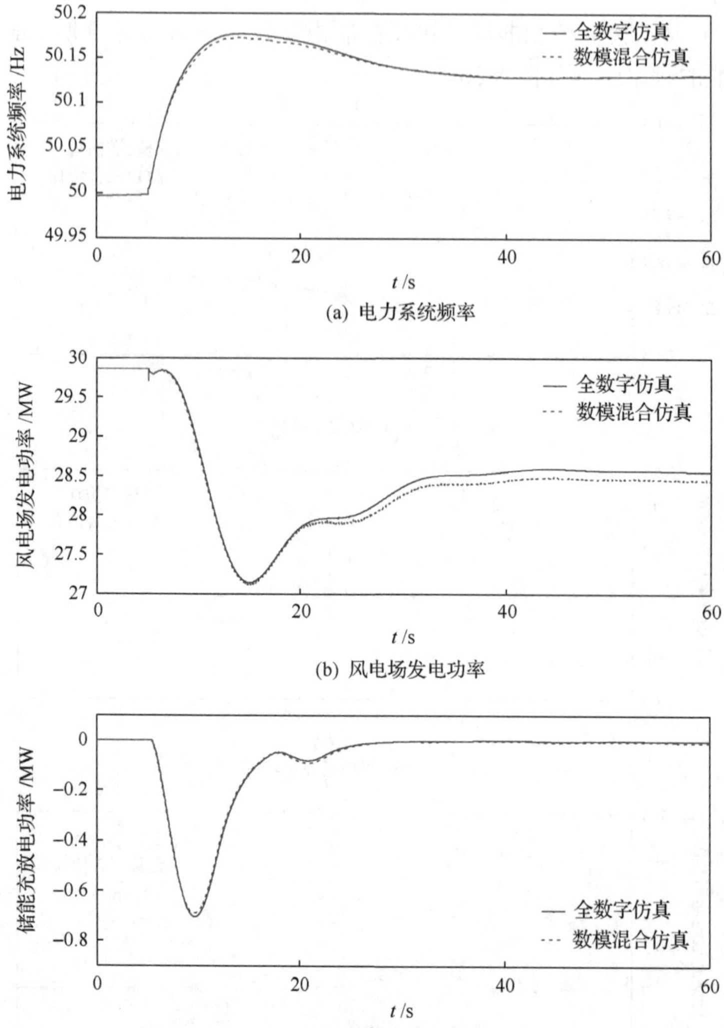

图 5.37　负荷突降，风电场和储能的频率响应

流器的控制精度和电流传感器采集误差放大导致数模混合仿真实验与全数字仿真结果之间存在偏差，但偏差较小，符合电力系统仿真要求；③以储能为动模装置的数模混合仿真实验更进一步接近于实际物理环境，表明提出的基于规则和基于模糊控制的风储协调控制方法具有较强的工程适用性。

5.4.2　微网系统数模混合仿真

基于 IEEE37 节点系统构建微网系统，如图 5.38 所示，其中节点 799 为 PCC 点，其余为负荷节点。总有功负荷为 2457kW，总无功负荷为 1201kW。

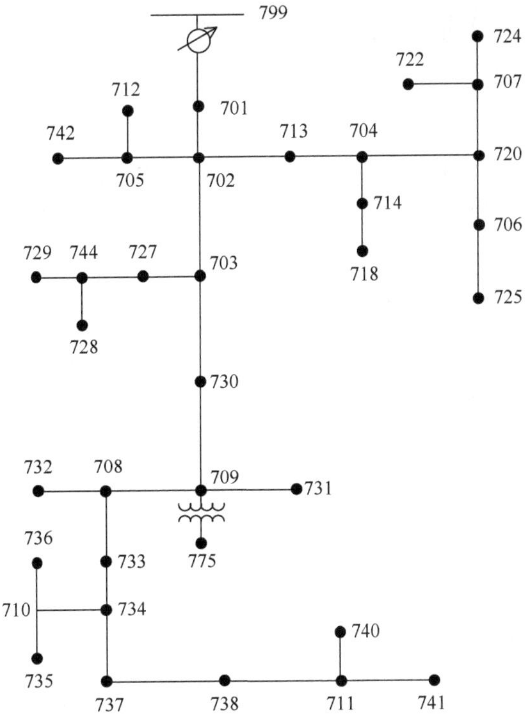

图 5.38　微网系统

1. 储能参与系统调频

当系统频率发生改变时，利用惯性调节检测系统需多发的功率，控制方式如图 5.39 所示。

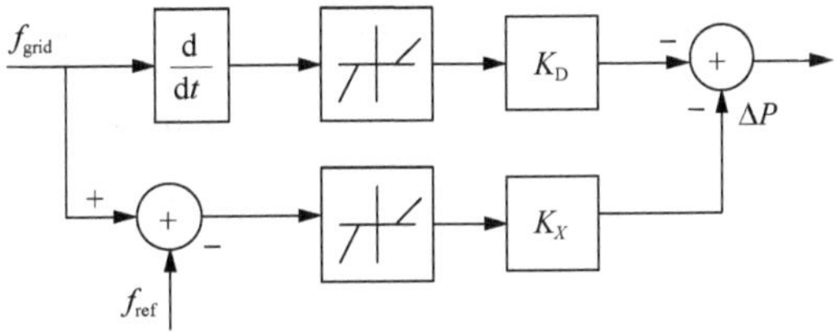

图 5.39　惯性调节控制方式

当检测到系统频率 f_{grid} 后，利用惯性控制求出频率变化率，将频率变化率与增益系数 K_D，得到功率差值 P_1；同时将检测到的系统频率与工频 f_{ref} 比较，求出频率差值，利用下垂控制将频差与增益系数 K_X 相乘，得到功率差值 P_2。电力系统的功率差值为 $\Delta P = P_1 + P_2$。将功率差值送给储能，在储能 SOC 充裕的情况下，利用储能输出功率差额，即可调节系统频率。本章以储能为实际动模装置，包括储能电池和变流器，分析投切负荷对系统频率的影响，以及储能在调频策略下所发挥的作用，具体如下。

1）投负荷

仿真时间 60s 时，节点 713 的负荷突增，系统的频率降低。接入储能后，通过调频策略增加储能出力，系统的频率得到有效提升，如图 5.40 所示。因此，储能在投负荷时能够有效提高系统的稳定性。

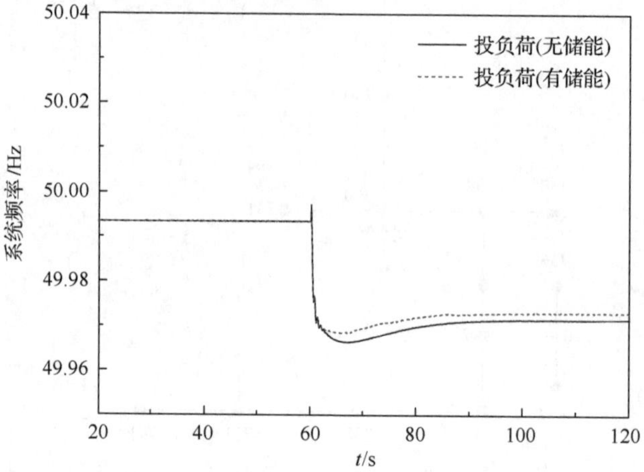

图 5.40　投负荷时的系统频率变化

2）切负荷

如图 5.41 所示，在系统仿真时间 60s 时，切除负荷 713 节点，系统的频率升高；投入储能后，通过对储能功率的调节，可以使频率得到一定的回升，储能控制策略有效。

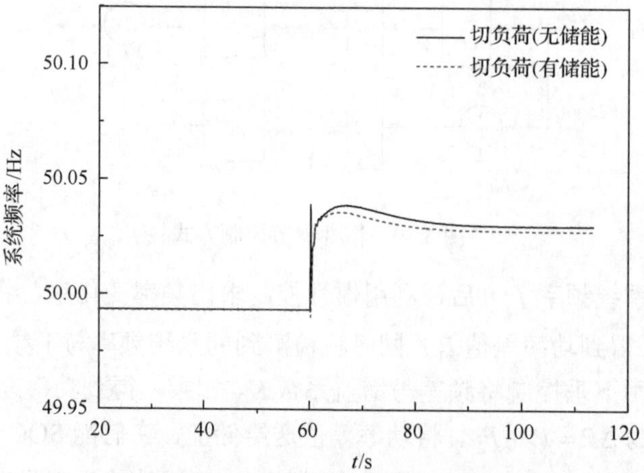

图 5.41　切负荷时系统频率变化

2. 光储对系统的影响分析

光伏出力具有波动性和随机性，其规模化接入对系统的稳定性影响较大，增加储能系统进行光伏功率波动的平抑，可以减小其对系统的影响。

光伏和储能均用实际装置接入，接入点为 709 节点。光伏设备(包括光伏模拟器和逆控一体机)按照给定的光伏功率曲线输出，将光伏功率通过一阶滤波算法[27]，获取其储能功率指令通过串口通信下发给储能 PCS。

一阶滤波算法平抑前后的光伏功率如图 5.42 所示，平抑后光伏功率波动幅值变小，较为平滑，相应的储能功率如图 5.43 所示。

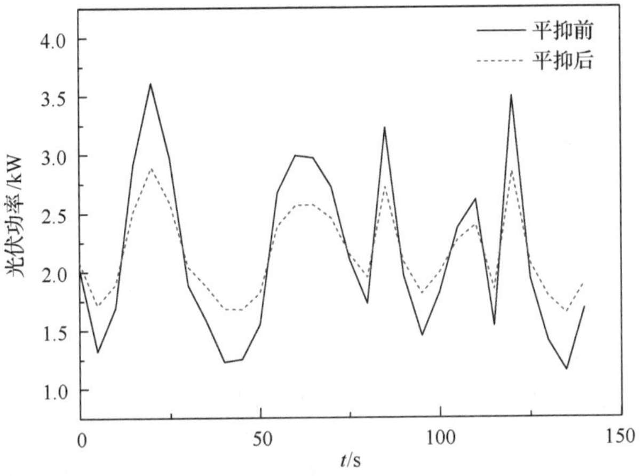

图 5.42　光伏平抑前后功率

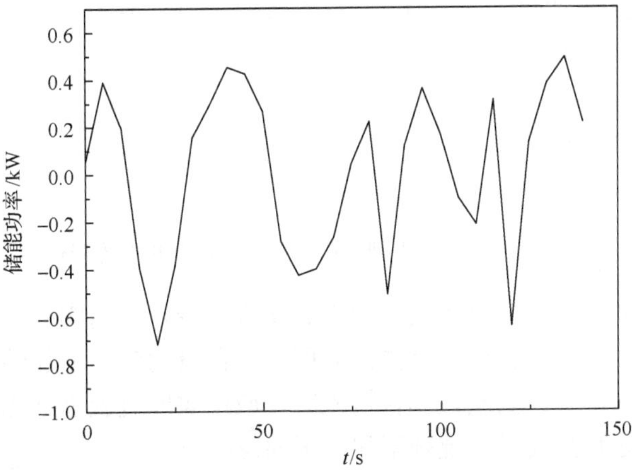

图 5.43　储能功率

分析光伏影响时，将光伏模拟器接入系统可以获取其对频率和电压的影响；分析光储影响时，将光伏模拟器和储能同时接入系统，获取频率和电压曲线。图 5.44 和图 5.45 分别为平抑前后系统的频率和电压曲线，由此可见平抑后的光伏对系统影响较小，储能的改善作用明显。

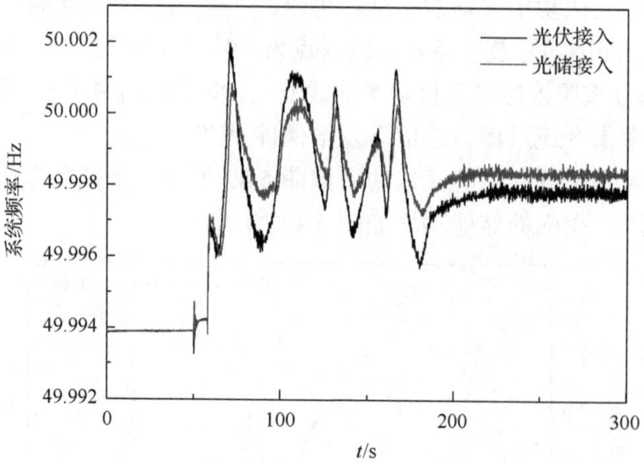

图 5.44　光伏平抑前后接入时系统频率变化

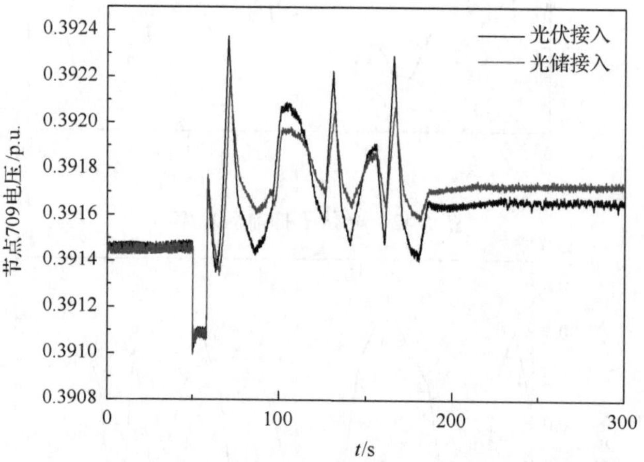

图 5.45　光伏平抑前后接入时节点 709 电压变化

本书构建了基于 RT-LAB 的数模混合仿真平台，应用实际储能装置分析了其在提高微网稳定性中的作用。首先，微网中负荷投切时，增加储能装置可以有效地减少系统频率偏差。其次，光伏接入时，应用储能装置进行光伏功率波动的平抑，可以有效地减少其对系统频率和电压的影响。

5.4.3　基于安徽金寨小型测试环境的硬件在环仿真测试

选取安徽金寨金光 03 线典型数据在 RT-LAB 建立硬件在环仿真测试系统，即数模混合仿真平台，小型测试环境节点选取如图 5.46 所示。

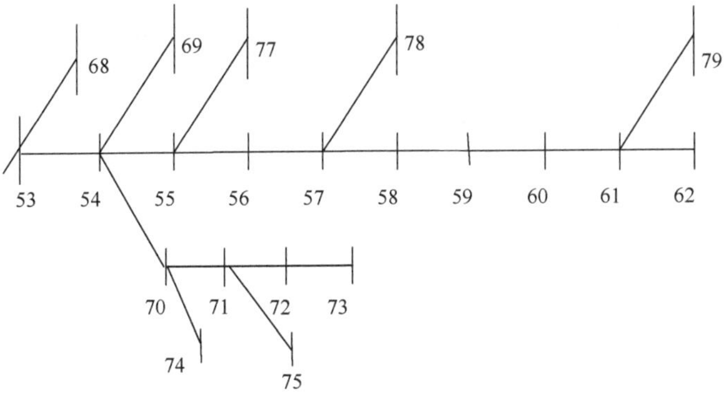

图 5.46　小型测试环境节点选取

如图 5.46 中的小型测试环境，其节点和线路参数如表 5.13 和表 5.14 所示：

表 5.13　小型测试环境节点参数

节点	变压器容量/(kV·A)	阻抗电压/%	空载电流/%	短路损耗/W	空载损耗/W	变比	接地电阻/Ω	高压侧额定电流/A	低压侧额定电流/A	连接方式	光伏容量/kW
55	315	—	—	3650	670	10/0.4	4	—	—	Yyn0	99
56	50	4	1	870	140	10/0.4	4	2.89	72.17	Yyn0	6
59	200	4	0.15	2600	330	10/0.4	4	11.55	288.68	Yyn0	30
60	160	4	1.4	2200	400	10/0.4	4	9.24	230.95	Yyn0	6
62	100	4	0.9	1500	200	10/0.4	4	5.77	144.34	Yyn0	3
68	100	4	0.9	1500	200	10/0.4	4	5.77	144.34	Yyn0	9
69	200	4	0.15	2600	480	10/0.4	4	11.55	288.68	Yyn0	21
72	200	4	4	2600	480	10/0.4	4	11.55	288.68	Yyn0	147
73	50	4	2	870	170	10/0.4	4	2.89	72.17	Yyn0	--
74	80	4	0.9	1250	180	10/0.4	4	4.62	115.47	Yyn0	3
75	200	4	0.15	2600	330	10/0.4	4	11.55	288.68	Yyn0	75
79	200	4	0.7	2600	480	10/0.4	4	11.55	288.68	Yyn0	66

表 5.14　小型测试环境线路参数

线路	长度/m	单位长度正序电阻/(Ω/km)	单位长度正序电抗/(Ω/km)	单位长度零序电阻/(Ω/km)	单位长度零序电抗/(Ω/km)
53-54	459.83	0.46	0.4	1.53	1.29
53-68	1039.26	0.46	0.4	1.53	1.29
54-55	1037.36	0.46	0.4	1.53	1.29
54-69	33.9	0.46	0.4	1.53	1.29
54-70	2953.83	0.46	0.4	1.53	1.29

续表

线路	长度/m	单位长度正序电阻/(Ω/km)	单位长度正序电抗/(Ω/km)	单位长度零序电阻/(Ω/km)	单位长度零序电抗/(Ω/km)
55-56	1740.94	0.46	0.4	1.53	1.29
55-77	19.98	0.46	0.4	1.53	1.29
56-57	1052.84	0.46	0.4	1.53	1.29
57-58	81.51	0.46	0.4	1.53	1.29
57-78	65.52	0.46	0.4	1.53	1.29
58-59	209.28	0.46	0.4	1.53	1.29
59-60	1613.75	0.46	0.4	1.53	1.29
60-61	70.44	0.46	0.4	1.53	1.29
61-62	1385.09	0.46	0.4	1.53	1.29
61-79	259.79	0.46	0.4	1.53	1.29
70-71	1705.68	0.46	0.4	1.53	1.29
70-74	45.46	0.46	0.4	1.53	1.29
71-72	219.67	0.46	0.4	1.53	1.29
71-75	1850.29	0.46	0.4	1.53	1.29
72-73	2019.74	0.46	0.4	1.53	1.29

1. 光储一体机测试

将光储一体机接入数模混合仿真平台，如图 5.47 所示，备注：以下内容中的电网均指数模混合仿真平台模拟的安徽金寨金光 03 线电网系统。

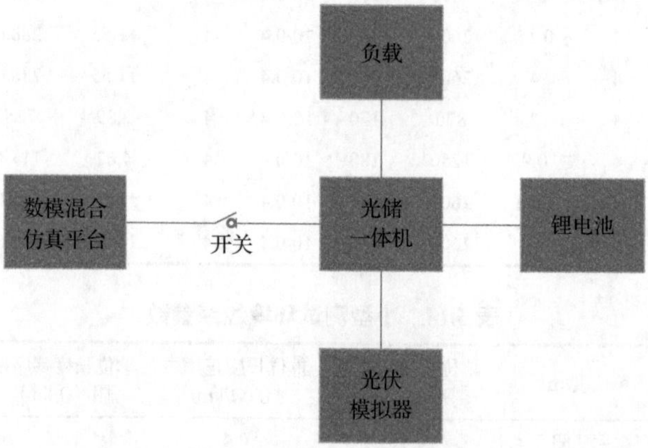

图 5.47　光储一体机数模混合仿真测试平台

1) 无缝切换时间测试

(1) 电网以 6kW 的功率给 3kW 锂电池和 3kW 负载供电，断开并网开关，锂电池从电流源转为电压源给负载供电，其无缝切换时间为 30ms 左右，具体如图 5.48 所示。(1 为负载电压，2 为电网电压，3 为电网电流，4 为负载电流)

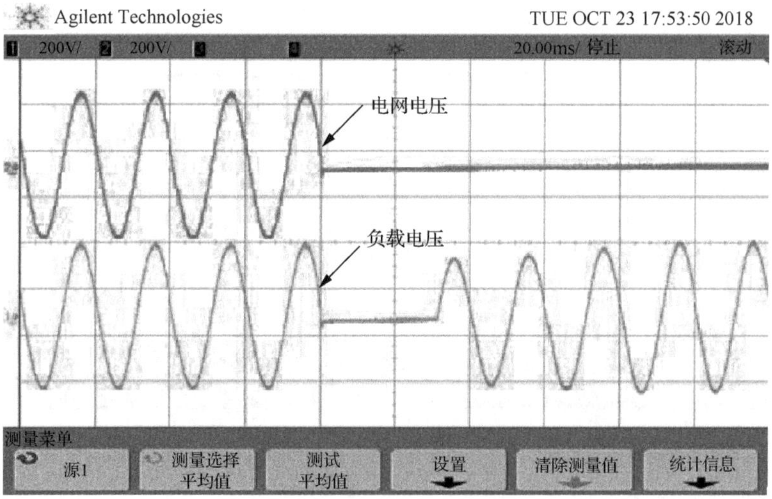

图 5.48　无缝切换波形 1

(2)锂电池和负载均与电网相连，锂电池给 3kW 负载供电，电网没有功率输出，断开电网开关后，无缝切换时间大概为 40ms，波形如图 5.49 所示。

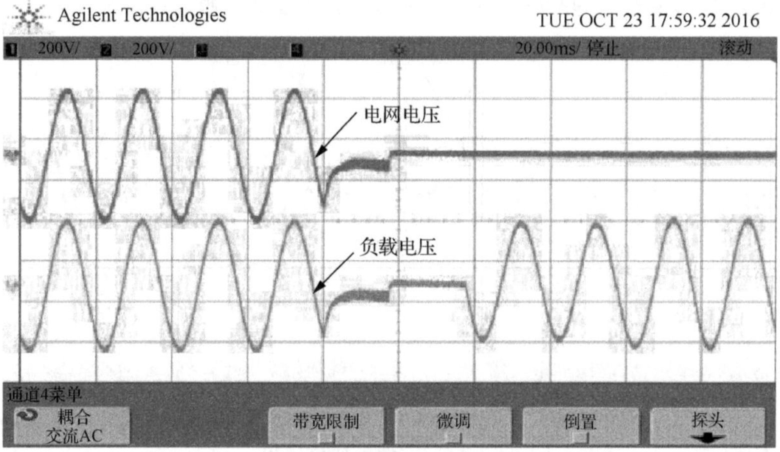

图 5.49　无缝切换波形 2

(3)锂电池和负载均与电网相连，电网给 3kW 的负载供电，锂电池没有功率输出，断开并网开关，锂电池从电流源转为电压源给负载供电，无缝切换时间大概为 30ms，波形如图 5.50 所示。

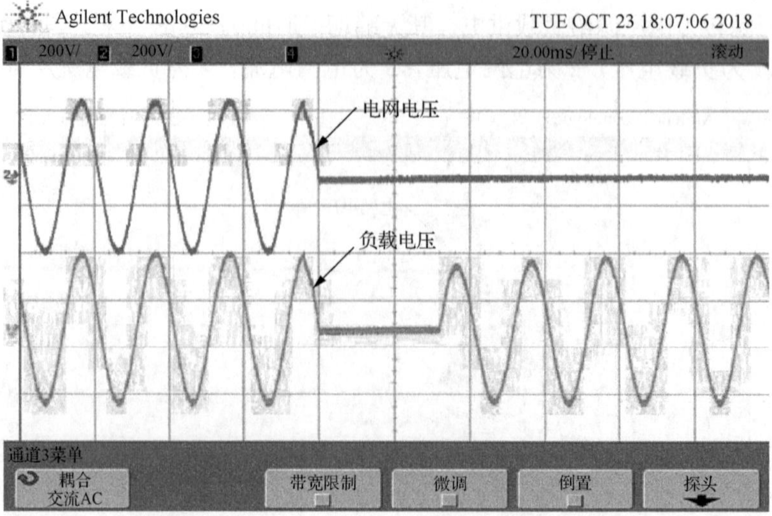

图 5.50　无缝切换波形 3

2) 锂电池的充放电转换时间

锂电池并网，当锂电池以 60V 的电压、直流侧 20A 的电流充电转为 20A 的电流放电时，其充放电切换时间大概为 130ms，其交流侧的具体波形如图 5.51 所示。

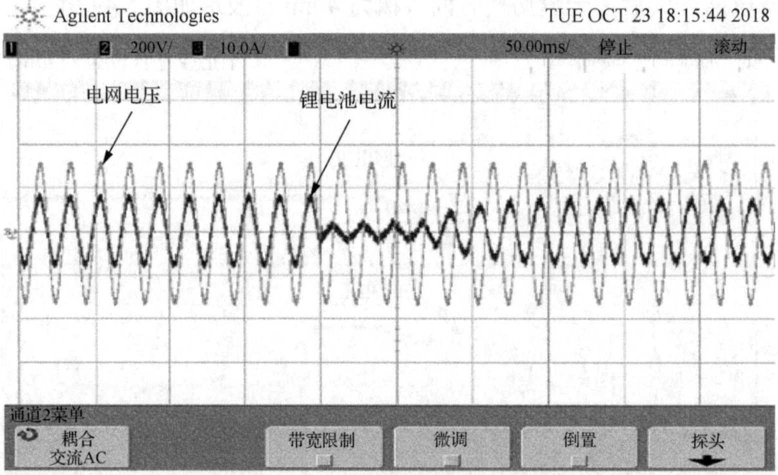

图 5.51　充放电切换波形

3) 锂电池的稳流精度

(1) 锂电池并网以 60V 电压，直流侧给定 60A 的电流进行充电，测量其实际充电电流为 59.44A，稳流精度为 0.93%。

(2) 锂电池并网以直流侧 60A 电流放电，测量其实际放电电流为 60.76A，其稳流精度为 1.27%。

4) 纹波

锂电池并网以直流侧 60A 放电时，其纹波为 5.5A，具体如图 5.52 所示。

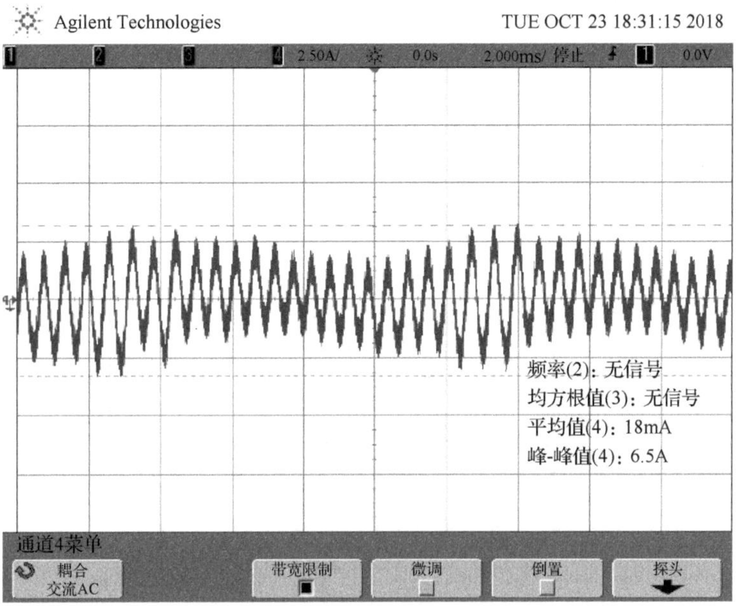

图 5.52　纹波 1

锂电池并网以直流侧 60A 充电时，其纹波为 4.8A，具体如图 5.53 所示。

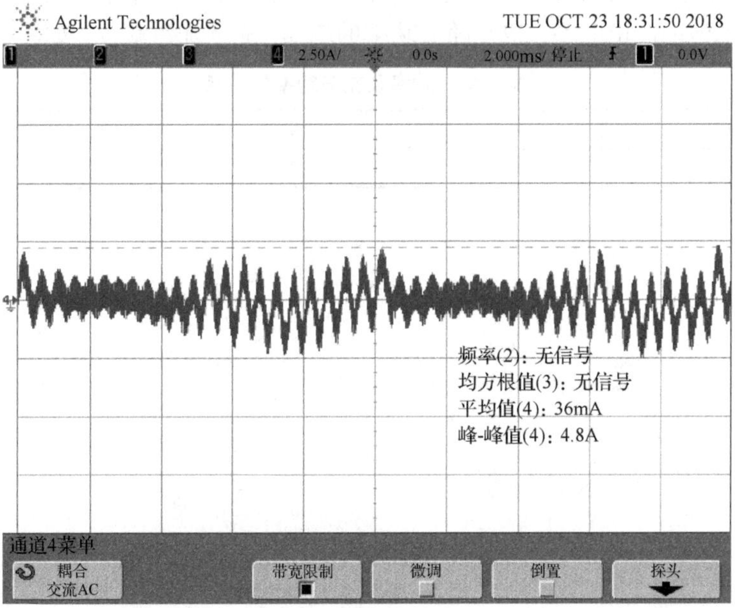

图 5.53　纹波 2

5) 效率测试

(1) 锂电池放电。当锂电池以 1.2148kW 放电时，其放电效率为 88.55%，进而测量多组功率下的锂电池放电的效率，如表 5.15 所示。随着功率的增加，锂电池的放电效率为先增加后减小。

表 5.15 效率和放电功率的关系

放电功率/kW	1.2148	2.3722	3.5200	3.8813	4.0535	4.6285
效率/%	88.55	91.53	91.33	90.60	90.51	89.85

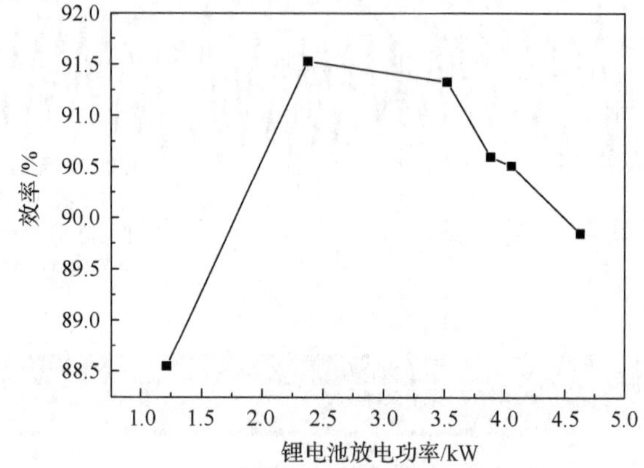

图 5.54 效率和放电效率的关系

(2) 锂电池充电。测量锂电池充电时的效率，测量多组功率下的效率，如表 5.16 所示。锂电池的放电效率，也是随着功率的增加，先增加后减少，如图 5.55 所示。

表 5.16 效率和充电功率的关系

充电功率/kW	1.1943	1.6348	2.4558	3.7169	4.3090
效率/%	89.73	90.09	90.75	90.58	90.25

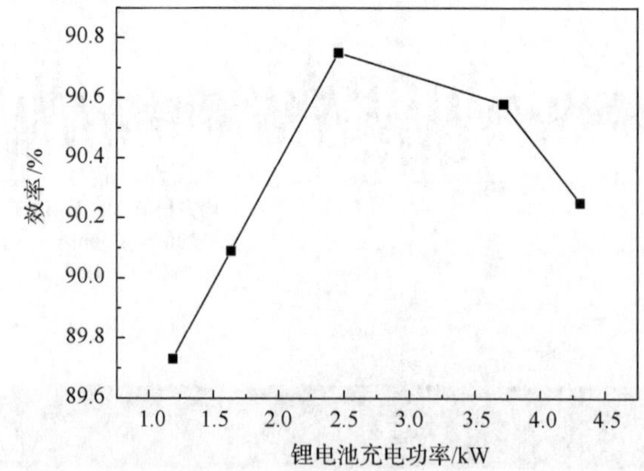

图 5.55 效率和充电功率的关系

(3) 光伏。测量多组光伏出力情况时，其转换效率随着功率的增加，先增加后减少，如表 5.17 所示。

表 5.17　效率与光伏功率的关系

光伏功率/kW	0.7586	0.9841	1.0011	1.9962	2.6484	3.1405	3.9967	4.4674
效率/%	90.30	91.82	91.91	94.33	94.80	95.19	94.37	93.17

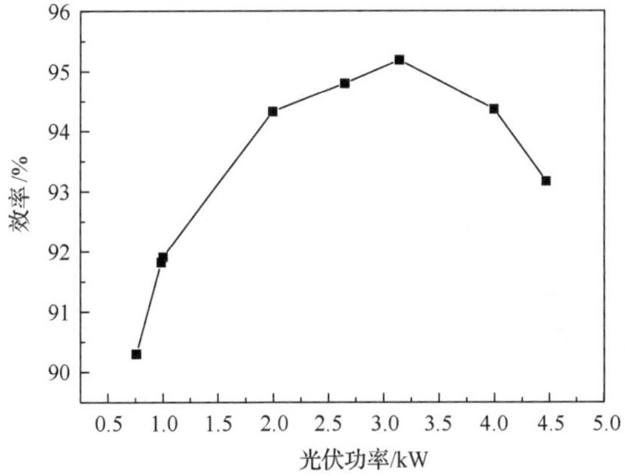

图 5.56　效率与光伏功率的关系

(4) 光伏给锂电池充电。当光伏给锂电池充电时，测量多组功率如表 5.18 所示，由此可以看出随着功率的增加，效率基本呈增大趋势。

表 5.18　效率与充电功率的关系

光伏给储能充电功率/kW	0.9881	1.8567	1.9704	2.8626	3.0105	3.4388	3.9787
效率/%	87.29	90.84	91.19	92.13	91.96	92.46	92.23

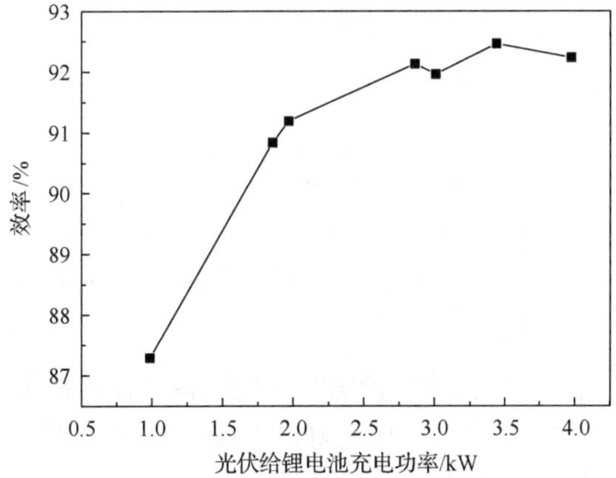

图 5.57　效率与充电功率的关系

(5) 电能质量。①光伏和锂电池并网，其中光伏出力为 1kW，锂电池放电功率为 4kW，为负荷供电。实际测量负荷侧的 THD 为 2.8%、电网电流 THD 为 2.5%、功率因数为 1、直流分量为 0.01A、电网电压 THD 为 0.9%。②离网情况下，光伏和锂电池给 5kW 负载供电。实际测量电流 THD 为 0.7%、功率因数为 1、直流分量为 0.01A、电压 THD 为 0.7%、直流分量为 0.1V。

(6) 电网适应能力。通过数模混合仿真平台调节光储一体机的并网电压，最高可以达到 283V，因此，电网侧最高适应电压为 283V。

2. 反孤岛装置测试

搭建图 5.58 的数模混合仿真测试平台，其中包括两台 10kW 逆变器、可调负载等，数模混合仿真平台模拟电网的特性，为系统的运行提供频率和电压支撑。

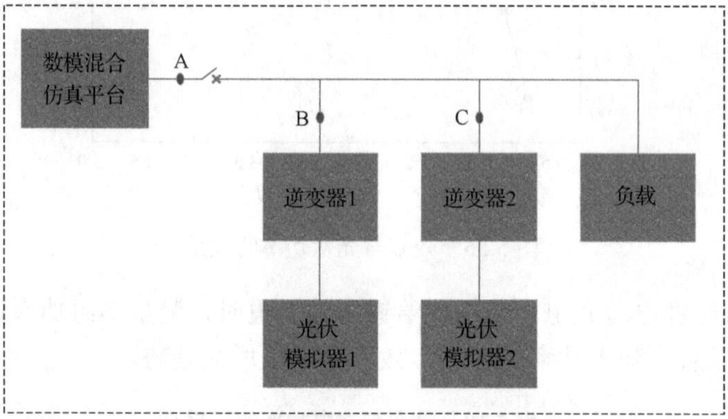

图 5.58　反孤岛装置数模混合仿真测试平台

1) 并网电流 THD 测试

将负载设置为 10kW，启动光伏模拟器 1 为其供电，此时逆变器为满功率运行，用电能质量分析仪测试逆变器相关数据。

从表 5.19 可以看出，带本地负载 10kW 运行时，逆变器输出电流的 THD 为 2.92%。

表 5.19　电流谐波

电流	I1	I2	I3	电流	THD-I1	THD-I2	THD-I3
电流值/A	15.19	15.34	14.87	谐波值/%	2.21	2.57	2.92

2) 本地反孤岛保护测试

启动两台没有加入本地孤岛保护策略的逆变器，使其按照额定功率的 30%并网运行，同时启动负载，使两者实现良好的功率匹配。主动断开电网(即数模仿真平台)，利用电能质量分析仪测试逆变器相关数据。

对两台逆变器增加孤岛保护算法，然后重复上述步骤，如表 5.20 所示。

表 5.20　实验结果 1

逆变器功率	负载功率			有无本地孤岛保护	孤岛保护动作时间
	有功功率/kW	感性功率/kvar	容性功率/kvar		
3+3	6	15	15	无	>2s
3+3	6	15	15	有	45ms

通过测试可以得到，光伏并网逆变器具有低盲区反孤岛保护功能，系统运行正常时，反孤岛保护可靠闭锁；当与电网断开时，反孤岛保护可靠动作，光伏并网逆变器停止运行，此时测量的反孤岛保护最大动作时间为 45ms。

3) 远程集中孤岛检测与反孤岛保护装置测试

在图 5.58 中，A、B、C 三个位置连接上远程集中孤岛检测与反孤岛保护装置。将两台没有加入本地孤岛保护策略的逆变器启动，并在额定功率 30%并网运行，同时启动负载，与逆变器输出功率实现匹配。断开电网，用电能质量分析仪测试逆变器相关数据。

对两台逆变器增加孤岛保护算法，然后重复上述步骤，如表 5.21 所示。

表 5.21　实验结果 2

逆变器功率	负载功率			有无本地孤岛保护	孤岛保护动作时间
	有功功率/kW	感性功率/kvar	容性功率/kvar		
3+3	6	15	15	无	>2s
3+3	6	15	15	有	42ms

系统正常运行时，装置可以可靠闭锁。当电网断开时，装置可靠动作，并通知区域内逆变器停止工作。测试到的反孤岛保护最大动作时间为 42ms。

参 考 文 献

[1] 罗建民, 戚光宇, 何正文, 等. 电力系统实时仿真技术研究综述[J]. 继电器, 2006, 34(18): 79-85.

[2] 田芳, 黄彦浩, 史东宇, 等. 电力系统仿真分析技术的发展趋势[J]. 中国电机工程学报, 2014, 34(13): 2151-2163.

[3] 汤勇. 电力系统数字仿真技术的研究现状与发展[J]. 电力系统自动化, 2002, 26(17): 66-70.

[4] 朱艺颖, 蒋卫平, 印永华. 电力系统数模混合仿真技术及仿真中心建设[J]. 电网技术, 2008, 32(22): 35-38.

[5] 高源, 陈允平, 刘会金. 电力系统物理与数字联合实时仿真[J]. 电网技术, 2005, 29(12): 77-80.

[6] 田春筝, 孙玉树, 唐西胜, 等. 储能提高微网稳定性的仿真实验分析[J]. 电测与仪表, 2018, 55(5): 33-37.

[7] 国家电网有限公司浙江省电力公司电力科学研究院. 一种分布式光伏发电协调优化控制方法及系统[P]. 中国: ZL201610383192.8, 2015.7.27.

[8] Jung J H, Ryu M H, Kim J H, et al. Power hardware-in-the-loop simulation of single crystalline photovoltaic panel using real-time simulation techniques[C]//Power Electronics & Motion Control Conference, Harbin: IEEE, 2012. 2: 1418-1422.

[9] 张曦, 康重庆, 张宁. 太阳能光伏发电的中长期随机特性分析[J]. 电力系统自动化, 2014, 38(6): 6-13.

[10] Omar M, Dolara A, Magistrati G, et al. Day-ahead forecasting for photovoltaic power using artificial neural networks ensembles[C]//IEEE International Conference on Renewable Energy Research & Applications, Birmingham: IEEE, 2017.

[11] 师楠, 周苏荃, 李一丹. 基于 Bezier 函数的光伏电池建模[J]. 电网技术, 2015, 39(8): 2195-2200.

[12] 汪洋, 罗全明, 支树播. 一种交错并联高升压 BOOST 变换器[J]. 电力系统保护与控制, 2013, (5): 133-139.

[13] González R, Gubía E, López J, et al. Transformerless single-phase multilevel-based photovoltaic inverter[J]. IEEE Transactions on Industrial Electronics, 2008, 55(7): 2694. 2702.

[14] Shimizu T, Hashimoto O, Kimura G. A novel high-performance utility-interactive photovoltaic inverter system[J]. IEEE transactions on power electronics, 2003, 18(2): 704-711.

[15] 李宁, 王跃, 雷万钧, 等. 三电平NPC变流器SVPWM策略与SPWM策略的等效关系研究[J]. 电网技术, 2014, (5): 1283-1290.

[16] 宋崇辉, 刁乃哲, 薛志伟. 新型多重载波无死区 SPWM[J]. 中国电机工程学报, 2014, (12): 1853-1863.

[17] 张蓉. 数字控制 SPWM 逆变器研究[D]. 南京: 南京航空航天大学, 2005.

[18] 汤宪宇. 单相双级型光伏逆变器 MPPT 控制算法研究[D]. 武汉: 华中科技大学, 2014.

[19] Crăciun O, Florescu A, Bacha S, et al. Hardware-in-the-loop testing of PV control systems using RT-Lab simulator[C]//Power Electronics and Motion Control Conference (EPE/PEMC), Ohrid, Macedonia. 2010: S6-1-S6-5.

[20] Alajmi B N, Ahmed K H, Finney S J, et al. Fuzzy-logic-control approach of a modified hill-climbing method for maximum power point in microgrid standalone photovoltaic system[J]. IEEE Transactions on Power Electronics, 2011, 26(4): 1026-1030.

[21] 李乃永, 梁军, 赵义术. 并网光伏电站的动态建模与稳定性研究[J]. 中国电机工程学报, 2011, 31(10): 16-18.

[22] Guo F, Man Y K, Sun F J, et al. Research on single phase two-level grid-connected photovoltaic power generation system based on Boost circuit MPPT control[C]//Power and Renewable Energy (ICPRE), Shanghai, 2016: 553-557.

[23] Salam Z, Ishaque K, Taheri H. An improved two-diode photovoltaic(PV)model for PV system[C]//Power Electronics, Drives and Energy Systems(PEDES), New Delhi, 2010: 1-5.

[24] Firth S K, Lomas K J, Rees S J. A simple model of PV system performance and its use in fault detection[J]. Solar Energy, 2010, 84(4): 624-635.

[25] 邵伟勋, 梁志珊. 基于李雅普诺夫稳定控制的光伏并网逆变器[J]. 电力电子技术, 2012, 46(12): 96-94.

[26] 庹元科. 可再生能源发电系统并网逆变器的单周控制方法研究[D]. 重庆: 重庆大学, 2010.

[27] Sun Y S,Tang X S,Sun X Z, et al. Model predictive control and improved low-pass filtering strategies based on wind power fluctuation mitigation[J]. Journal of Modern Power Systems and Clean Energy, 2019, 7(3): 1-13.

第 6 章　分布式发电集群接入工程实践

我国分布式发电单体工程建设规模一般小于 10MW，按照区域建设类型可以分为两类：区域分散型和区域集中型。以单体工程小于 500kW 为主的分布式发电工程建设类型为分散型，并网电压等级为 220V、380V 和 10kV，一般以光伏扶贫区域为主。以单体工程大于 500kW 为主的分布式发电工程建设类型为集中型，并网电压等级为 380V 和 10kV，一般以经济发达的县域为主。选取了区域分散型和区域集中型两种典型分布式发电接入工程案例进行针对性地分析，提出系统性解决方案，区域分散型工程为安徽金寨示范工程，区域集中型为浙江海宁示范工程。安徽金寨是光伏扶贫典型示范县，扶贫光伏呈分散型接入低压电网。浙江海宁尖山区主要为工业开发区，用户光伏呈集中型接入高中压电网。

6.1　规划设计原则

6.1.1　集群划分原则

(1) 空间特性方面：以负荷和分布式发电地理距离和电气距离为基本依据，以电压等级为参考进行合理集群划分。

(2) 时间特性方面：以新能源和负荷的时空特性为依据，兼顾电源间互补特性和源荷互补特性，实现分布式电源电能的就地消纳。

(3) 集群等级方面：根据区域电网的负荷、分布式电源的情况，以 10kV 配电变压器与 10kV 线路为基本划分单元，对包含各类负荷、不同分布式电源的金寨示范区进行集群划分。一般而言，可以分为三个等级：①第一级集群：用户层集群。配电变压器 10kV/380V 下的所有负荷节点和安装的分布式电源作为一个小型集群，通过无线通信实现集群内的自治控制，使得配电变压器的对外表现稳定，尽量减少 10kV 线路上功率传输，减少网损，提高电压质量。②第二级集群：配电变压器层集群。由于 10kV 配电变压器之间的线路较长，可以将一条长线路划分为多个集群，如果 10kV 线路较短以及考虑到控制时可用的无功容量、光储一体设备容量等可以把某条 10kV 线路整体作为一个集群。③第三级集群：10kV 线路层集群。以同一变电站下的所有 10kV 出线为个体，形成集群，通过变电站低压侧母线实现功率互补与电量平衡。

6.1.2 储能配置原则

在高压配电网中采用储能装置，可以减少系统备用容量，节省电力设备投资。在中低压配电网中，储能系统的应用往往是为了平抑间歇性分布式电源的出力波动和提高中压配电网的能量调度能力，提升中压配电网对分布式电源的消纳能力。

储能装置的配置基本原则如下：

(1)兆瓦等级，用来平抑集群整体负荷和分布式电源的不平衡，提升分布式电源的消纳能力，实现集群内和集群间间大规模能量平衡。

(2)百千瓦等级，用来调节 10kV 线路上配电变压器内相邻村集体负荷与分布式电源的不平衡。

(3)千瓦等级，建设在村级电站附近，提高居民供电可靠性、电压质量，尽量减少电压波动。

根据网络功率缺额计算系统需配置的储能总容量，如果功率缺失部分较为集中，则配置集中式储能，如果功率缺失部分较为分散，则配置分布式储能。

6.1.3 网架规划原则

地区配电网规划是在经济发展规划及市政规划的基础上进行的。通过对地区经济和建设发展的调查、研究，提出地区电力需求预测，结合地区发展的总体设想，安排地区规划建设改造项目。其中，要坚持以下原则：

(1)结合示范集群内 10kV 并网分布式电源接入位置，架空网构建多分段单联络，通过多种运行方式提高就地消纳比例，针对建立联络困难的 10kV 单辐射线路，通过增加储能等方式提高分布式电源就地消纳能力。

(2)对于容量超过 3000kV·A 的大分支考虑进行负荷转切，提高分支供电可靠性。

(3)实施馈线自动化的区域，中压配电网结构应满足供电安全 N-1 准则的要求。对于部分线路不具备负荷转供条件但确需实施馈线自动化的区域，可对相关线路进行改造。

(4)配电网应根据区域类别、地区负荷密度、性质和地区发展规划，选择相应的接线方式。配电网的网架结构宜简洁，并尽量减少结构种类，以利于配电自动化的实施。

6.2 分布式电源并网装备

分布式电源并网设备选型和配置，遵循“因地制宜，安全可靠，集成优化，统筹布局”原则，根据各地区电源、电网及负荷的情况合理布置各类型装置。

6.2.1　灵活并网设备

1. 并网逆变调控一体机

1) 功能概述

并网逆变调控一体机是一种多功能的光伏高效并网装置，在实现电能变换的同时，具备公共连接点电压自动调节能力，确保公共连接点电压稳定，提高用户供电质量。此外，具有接受上级调度功能，按照上级控制指令发出/吸收无功功率，对配电网电压调节起到支撑作用。

2) 主要特点

(1) 高转换效率，最高效率＞99%。
(2) 高功率密度，功率密度＞1.0W/cm^3。
(3) 输出电流总谐波畸变率＜3%。
(4) 参与公共连接点电压调节，主动电能质量治理。

2. 光伏储能一体机

1) 功能概述

光储一体机是一种应用于光伏发电系统实现交直流电能转换的设备，可以协调控制光伏与储能电池的出力、平抑光伏功率波动、抑制并网点过电压、分担储能系统消纳能力、保证用户供电可靠性。

2) 主要特点

(1) 适用于功率等级较低的户用光伏发电系统。
(2) 高转换效率，最高效率≥98%。
(3) 可以提升光伏发电就地消纳能力。
(4) 可以提高用户供电可靠性。

3. 储能双向变流器

1) 功能概述

储能双向变流器主要功能是进行交直流电能变换，可实现电池和电网之间能量的双向流动，具有削峰填谷、参与电网调压、平滑新能源出力、抑制接入点过电压、改善潮流分布等作用。

2) 主要特点

(1) 高转换效率，最高效率＞98%。
(2) 高功率密度，功率密度＞1W/cm^3。

(3) 平滑新能源出力、削峰填谷、抑制接入点过电压、改善潮流分布。

4. 虚拟同步发电机

1) 功能概述

虚拟同步机(VSG)是一种基于先进同步逆变和储能技术的电力电子装置，可通过模拟同步电机的本体模型、有功调频及无功调压等特征，使含有电力电子接口(逆变器)的电源，从运行机制及外特性上与常规同步机相似，从而参与电网调频、调压和抑制震荡。

2) 主要特点

(1) 采用三电平逆变技术，高转换效率，最高效率＞99%。

(2) 高功率密度，功率密度＞$1.0W/cm^3$。

(3) 系统频率波动时，调节有功功率来抑制频率突变、维持频率稳定。

(4) 系统电压扰动时，调节无功功率，为系统提供电压支撑，维持电压稳定。

6.2.2 并网测控保护设备

分布式电源测控保护系统分为智能测控保护装置和反孤岛保护装置两类，可以实现分布式电源即插即用灵活并网、即插即用，反孤岛保护动作时间≤1s。根据不同分布式电源类型或规模，设计测控保护装置的配置方案。

1) 功能概述

智能测控保护装置能够采集多个光伏发电装置信息，并具有多机功率分配及协调控制功能。装置还有配套防孤岛保护装置，为同一线路的多个分布式发电装置提供公共的防孤岛保护。智能测控保护装置适应大规模分布式光伏发电接入需求，能够提高调度管理水平，增强系统对分布式电源接纳能力。

2) 主要特点

(1) 参与电网功率调节分配和调压。

(2) 控制 32 路分布式发电装置。

(3) 反孤岛保护动作时间＜1s。

6.2.3 电能质量治理设备

由于农网架构及用电负荷的特殊性，其电能质量问题往往是多因素并存，且相互影响，在电能质量治理时也需要多措并举，而目前市场上的常规电能质量治理装置功能往往较为单一，在实际应用中治理效果不尽理想。

1) 功能概述

电能质量治理装置是基于有功和电能质量的综合治理，包括谐波、无功和不平衡控制模块(低压台区供电首端，三相)和有功控制模块(户用光伏接入点附近，单相)两部分，通过两个模块的协同控制进行低压台区电能质量的综合控制。

2) 电能质量治理装置特点

(1) 在低压配电网(380V/220V)进行治理。

(2) 谐波、无功、三相不平衡、有功和电压的同步控制。

(3) 单相和三相电能质量治理模块协同控制。

分布式发电并网关键技术研究及装备开发可增强分布式电源并网的灵活性，提高电网对分布式电源的消纳能力，提升电网系统稳定性，实现分布式电源的即插即用和高效并网，进一步推动逆变器、变流器等分布式发电并网装备技术升级，提高产品技术创新能力和竞争力，有力推动行业进步，推动分布式可再生能源的推广及应用。

6.3　群控群调系统

6.3.1　总体设计

针对分布式发电大规模接入的消纳问题，采用自治-协同的分布式发电分层分级群控群调方法，建立分布式发电集群动态自治控制、区域集群间互补协同调控、输配两级电网协调优化三层级群控群调体系，着力应对大规模分布式发电并网带来的控制对象的复杂性和多级协调的困难性挑战，提升分布式发电的可控性，实现集群的灵活友好并网，解决分布式发电的消纳问题。

分布式发电群控群调系统主要包括地区主配协调 AVC 系统(地区调控中心)，集群群间协同调控系统(配电调控中心)及分布式发电集群调控系统(集群调控子站)等。系统总体的设计架构如图 6.1 所示。

上述各系统的主要实现的功能如下。

(1) 分布式发电集群调控系统。实现集群内部完整的网络分析和潮流计算功能，对集群内部的光伏发电、储能和无功设备进行优化协调的电压控制和有功调度，改善集群内部的电压分布，降低网络损耗，消除网络拥塞。对于具备较强调节能力的集群，动态协调村镇光伏与储能的有功无功输出，使集群呈现类同步机的并网特性，响应集群群间调控系统的指令，实现集群友好并网。

(2) 集群群间协同调控系统。在群间网络状态估计计算的结果基础上，基于三相潮流计算实现区域系统的高级分析应用，提升区域系统的感知、分析、决策能力，实现集群间的协调优化调控，改善区域电压分布，降低配电网络损耗。

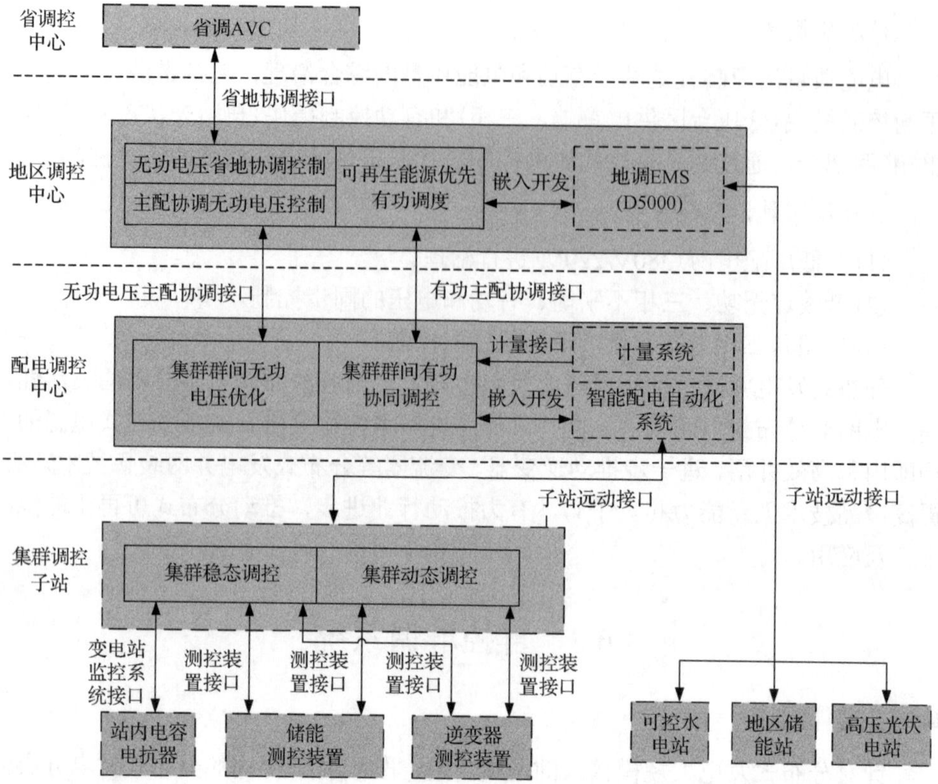

图 6.1　系统总体设计架构图

(3)地区主配协调的 AVC 系统。通过与集中式光伏电站间的双向互动，实现光伏电站与地区电网其他变电站之间的协调电压控制，抑制光伏快速变化造成的电压波动。通过与集群群间协同调控系统的双向互动，减少无功不合理流动，支撑区域末端电压，发挥地区电网变电站内的调压手段，实现全局最优的电压控制，保证集群区域网络的电压合格。

6.3.2　分布式发电集群调控系统

1. 功能概述

对于中压集群，系统通过自动电压控制和自动发电控制调节集中式光伏电站和电容电抗器，响应群间协同调控系统的指令，实现稳态的集群调控。对于低压集群，通过分解协调控制，快速调整分布式电源和储能装置的功率设定值与下垂斜率，最终使集群对外呈现类似同步机的调控特性，实现分布式发电集群友好并网的目的，从而最终通过集群自治控制的方式解决分布式发电量大分散、波动性强、投退频繁、脱网风险高给电网调控带来的控制对象复杂性问题，使集群整体友好并网，对电网调控提供必要支撑。

2. 模块构成与功能设计

1) 集群建模

采用图模库一体化方式建立覆盖中低压馈线、箱变、电容电抗器、储能、负荷以及所有光伏逆变器的详细模型，支持在此模型基础上进行实时监视、潮流分析和控制。具体功能包括以下几方面。

(1) 图形生成、编辑。采用绘制和编辑图形的方式，细致描述分布式发电集群的电网模型。

(2) 设备参数维护。在绘制的电网单线图上可以设置每个图元代表的电网设备的名称，并录入电网元件参数。不同的设备的参数类型可以定制，应可以根据应用的要求增加新的参数。参数类型应满足光伏电站系统全场分析计算的要求，在常规网络分析要求的参数基础上包括如下参数：

①母线参数：母线电压等级、电压上下限参数。

②升压站变压器参数：铭牌参数，分接头类型，分接头遥调参数。

③馈线参数：每段馈线的型号、长度，该型号线路的电阻、电抗参数。

④光伏逆变器参数：光伏逆变器控制模式、无功上下限、机端电压上下限。

⑤光伏逆变器升压箱变参数：铭牌参数、分接头类型和变比参数。

2) 集群状态估计

根据现有电压量测和光伏逆变器有功无功出力量测，对升压变和集群馈线上的有功、无功和电压分布进行准确估计。对于电压量测不全的光伏逆变器，可以利用状态估计得到准确的电压值；对于连接光伏逆变器的馈线，可以得到准确的有功、无功和电流分布。同时，状态估计可以有效找到升压变和光伏逆变器电压、有功、无功、开关刀闸量测中的坏数据，为自动化人员的维护提供有效的工具。

状态估计利用量测系统采集的信息估算电力系统的实时运行状态，给出各母线的电压和相角，各线路和变压器的潮流，各光伏逆变器有功无功出力。状态估计软件具有很强的开关错误辨识能力，发现遥信信息错误并予以纠正；也具有对遥测数据中的不良数据进行检测和辨识的能力。在量测系统中存在不良数据时，指出哪些是正常数据，哪些是不良数据。

状态估计软件功能如下。

(1) 具有网络拓扑分析的功能，根据遥信信息确定实时的拓扑结构。

(2) 可利用线路或变压器的有功、无功潮流量测、母线注入有功无功量测、母线电压量测、零注入量测、零阻抗支路潮流量测。

(3) 当带载调压变压器有潮流量测时，可估计变比可调变压器的分接头位置。

(4) 能够根据开关刀闸周围的遥测、遥信等冗余信息自动判定开关、刀闸中的错误状态，自动进行修正，并在画面上显示。

(5) 量测粗检测功能：在画面上指出哪些支路两端量测值不平衡，哪些注入量测值不合理，哪些母线潮流不平衡，并指出无支路潮流量测的支路，无注入量测的母线，无电压量测的母线，指出不可观测元件。

(6) 具有对遥测数据中的不良数据进行检测和辨识的能力。在量测系统中存在不良数据时，指出哪些是正常数据，哪些是不良数据，并在画面上显示。

(7) 提供远动系统维护工具：屏蔽和修改实时遥信，对无遥信信息的刀闸状态人工置位，无变压器分接头量测的变压器分接头人工改变档位，对明显不合理的量测进行屏蔽和人工修改，并允许设置量测偏差量，允许人工置入伪量测，扩大可观测区，所有运行维护工作都在画面上进行。

(8) 可在画面用单线图显示估计结果；可定时启动、事件启动和人工请求启动。

(9) 根据估计结果给出电压、潮流越限信息。

(10) 可以连续记录可观测区负荷和全天的母线负荷的历史数据。

(11) 状态估计结果能够在一次接线图上直接显示，具有估计和实测值对照功能。

3) 集群潮流计算和灵敏度分析

针对光伏逆变器接入的辐射状有源网络，进行潮流计算分析，给出当前时刻群内完整的有功、无功潮流分布和电压分布，覆盖升压变、光伏逆变器和 35kV 馈线，潮流计算的结果用于后续的预警和控制策略计算，同时可以准确在线计算光伏逆变器无功对机端电压和母线电压的灵敏度，用于对光伏逆变器有功无功控制策略和电容电抗无功控制策略进行精确电压预估。

潮流计算的主要功能包括：提供灵敏度分析计算功能，模拟光伏逆变器出力、升压站负荷功率和变压器分接头位置的调节，也可模拟各种开关、刀闸的变位操作，各种模拟操作可以多重组合，并可随时选择返回操作前的基态，出力和负荷的调整在棒图上进行，也可模拟光伏逆变器的启停和负荷、电容器、电抗器、变压器的投撤。潮流计算给出集群内部网络历史的、实时的潮流结果，并上图显示，并可实现可越界报警。

4) 集群动态同步化有功自律控制

对于低压集群，由于包含大量的村集体分布式电站，若不加以合理控制，其出力波动性将对配网产生巨大的冲击。因此集群在协调分布式电源运行，满足群内电压潮流约束的同时，需响应电网的运行状态，对电网提供有效支撑。集群同步化有功自律控制旨在解决集群内部快速动态调整与集群对外相对慢速的整体优化之间的矛盾，为系统提供有功动态调整能力。

结合现场具体条件和硬件情况，系统根据预测与实时信息，其控制思路如下：集群子站动态调控周期性评估电站整体的运行状态，向集群群间协同调控系统上传实时的有功输出和可调裕度，协同调控系统经过区域协调优化后，下发子站的额定运行功率和有功-频率下垂曲线斜率。

集群子站动态调控通过内部协调，保证外部输出按照给定的额定运行功率和有功-频率下垂曲线斜率运行。子站动态调控通过收集光伏监测系统监测的电源功率信息，优化设定各光伏电源的额定运行功率和有功-频率下垂曲线，各电源根据设定值实时控制光伏电源出力，从而保证电站集群整体的输出特性。该控制模式示意图如图 6.2 所示。

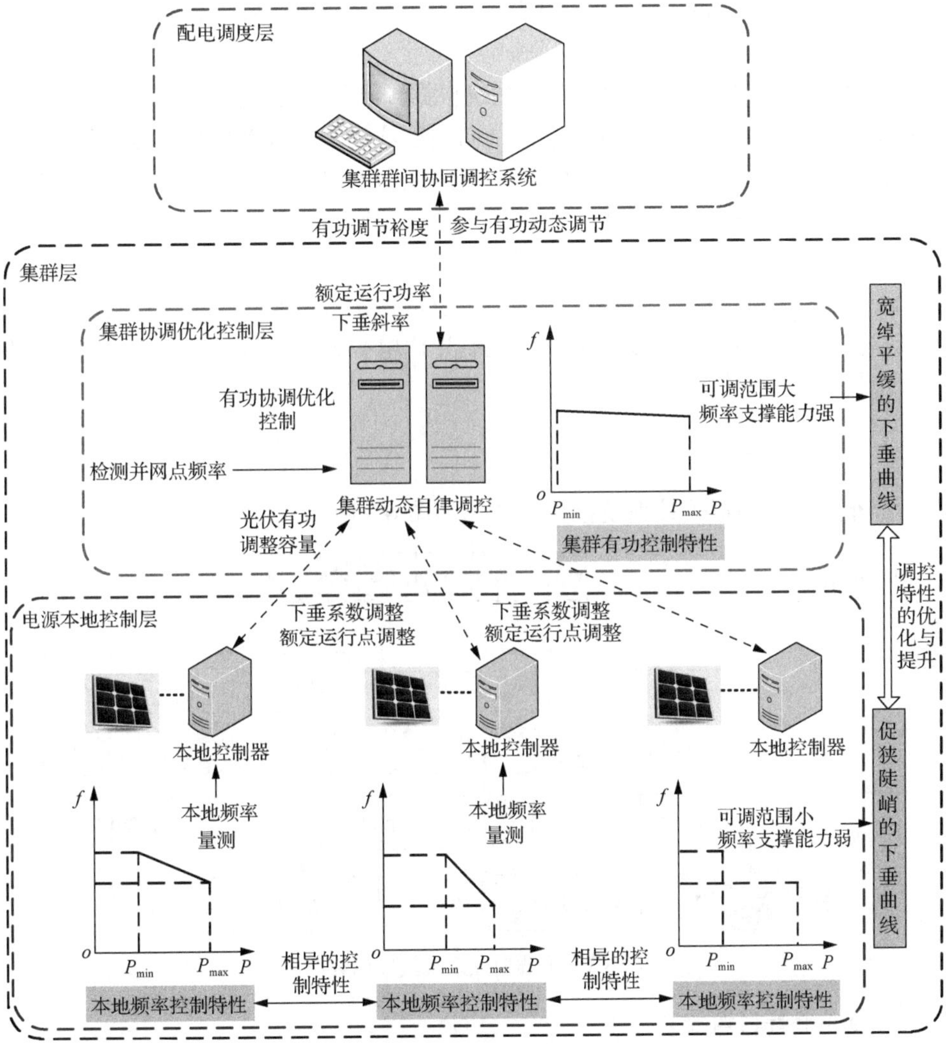

图 6.2　控制模式示意图

3. 集群动态电压自律控制

由于集群有功常常处于功率倒送状态，造成集群末端电压上升。动态电压自律控制基于集群自律控制模式，旨在提供动态无功调节能力，充分开发可再生能源发电集群中分布式电源以及无功控制装置的动态无功调节能力，通过集群集中在线优化与分布式电源本地快速控制的协调，参与系统动态电压调节，并优化集群内部的电压分布，降低电压越限风险的同时降低集群功率传输损耗。

集群动态电压自律控制充分考虑可再生能源发电有功-无功耦合特性，采用凸松弛技术将非凸问题凸化，采用集群集中在线优化与分布式电源本地快速控制协调的方法，解决分布式电源动态调整与集中决策之间的矛盾，最终实现电站集群友好并网的目的。

结合现场具体条件和硬件情况，系统根据预测与实时信息，其控制思路如下：集群动态调控监测集群的运行状态，并向集群群间协同调控系统上传运行状态和可调裕度，协同调控系统经过区域有功-无功协调优化后，下发集群的额定并网点电压值。集群动态调控通过内部协调，保证外部输出按照给定的并网点额定电压值呈现下垂输出特性，首先对并网点进行外部戴维南等值，并通过收集光伏监测系统监测的电源功率信息，通过协调优化设定各光伏电源的额定运行功率和下垂曲线。各分布式电源根据设定值实时控制光伏电源无功，从而保证电站集群整体的输出特性。

4. 数据交互关系与接口

分布式发电集群调控系统接口示意图如图 6.3 所示。

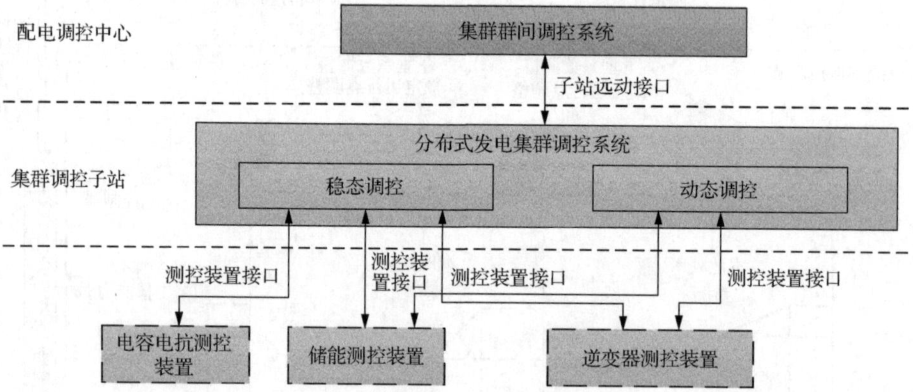

图 6.3 集群调控系统接口示意图

1) 与集群群间调控系统接口

由分布式发电集群调控系统评估集群有功、无功出力的可调裕度，上传给集群群间调控系统，集群群间调控系统对区域进行综合协调优化后，下发给集群额定运行点的有功、无功功率，以及有功-频率下垂曲线和无功-电压下垂曲线的斜率。

集群群间调控系统下发信息以分钟级的调度指令下发，可取 5～15min/次，子站上传的信息主要为子站有功、无功的可调裕度，可取 30s～1min/次。

2) 与测控装置接口

分布式电源与储能将本地运行状态(有功、无功出力及可调裕度、储能荷电状态、接入点电压、电流)通过测控装置接口上传给分布式发电集群调控系统，分布式发电集群调控系统进行综合优化，下发分布式电源和储能额定运行的有功、无功指令值，以及有功-频率下垂曲线和无功-电压下垂曲线的斜率。分布式发电集群调控系统下发的频率可取 30s～1min/次，测控装置上传的信息为实时运行和控制信息，可取 1s/次。

无功控制装置将运行状态(档位、无功、电流)通过测控装置接口上传给分布式发电集群调控系统，分布式发电集群调控系统进行稳态自动电压控制，下发无功控制装置控制指令和测控装置上传数据的频率可取 10s 级。

分布式发电集群调控系统建设投运后，能够实现分布式发电集群电压、有功自律控制，解决可再生能源分布式发电可控性差、易脱网和消纳困难等问题。

6.3.3　集群群间协同调控系统

1. 功能概述

集群群间协同调控系统在群间网络状态估计计算的结果基础上，利用基于回路法的三相潮流计算实现群间潮流分析，通过网络重构提供集群间的最优运行方式调整。集群群间协同调控系统通过无功电压优化，实现群间无功设备的自动控制，改善区域群间电压分布，降低网络损耗，并通过集群群间有功无功协调优化，调节各分布式发电集群的有功无功输出，改善分布式发电大规模接入带来的过电压问题，提高分布式发电的消纳能力。

集群群间协同调控系统的功能组成架构如图 6.4 所示。

2. 模块构成与功能设计

1) 三相建模

由于配电系统三相不平衡问题比较明显，尤其在低压配电网中分布式电源与负荷的单相接入现象很普遍，所以为满足集群群间计算分析和协同调控的需要，必须建立详细的三相电网模型。

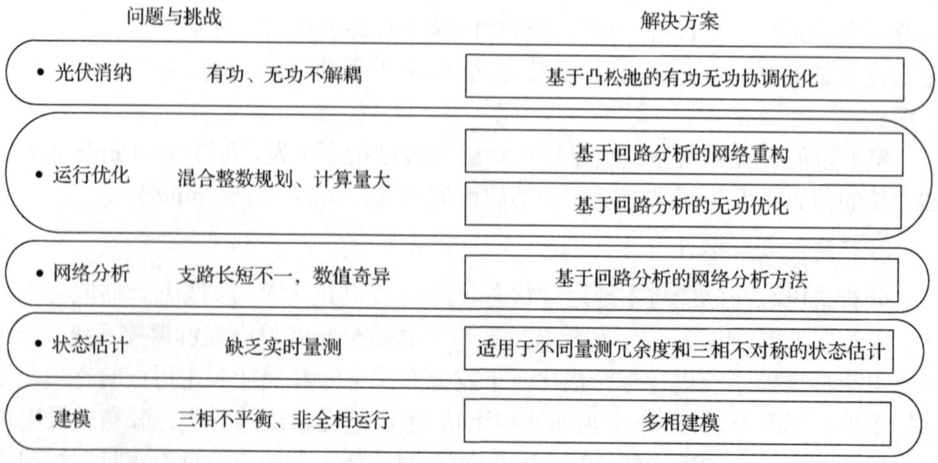

图 6.4　集群群间协同调控系统功能组成架构图

三相建模的对象是群间配电系统中的主要设备，包括线路、变压器、电压调节器、负荷、并联电容/电抗器和分布式发电集群等。参考 IEC61970 及 IEC61968 的建模与设备类关系设计电力系统模型，配电网设备类集成关系如图 6.5 所示。

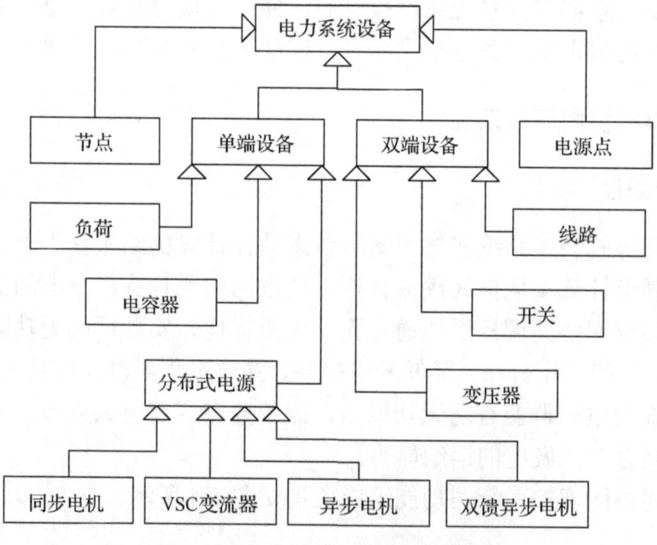

图 6.5　配电网设备类集成关系图

2) 三相状态估计

三相状态估计基于配电网三相实时建模，是群间系统分析与实时控制的核心功能，三相状态估计为网络分析、无功优化等其他群间协调高级功能提供基础状态数据。不同于量测冗余度高的输电网，配电网根据所处辖区的硬件投入、自动化水平不同，系统的可观测性也不同，对于冗余度较低的系统通常需要通过计量自动化或者电量信息补充部分数据，从而使系统接近可观测。因此群间网络的状态估计需要根据系统的冗余度不同，采用不同的估计方法，且对于不同冗余度系统，状态估计的目的有部分差别。

对于冗余度较高的系统，群间网络状态估计的目的与输电网相同，都是利用系统量测冗余度排除坏数据，得到系统可信的状态，而对于冗余度不足的系统，则是充分利用实时数据、伪量测数据给出系统最为可信的状态。

系统对于量测冗余度高的区域，采用一种指数型目标函数的抗差估计模型，可以进行坏数据辨识，从而提高抗差能力，对于量测冗余度低的区域，采用配电网匹配电流技术及其状态估计方法。

3) 三相潮流计算

潮流计算是群间系统高级计算分析与实时决策的基础，潮流计算的输出为目标区域的电压幅值、相角、线路、变压器功率等信息。针对群间网络线路长度不一、线路电阻与电抗参数数值相当、有功和无功耦合的问题，以及变压器中性点不接地导致的中性点电压漂浮问题，系统利用面向回路分析的前推回推法，提高群间潮流计算效率和鲁棒性。

三相潮流计算应用于实时控制，数据来源于三相状态估计，也可以针对特定的断面导入，在研究态进行分析与计算。

4) 网络重构

集群群间网络重构的主要目的是通过改变馈线开关的状态来变换系统网络结构，从而优化群间网络的运行参数，提升群间系统的运行效率。系统的网络重构功能采用如下目标：①降低系统网损；②提高负载平衡度；③提高系统可靠性；④提高电压稳定裕度；⑤故障恢复。

网络重构主要应用于日前或日内运行方式调整，当某运行方式下，基于最优潮流的控制手段效果不明显或者无法达到要求时，需要触发网络重构进行运行方式的调整。实施过程中，可以通过网络重构开环运行验证策略的合理性，经过一定时间的验证后，再采用闭环策略。如果遥控条件具备，验证通过后，可以接入自动化系统发送遥控指令。

5) 无功电压优化

无功电压优化功能是改善群间电压分布，保证群间系统安全、经济运行，降低网络损耗、提高电压质量，系统无功电压优化指无功补偿实时优化，控制对象是群间系统的无功设备(电容器、电抗器等)，达到提升电压质量、降低网损的效果。

在实时潮流计算的基础上，将无功源设备纳入到无功电压优化模型，经过计算后获得电容器的投切策略。实施初期可以采用开环策略进行验证，条件具备时通过无功电压优化系统 AVC 通道进行指令下发。

6) 集群群间有功-无功协调调控

集群群间有功-无功协调调控功能是通过群间的有功-无功耦合优化，计算出群间最优潮流，调整集群控制指令，及时消除网络的电压越限，优化群间运行，提高新能源的消纳能力。

实施过程中，集群通过开发调控子站可具备良好的调节性能，在群间有功-无功协调调控中将其作为控制主体，通过最优潮流计算集群子站的有功、无功调节指令，并下发给集群调控系统，集群内部实现对指令的跟随与执行。

3. 数据交互关系与接口

集群群间协同调控系统接口示意图如图 6.6 所示。

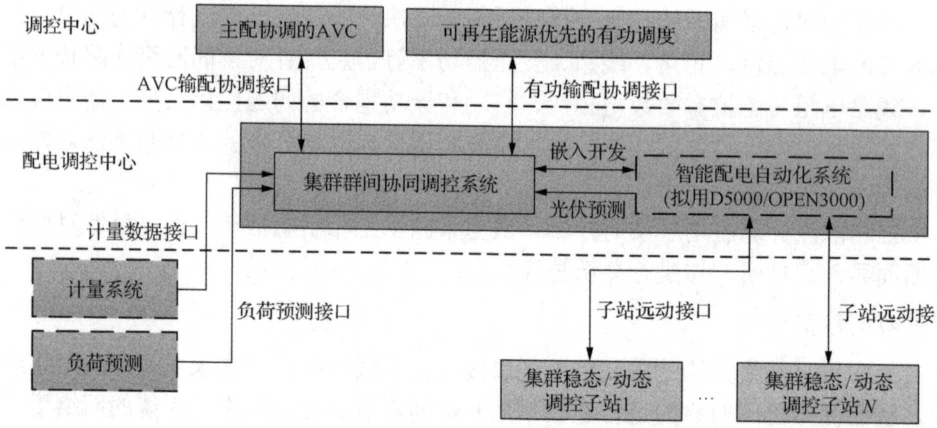

图 6.6　集群群间协同调控系统接口示意图

1) 集群网络模型

集群网络模型由智能配电自动化系统导出可用的(拓扑连续、设备参数完整)的 CIM 模型和馈线图，提供后将模型导入集群群间协同调控系统进行计算。智能配电自动化系统没有覆盖的示范工程网络及集群模型，需要人工手动建立。

2) 实时数据接口

集群群间协同调控系统的主要动态遥测数据(有功、无功、电流、电压)来源有两处，一是来自于智能配电自动化系统的数据，另一方面是来自与计量自动化。其中智能配电自动化系统采集周期短(分钟级)，精度较高，这部分数据通过嵌入开发获取。

3) 计量自动化接口

计量自动化接口采集配电变压器的电流、电压、有功、无功信息。计量自动化数据采集周期较长一般为 15～30min，数据上传供集群群间协同调控系统进行状态估计。

4) 负荷预测接口

负荷预测模块由负荷预测接口向集群群间协同调控系统发送区域负荷预测信息，供集群群间协同调控系统进行优化决策。

5) 光伏预测接口

集群具备光伏功率预测功能，集群光伏预测信息上传给智能配电自动化系统后，由光伏预测接口传送至集群群间协同调控系统，供集群群间协同调控系统进行集群群间有功-无功协调优化调控。

6) 与地区主配协同 AVC 接口

集群群间协同调控系统通过与地区主配协同 AVC 的接口，上送区域无功调节能力和电压期望范围，主配协同 AVC 生成策略后，下发给集群群间协同调控系统，后者实现对指令的跟随。下发的策略包含边界点/关键点的电压、无功或者功率因数目标值。

7) 集群子站远动接口

集群调控系统上传有功、无功的控制状态、调节能力、闭锁信号等；集群群间协同调控系统生成有功、无功调节指令下发集群调控系统，后者经过内部优化策略生成光伏逆变器、储能装置、电容电抗器的控制策略。

6.3.4　地区主配协调的 AVC 系统

1. 功能概述

采用基于双向互动的“多级控制中心-可再生能源电站”递阶分布式敏捷协调控制的总体架构。控制范围和对象主要为并入地区电网的 110kV、35kV 光伏电站。地区主配协调 AVC 系统还需通过输配协调接口与集群群间协同调控系统，通过省地协调接口与省调 AVC 系统进行协调控制。

系统协调控制关系如下。

(1) 在光伏电站内，充分挖掘光伏单元的无功调节能力，使得光伏电站发挥出类似于传统水/火电厂的无功调节和电压支撑外特性，抑制光电波动对电网电压的影响，同时兼顾电站内电容电抗器、光伏单元、SVC/SVG 等特性各异无功源的协同，实现光伏电站对电网的友好接入。

(2) 主配协调 AVC 通过和新能源电站 AVC 子站之间的双向互动，实现光伏电站与地区电网其他变电站之间的协调电压控制，协调控制的周期自适应切换，满足敏捷性要求，抑制光电的快速波动造成的电压波动。

(3) 在地调和省调 AVC 主站之间进行双向互动的省地协调控制，通过省地双向互动，一方面，发挥地区电网的变电站、集中并网光伏电站无功调节能力，实现地区电网无功电压自律控制，支撑可再生能源并网区域的电压；另一方面，当地区电网无功调节能力不足时，发挥省调电厂的调节能力，保证可再生能源并网区域的电网的电压稳定性。

(4)在地调主站和集群群间协同调控系统之间进行双向互动的输配协调控制，一方面，充分发挥配电网中分布式光伏发电自身的无功调节能力，减少配电网内无功不合理流动，支撑配电网区域末端电压；另一方面，当配电网内无功调节能力不足时，发挥上级地区电网中变电站内的调压手段，保证低压配电网电压合格。

2. 模块构成与功能设计

在上述体系架构下，支持可再生能源消纳的主配协调电压控制采用如下的基于电网自适应分区的递阶控制的技术路线，整个控制流程由三级控制、二级控制和一级控制组成，其流程如图 6.7 所示。

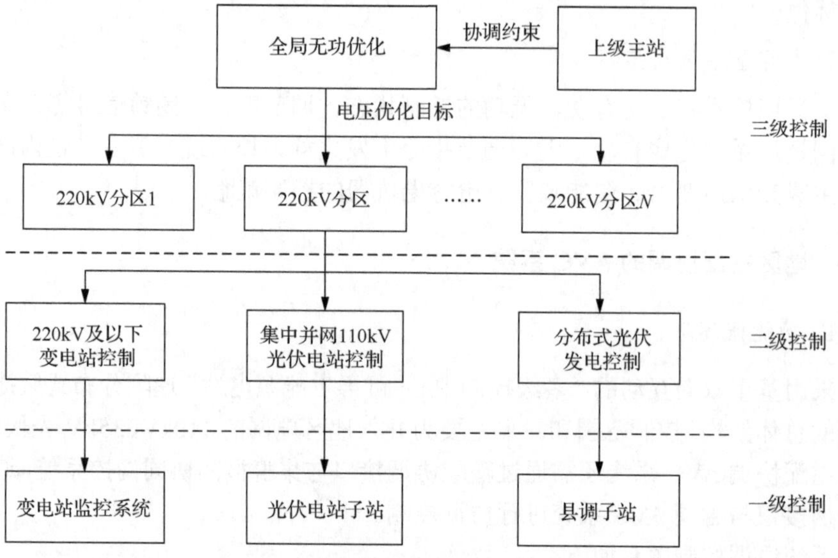

图 6.7　主配协调电压控制技术路线图

1) 三级电压控制

三级控制基于全局电压无功优化计算，对地区电网进行总体的无功电压优化，计算范围包括地区电网 EMS 中建立模型的 220kV 及以下的地区电网模型，包括通过地区 110kV 和 35kV 电网并网的光伏电站。全局无功优化采用全网最优潮流计算，以地区电网可以控制的 220kV 及以下变电站和地区电网中的光伏发电为调节手段，以母线电压合格、潮流不过载为约束条件，求解全网网损最小的优化运行方式。最优潮流计算结果为全网电压的优化目标值，该电压优化目标值保证在电压考核的上下限值内，同时满足无功分布最优，实现降低网损的控制目标。

在进行全网无功优化计算时，需要将上级调度下发的关口无功、联络线无功或关键母线电压等协调控制指令，作为约束条件考虑，从而实现与上级调度的协调控制。

三级电压控制计算给出的结果，是地区电网中各 220kV 变电站和 110kV 变电站的优化调节目标值，该目标值为二级分区控制模块的输入。

2) 在线自适应分区

目前，地区电网中多采用 220kV 电网解环运行及 110kV、35kV 电网的辐射运行的方式，电网自身即具有天然的分区特点。AVC 系统根据电网的运行特点对电网进行分区控制。这种分区控制的思路符合电网无功分层分区控制的原则，同一个区域内的设备在无功电压控制特性上具有强耦合性，区域间的设备则具备松耦合性。分区由系统在线自动完成的，可以实时根据电网运行方式自动生成，能适应电网的发展变化和不同的运行方式。

3) 二级电压控制

二级电压控制以 220kV 变电站所带的分区为单位，对各个分区进行解耦的控制策略计算。在每个分区内，二级电压控制的范围包括地区电网 220kV 变电站、110kV 变电站，以及通过地区电网并网的集中高压(110kV～35kV)光伏电站；低压侧配电网中的无功资源，通过集群群间协同调控系统也接入到地调 AVC 的二级电压控制中。

4) 一级电压控制

一级控制为场站端的就地控制，包括变电站控制、集中并网光伏电站子站控制、集群调控系统控制。

(1) 变电站控制。变电站直接控制通过 AVC 主站向变电站监控系统发送控制命令完成。AVC 主站通过 EMS 系统的前置数据通信功能，直接向变电站监控系统发送电容器、电抗器开关、分接头的遥控遥调指令，完成电容器、电抗器的投切和分头调节。

(2) 集中并网高压光伏电站子站。对集中并网高压光伏电站子站，当地控制需要设置专门的 AVC 子站系统。地调 AVC 主站根据二级控制的计算结果，向光伏电站子站发送并网点母线的电压控制目标指令。子站收到高压并网点母线的电压控制指令后，根据场站内 SVC/SVG、逆变器等无功调节设备的运行状态，计算各无功设备的调节指令，使并网点母线电压追随 AVC 主站下发的指令。

光伏电站子站同时需要根据场站内各种无功调节设备的运行状态，实时计算场站总体的无功调节能力，即可增、减无功值，并将之上送地调 AVC 主站，作为主站等值模型的调节范围。

(3)集群调控系统。对通过地区电网 10kV 并网的分布式光伏发电以及通过低压配网并网的低压光伏电站，通过设置集群调控系统实现就地控制。集群调控系统协调控制配网内分布式接入的用户光伏及低压光伏电站，保证 10kV 配网的电压合格并减少无功不合理流动。当配网内的无功调节能力不足时，通过与地调主站的双向互动，实现电压协调控制。

5)主配协调的无功电压优化控制

对于传统配电网，其关口电压由主网决定，并由主网提供电源供应，而配网自身一般是无源网络，因此只决定关口负荷，主配之间的耦合性较弱。而随着可再生能源发电大规模接入配电网，配网潮流从关口到末端的单一方向流动变为了双向流动，对于主网来说，配电网不再是简单的负荷，主配之间的耦合更加紧密，相互影响逐渐增强。

为了实现可再生能源发电的 100%消纳，保证全系统的电压安全，必须进行主配协调的分析计算，通过主配协调实现统一的无功电压优化控制。但是，主网与配网之间的无功电压调节手段和作用区别显著，模型区别很大，同时决策又互相分离，因此需要设计合理的协调模式和交互方案。主配协调电压控制的主要思路如下：

群间协同调控系统与地区 AVC 系统需要交互的信息包括以下两方面。

(1)协同调控系统根据边界变量，基于二阶锥松弛进行内部无功优化后，将可行割上传给主网。

(2)地区 AVC 系统根据上传的可行割，进行混合整数协调优化后，将边界变量反馈给协同调控系统，二者循环迭代，最终达到收敛。

3. 数据交互关系与接口

地区主配协调 AVC 系统接口示意图如图 6.8 所示。

1)电网模型

需要获取电网模型，即获取电网的拓扑结构和设备参数等一些基础数据。电网模型、SCADA 数据、PAS 数据可以从 D5000 平台实时库直接读取。需要获取 PAS 状态估计结果，即获取 EMS 系统状态估计计算结果数据。

2)计划曲线数据

需要获取地调 EMS 系统中母线的计划值曲线，如上限、下限、默认值。

3)实时数据

需要获取 EMS 实时数据：包含系统的所有量测，关键数据包含母线电压、保护信号等。

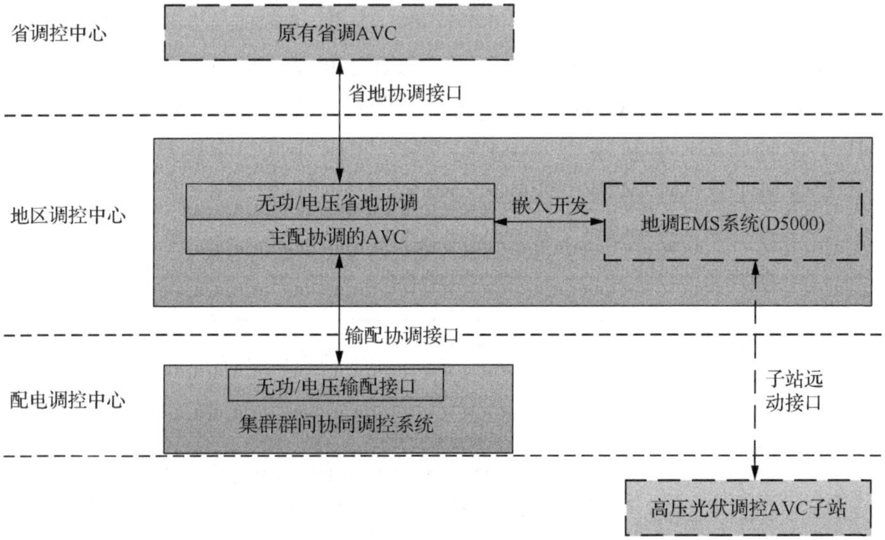

图6.8 地区主配协调AVC系统接口示意图

4) AVC指令下发

AVC需要通过遥调发送电厂控制指令。AVC和SCADA通信由SCADA发送到具体的光伏厂站。

5) AVC数据转发

与省调、配调通信使用。采用E文本发给SCADA，SCADA负责转发到地调、网调。或者采用省调规定的方式转发。

6.4 区域分散型示范工程实践

金寨县具有丰富的光能、风能、水能等可再生能源，大规模的可再生能源接入金寨县电网后，电力消纳和送出矛盾十分突出。同时金寨是中西部省份“区域分散性”可再生能源发展的典型。

6.4.1 金寨现代产业园基本情况

金寨县位于安徽省西部，大别山北麓，为鄂、豫、皖三省交界处。东连安徽省六安市、霍山县，南邻湖北省英山、罗田两县，西交湖北麻城、河南商城，北接河南固始、安徽霍邱及叶集试验区，是著名革命老区和将军县，也是全国重要生态功能区和国家扶贫开发工作重点县。境内东西及南北跨度均为80km，总面积为3814km^2，耕地面积22400ha，全县森林覆盖率为70.35%，电力排灌面积3000ha，是安徽省面积最大、人口最多的山区县、贫困县、库区县。

金寨县的可再生能源发电主要包括水电、光伏、风电、生物质能发电。预计至2025年，金寨县将建成可再生能源发电装机570万kV·A，其中，水电装机规模1600MW(包括1200MW安抽水蓄能)，光伏装机规模3200MW，风电装机规模800MW，生物质电厂装机规模100MW。截至2018年底，金寨县可再生能源发电装机容量达482.7MW。各种电源的出力特性汇总情况如表6.1所示。

表6.1　金寨县电源出力特性及出力系数汇总表

电源种类	电源项目	出力特性
常规水电	梅山水电站40MW、响洪甸水电站40MW、流波水电站25MW	丰水期(通常在每年的5～6月份)大发，有库容
小水电	小水电110MW	地区小水电均无库存能力，发电特性完全受来水量影响，即水来大发，水走停发
光伏	信义新源电站(150MW)、信义白塔畈光伏电站(100MW)、分布式光伏电站及规划项目等共3200MW	单个电站最大出力为装机规模的80%；仅白天出力，总体出力呈凸抛物线趋势，中午11:00～13:00左右出力最大
风电	信义东高山风电(120WM)、天润朝阳山风电(100MW)	出力不规律；年利用小时约1700h，平均出力约20%
生物质及垃圾电厂	凯迪生物质电厂(30MW)、垃圾焚烧电(6MW)	年利用小时约7000h，常年出力稳定

本部分选取金寨县区域电网具有代表性的现代产业园辖区为对象，金寨现代产业园是金寨县的主要经济增长点，高负荷密度的城市商住区、负荷发展迅速的产业园区、负荷分散的农村地区三类区域电网特点于一身的综合型电网。

根据目前金寨县域分布式电源接入存在的主要问题，对本项目研究的内容和示范工程的建设需求总结如下。

(1)规划层面：分布式能源在规划和建设时，结合地域面积及光照资源，仅对总容量和时间进度方面提出了要求，没有结合实际地理特性、电网现状进行系统分析。因此，需要开展规划层面的研究，将电网规划与分布式新能源规划进行有机结合，并综合考虑地理、环境、负荷等多方面元素，加强规划指导。同时分布式能源规划建设需要与电网规划同步，实现层层向上送出，各个电压等级的电网设备都需要作相应的建设改造，网架结构需要作适应性规划调整。结合现有配电网网架结构及负荷现状，考虑就地消纳、就近消纳，从分布式新能源规划、区域(集群)管理、接入的模式方面进一步开展论证和研究。

(2)并网设备层面：由于金寨现有接入的分布式光伏面积广，规模大，同时接入方式不可控，对配电网、农村电网造成了电压越限、线损增加、孤岛运行隐患、调度控制等多方面的挑战，迫切需要开展现有光伏运行的调控和电网一、二次层面的解决方案研究。根据金寨电网现有运行问题，需要在示范区域选择具有典型代表性的点、群、网，利用高性能光伏并网设备、智能测控装置、储能单元、电能质量治理装置等，引用先进的通信方式，解决分布式能源并网电压越限、损耗过大、谐波超标等问题。

(3) 调控运行层面：随着配电自动化建设工作及目前分布式能源的分布情况，需要结合电网一二次设备优化方案开展分布式电源的集群划分，分层次调控，实现分布式能源的群调群控，进一步解决分布式能源消纳问题。

6.4.2　总体建设方案

利用集群规划和分布式电源与电网的联合规划的规划方法和新型即插即用装备，实现分布式电源的有序、大规模接入。通过群控群调系统和运营管控平台实现示范工程的目标体现和整体展示，工程整体建设方案如 6.9 图所示。

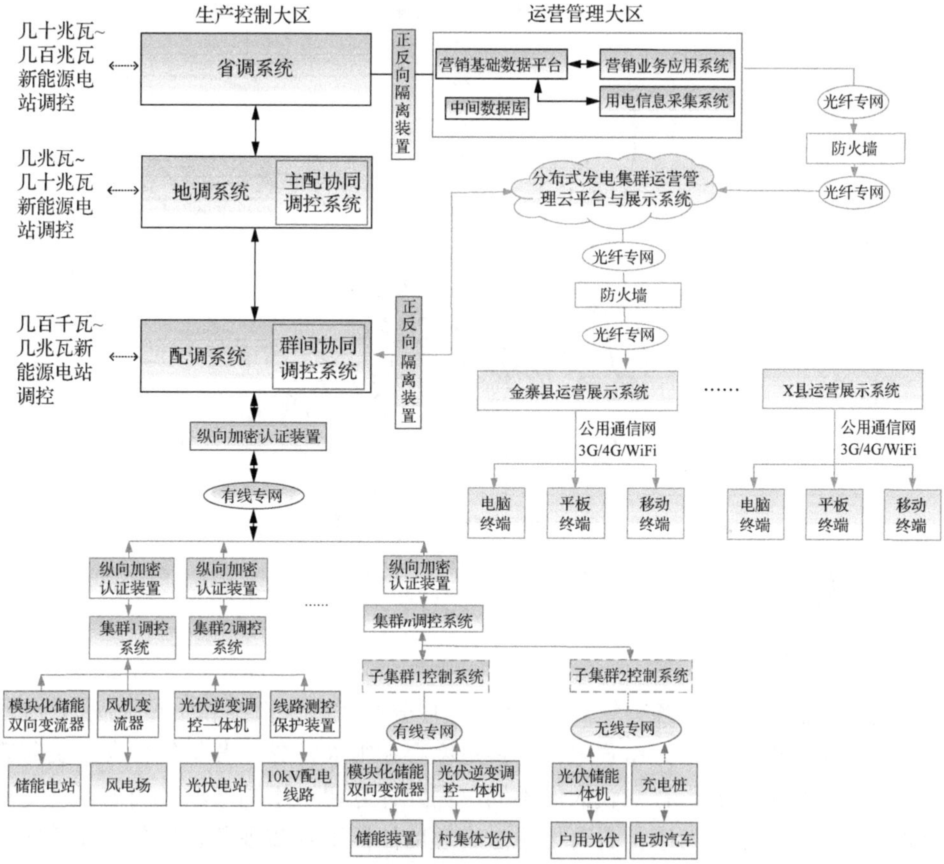

图 6.9　金寨“区域分散型”示范工程整体建设方案图

(1) 采用虚拟同步机、高效变流器、测控保护装置提高分布式电源并网的灵活性，进一步提高并网变流器的效率和功率密度、增强分布式电源接入的自主性、完善多机并网反孤岛保护。

(2) 建立分布式发电集群调控系统、集群群间协同调控系统和地区主配协调的AVC系统，完全对接集群调度系统与现有DMS等系统，通过自治-协同的群控群调技术实现金寨地区分布式能源的灵活调控和高效接纳。

6.4.3 集群规划

1. 集群划分结果

根据金寨县区域电网网架情况、各类负荷情况及分布式能源情况，选择110kV金寨变所辖区域、35kV全军变所辖区域、35kV铁冲变所辖区域、35kV银湾变所辖区域、35kV白塔畈变所辖区域、现代产业园区所辖区域为集群，如图6.10所示。

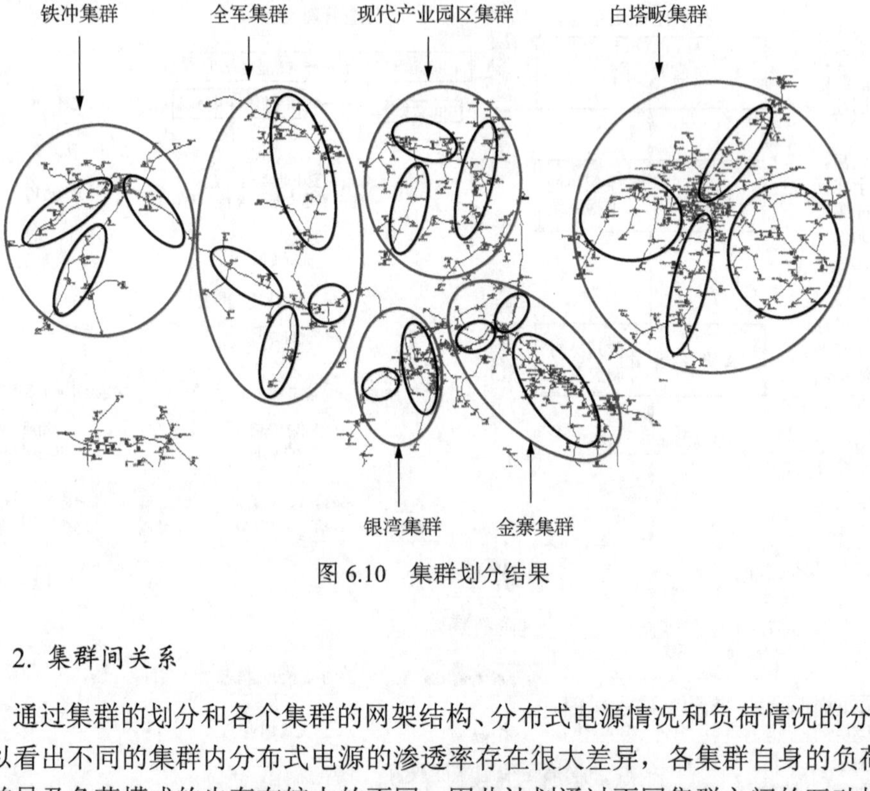

图6.10 集群划分结果

2. 集群间关系

通过集群的划分和各个集群的网架结构、分布式电源情况和负荷情况的分析，可以看出不同的集群内分布式电源的渗透率存在很大差异，各集群自身的负荷等级差异及负荷模式的也存在较大的不同，因此计划通过不同集群之间的互动提升分布式电源的消纳，考虑是否可以通过合理的储能配置实现各自净负荷曲线的平稳，这里选取电气距离较近的银湾变和全军变进行研究分析。

由于银湾变几条出线的净负荷表现非常相似，所以银湾变该集群内10kV出线之间的互补性比较小，将银湾变作为一个等效负荷点，与全军变之间的负荷关系如图6.11所示。

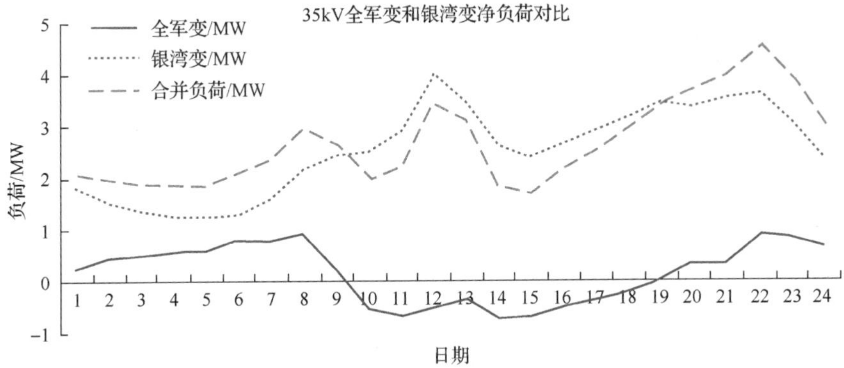

图 6.11　银湾变和全军变典型日负荷对比图

由图 6.11 可以看出，银湾变和全军变两个集群之间的净负荷出力趋势之间存在很好的额匹配性，中午银湾变负荷较大的时刻正是全军变光伏发电功率较大的时刻，可以通过金寨变 35kV 中压侧母线实现能量的流动和互补。但是也可以看出，由于银湾变的负荷大于全军变净负荷对外送出功率的等级，虽然出力趋势互补，但是功率的匹配结果不一定非常理想，通过计算，得到的匹配结果，由于全军变的光伏出力不足，对银湾变的补偿效果不是特别理想，虽然在某些时刻降低了整体的负荷水平，但是使整体的负荷波动情况没有很好解决，所以有必要考虑采取安装储能装置的解决方案，如表 6.2 所示。

表 6.2　电力电量平衡分析表

主变	全军变	银湾变
年耗电量/(MW·h)	13878.624	22249
光伏年发电量/(MW·h)	13000	195
水电年发电量/(MW·h)	546.624	0
年电量盈亏/(MW·h)	332	22054

全军 35kV 变电站接入水电机组 0.52MW、集中式光伏 13MW 和分布式光伏 1.14MW，全年用电量为 13878.624MW·h，光伏年发电量为 13000MW·h，水电年发电量为 546.624MW·h，年电量盈亏为 332MW·h。光伏/水电渗透率高，负荷较低，无法实现就地消纳，存在光伏/水电出力倒送现象。银湾 35kV 变电站接入分布式光伏 0.195MW，银湾变全年用电量为 22249MW·h，光伏年发电量为 195MW·h，年电量盈亏为 22054MW·h。银湾 35kV 变电站光伏渗透率低，但是负荷较高，本地光伏无法支撑本地负荷，需要外界大量功率输入。

通过分析可知，全军 35kV 变电站和银湾 35kV 变电站之间存在功率互补的可能性，在全军35kV变电站光伏/水电出力有盈余的情况下，可以同来补充银湾35kV 变电站的功率缺额，实现就近消纳。

6.4.4 设备配置

1. 并网逆控一体机工程配置

根据功率不同，主要配置于户用光伏和村级集中光伏电站。

电气连接方式：装置直流输入侧连接到光伏电池系统汇流箱的输出侧，交流输出侧通过并网开关连接到 220/380V 电网。

1) 5kW 并网逆变调控一体机配置方案

示范工程选择两个自然村对其进行改造，其中，一个自然村对所有的 40 户进行改造升级，配置 40 台并网逆变调控一体机；另一个自然村选择其中 10 户对其进行改造升级，配置 10 台并网逆变调控一体机。共配置 50 台 5kW 并网逆变调控一体机。

2) 30kW 并网逆变调控一体机配置方案

示范工程选择 15 个自然村，新建/改造 60kW 村级集中式光伏电站，每个电站配置 2 台并网逆变调控一体机，共配置 30 台 30kW 并网逆变调控一体机。

3) 250kW 并网逆变调控一体机配置方案

示范工程选择 7 个自然村，新建/改造 200kW 及以上村级集中式光伏电站，每个电站配置一台并网逆变调控一体机，共需配置 7 台 250kW 并网逆变调控一体机。

通信连接方式：无线网/低压载波/RS485。

2. 光储一体机工程配置

示范工程选择 3 个自然村对其进行改造，其中，自然村 1 对所有的 35 户进行改造升级，配置 35 台光伏储能一体机；自然村 2 选择其中 15 户对其进行改造升级，配置 15 台光伏储能一体机；自然村 3 选择其中 10 户对其进行改造升级，配置 10 台光伏储能一体机。共配置 60 台 5kW 光伏储能一体机。

电气连接方式：装置直流输入侧连接到光伏电池系统汇流箱的输出侧，交流输出侧通过并网开关连接到 220/380V 电网。

通信连接方式：无线网/低压载波/RS485。

3. 储能工程配置

1) 50kW 储能/小型村集体(分布式)

以村级为单位，每个 15 户，每户需求 3kW，满足 8 个村集体用户用电需求，配置 8 台 50kW 规格的分布式储能双向变流器，可抑制接入点过电压，保证系统用电可靠性。

2) 250kW 储能/大中型村集体(分布式)

以村级为单位，每个 80～83 户，每户需求 3kW，满足 3 个村集体用户用电需求，配置 3 台 250kW 规格的分布式储能双向变流器，可在村集体之间就近构成微网，解决村级功率消纳问题，抑制功率波动，实现削峰填谷、改善潮流分布，提高供电可靠性。

电气连接方式：装置直流输入侧连接到储能电池系统的输出侧，交流输出侧通过并网开关连接到 380V/10kV 电网。

通信连接方式：无线网/低压载波/RS485。

4. 光伏虚拟同步机示范工程配置

配置于集中型光伏发电站，实现大规模光伏自同步并网。

在新建集中型光伏发电站时，采用 1MW 光伏虚拟同步机方案，总使用 10 台，容量为 10MW。

电气连接方式：装置直流输入侧连接到光伏电池系统汇流箱的输出侧，交流输出侧通过并网开关连接到 10kV/35kV 电网。

通信连接方式：光纤通信。

5. 分布式电源并网测控保护装置

智能测控保护装置安装点主要涵盖接入台区的 10kV 或 380V 开关侧：安装智能测控保护装置 69 套。

电气接线方式：装置的模拟量输入端子连接电压互感器二次侧、电流互感器的二次侧。

通信接线方式：装置通信模块与(下级)光伏发电装置通过无线/光纤/RS485 通信，装置与(上级)调控中心通过光纤/无线/电力线载波通信。

6. 多元电能质量治理装置

在 12 个问题较为突出的低压台区进行试点。

电气连接方式：无功、谐波和三相不平衡治理模块，安装于低压台区配电变压器首端，容量按照配变容量的 50%进行选择；有功控制模块安装在户用光伏接入点或靠近负荷末端，有功控制模块的功率按照户用光伏逆变器功率选择(3kW)，有功控制模块的容量，按照 10kW·h 选取。

通信连接方式：无线网/低压载波/RS485。

7. 电能质量在线监测装置

(1) 根据项目集群规划内容和即插即用装置应用情况，在 35kV、10kV、0.38kV、

0.22kV 各电压等级中，选择相应的节点安装电能质量在线监测装置；

(2) 电能质量在线监测装置覆盖 76 个电能质量监测点，可以满足示范工程并网点的工程验证能力需求。

6.4.5 工程效益分析

1. 户用、村级扶贫光伏增发电量

户用扶贫光伏电站安装 3kW 逆变调控一体机、5kW 光储一体机后，解决了逆变器频繁脱网的问题，村民的光伏发电量显著增加，据统计，户均月增发电量约 60 余度，预计年增发电量为 700 余度，年增收 700 余元。

村集体扶贫光伏电站安装 30kW 逆变调控一体机后，解决了逆变器频繁脱网的难题，提高了供电质量，村集体光伏发电量显著增加，据统计，30kW 村集体扶贫光伏电站月增发电量约 200 余度(kW·h)，预计年增发电量为 2500 余度，年收入 2500 余元。

2. 台区治理

为验证多元电能质量治理系统的实际应用效果，对该系统投入前和投入后电能质量治理效果进行了测试，现场测试情况如图 6.12 所示。

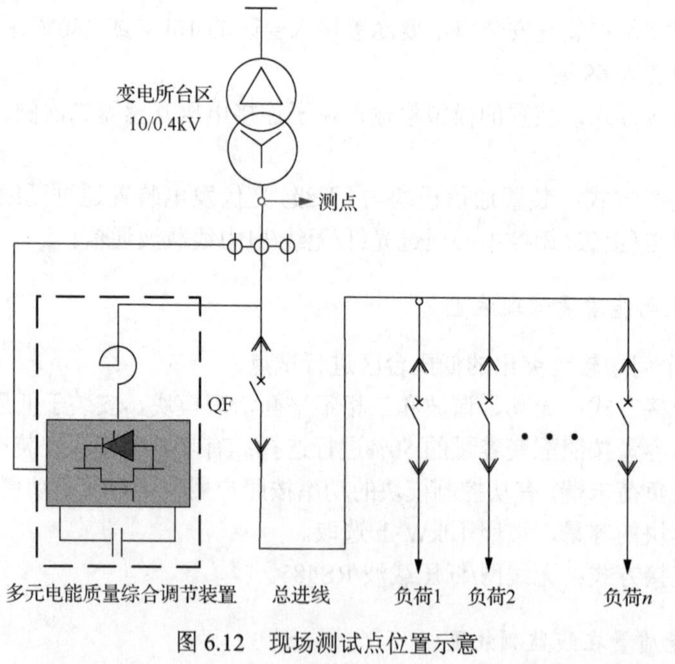

图 6.12 现场测试点位置示意

测试过程中，在短时间内控制多元电能质量综合调节装置频繁退出、投入，每次装置退出和投入的整个操作过程记为一次测试，依次进行测试编号，整个测试过程共交替进行 8 次操作，记录了 4 次测试编号的测试数据，以对比分析多元电能质量综合调节装置投运前后电能质量治理效果。

1) 谐波滤除效果

根据图 6.13 可知，有源电能质量综合治理装置的可以有效滤除谐波电流，测试时最高总谐波电流量补偿率达 82%，以其中一组测试数据为基础得到 2～25 次谐波电流的滤除效果，如图 6.14 所示，不难看出 3、5、7、11 次谐波被装置高效滤除。

2) 三相负荷不平衡补偿效果

(1) 负序电流补偿效果评估。通过图 6.15 和图 6.16 分析结果可知，有源电能质量综合治理装置可以快速有效的补偿基波负序电流，装置退出后系统最大基波负序电流可达 15.95A，当装置投运后，基波负序电流下降到 0.89A，基波负序电流的补偿率最大可达 94.42%，治理效果卓越。

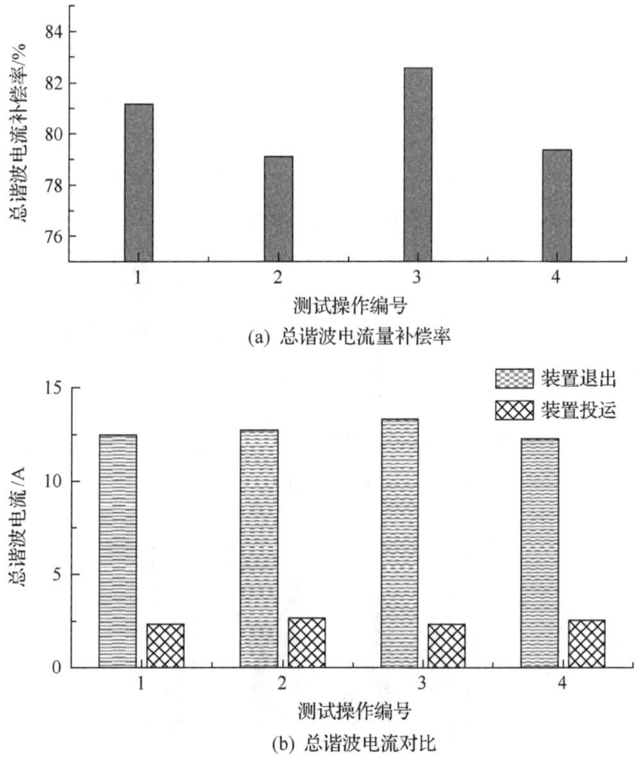

图 6.13　有源电能质量综合治理装置投运前后系统总谐波电流量补偿效果

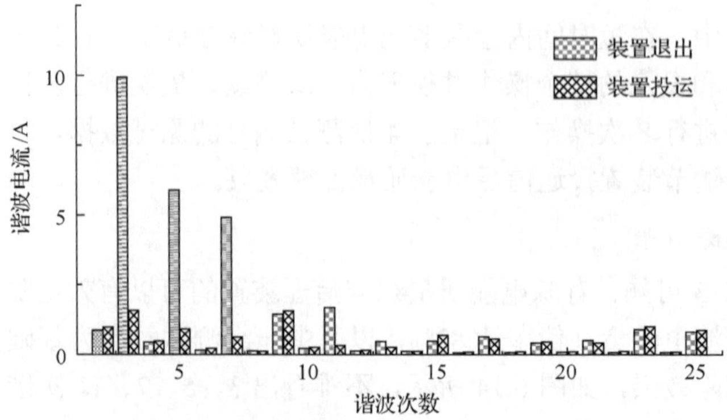

图 6.14　电能质量综合治理装置的 2～25 次谐波滤除效果

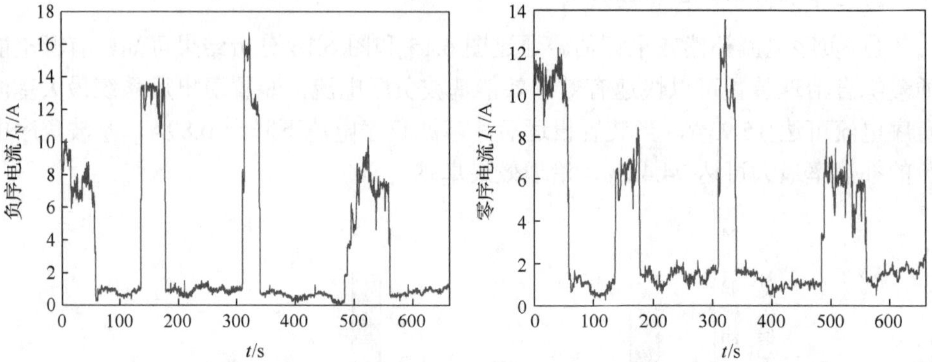

(a) 基波负序电流趋势图　　(b) 基波零序电流趋势图

图 6.15　电流趋势图

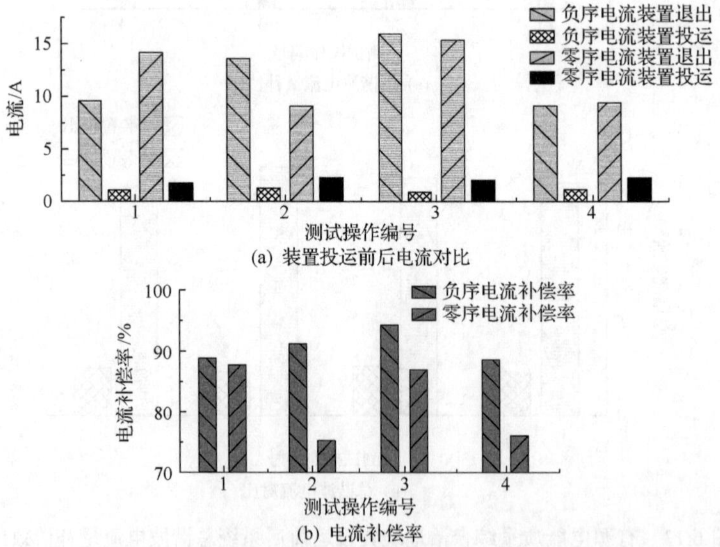

(a) 装置投运前后电流对比

(b) 电流补偿率

图 6.16　有源电能质量综合治理装置电流补偿效果

(2) 零序电流补偿效果评估。通过图 6.15 和图 6.16 分析结果可知，有源电能质量综合治理装置可以快速有效的补偿基波零序电流，装置退出后系统最大基波负序电流可达 12.61A，当装置投运后，基波负序电流下降到 1.64A，基波负序电流的补偿率最大可达 87.77%，治理效果卓越。

由于基波零序电流相位特点(三相相位相同)，一般零序电流都会流入低压三相四线制系统的中线内，中线电流通常约为相线零序电流的 3 倍，当相线内基波零序电流被装置有效补偿，中线电流将大幅度减小，保证了低压系统中线的安全。

综上所述，有源电能质量综合治理装置实现谐波、无功及三相电流不平衡的综合补偿，且治理效果达到预期目标。

6.5　区域集中型示范工程实践

近年来，分布式电源并网容量快速增加，大规模的分布式电源接入海宁电网后，电网协调控制、安全稳定运行和电压质量问题显得十分突出，同时，海宁是东部省份“区域集中性”可再生能源发展的典型。因此选在海宁开展示范工程并推广应用具有重大的实用价值。

6.5.1　海宁尖山基本情况

海宁尖山新区位于海宁市域东南，是杭州湾产业带的重要发展地区。尖山新区大部为 110kV 尖山变供区。尖山变全部供电区域面积 30.3km^2，供区内以工业负荷为主，也包括一些商业负荷和民用负荷。区域内工厂屋顶大多适宜分布式光伏电源的建设，分布式光伏电源的大量接入与工业负荷、商业负荷互补配合能有效分担区域负荷增长的需求。

尖山地区光照资源丰富，年等效小时数达到 1250h。截至 2018 年，尖山新区光伏安装容量已达 231.7MW。2016 年夏季用电高峰期间，最大负荷为 95.78MW。光伏项目广泛分布在整个尖山新区范围内，接入电压等级涵盖 380V、10kV、20kV，呈现出高渗透分布式光伏接入、多点、多电压等级以及多种形式接入的态势。

尖山新区毗邻钱塘江，风电资源丰富，沿江海塘的风资源品质较好，风功率密度较高、风力持续性也较好，风机更容易输出质量好、稳定性高的电能。中广核海宁尖山风电项目位于尖山新区嘉绍大桥北起点沿钱塘江堤内侧区域，总装机容量为 50MW，安装单机容量 2.0MW 风机 25 台。

其他分布式电源包括即将建设燃煤电厂一座，开展热电联产试点工作，容量为 4×12.5MW。

海宁属于经济发达地区，基于地域面积小、负荷密度高，在当前分布式新能源快速发展形势下，存在大量光伏并网接入需求大、安全管控难、倒送功率大、电能质量差等问题。具体表现如下。

1) 间歇性主变功率倒送问题

由于海宁尖山地区光伏渗透率较高，且光伏发电出力特性与用电负荷基本相同，但在特殊时间段、特殊运行方式下可能引起主变超载，接入容量是否需要设限及如何进行设限是急需解决的问题。迫切需要应用网架规划、柔性互联等先进技术，转移尖山变分布式发电功率，促进分布式电源的全额消纳，降低分布式电源大规模接入带给配网设备重过载运行的风险，保证含高渗透率分布式电源的配电网安全可靠运行。

2) 大规模分布式电源接入引起的电能质量问题

从调研情况来看，海宁尖山地区光伏接入较为集中区域的电网侧和光伏电站出口处的电能质量数据采集不够全面，仅较大规模发电项目安装电能质量采集装置，且无法远程及系统采集，为相关电能质量分析和治理带来困难。从典型光伏发电侧采集信息看，电压总谐波畸变率及 5 次谐波时有超标现象。

6.5.2　总体建设方案

为了进一步增强配电网对分布式电源的适应和主动控制能力，通过部署分布式电源灵活并网装备，解决分布式电源并网复杂、灵活性差等问题，实现分布式发电集群就地侧灵活接入和安全管控，抑制分布式光伏出力和电压波动，从而实现分布式电源主动控制；同时搭建分布式发电集群运行管控系统，实现分布式发电集群的运行管控。分布式电源并网设备选型和配置，遵循“因地制宜，安全可靠，集成优化，统筹布局”原则，根据各地区电源、电网及负荷的情况合理布置各类型装置。

本项目针对尖山地区的七个光伏厂站进行改造，改造内容包括：新建并网逆变调控一体机 9 台，其中包含 500kW 并网逆变调控一体机 3 台，630kW 并网逆变调控一体机 6 台；500kW 光伏虚拟同步机 2 台；150kW 储能双向变流器(含 250kWh 锂电池) 1 套；智能测控保护装置 7 套；区域集中型分布式电源运行管控系统 1 套。本工程的总体解决方案如图 6.17 所示。

(1) 采用虚拟同步机、逆控一体机、智能测控保护装置等提高分布式电源并网的灵活性，进一步提高并网变流器的效率和功率密度、增强分布式电源接入的自主性、完善多机并网反孤岛保护。

(2) 建立区域集中型分布式电源运行管控系统，通过自治-协同的群控群调技术实现海宁地区分布式能源的灵活调控和高效接纳。

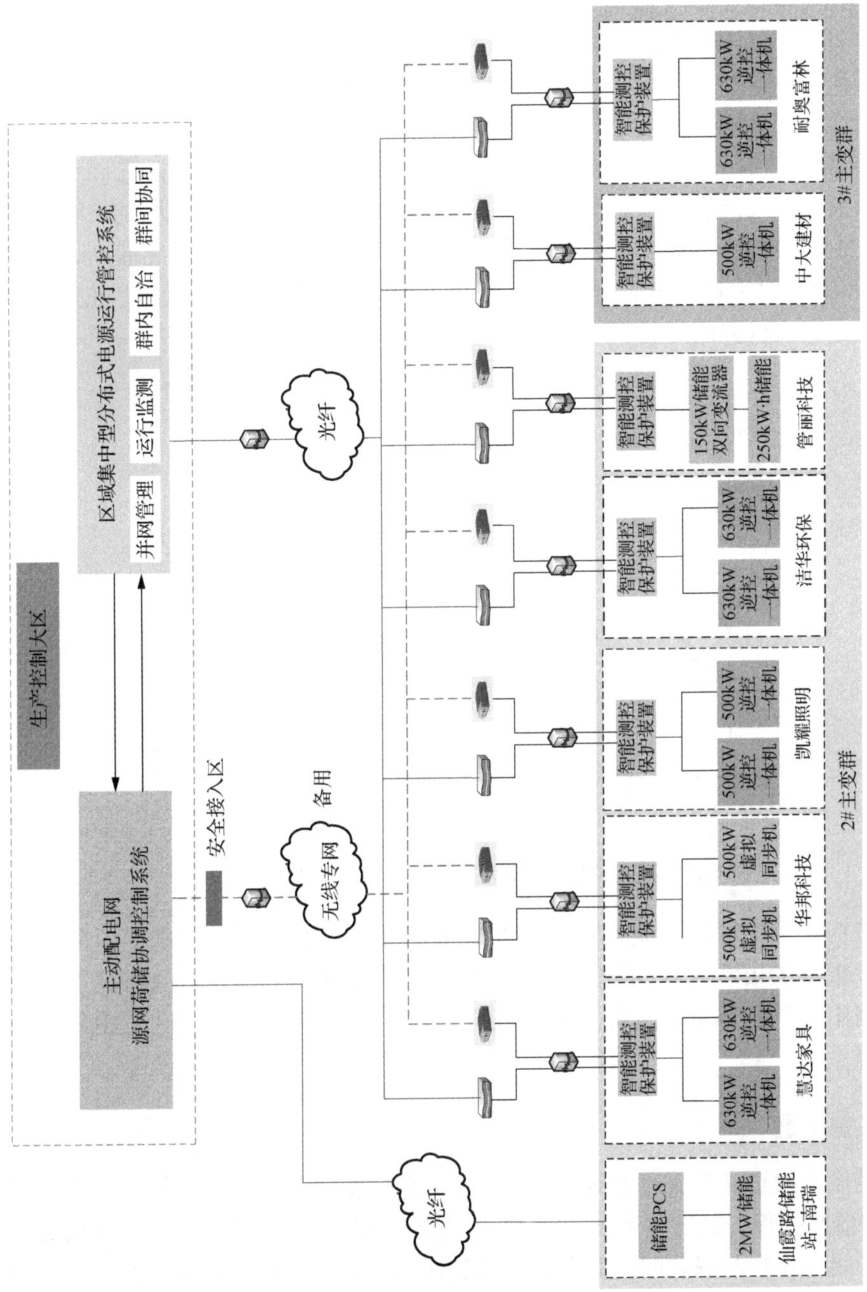

图 6.17　海宁“区域集中型”示范工程总体解决方案图

6.5.3　集群规划

截至 2018 年，尖山变负荷未有明显增长，而光伏容量进一步增大。目前尖山变配有有载调压控制(AVC)，在光伏发电功率较大的时刻，系统会发生较为严重的功率倒送情况，能够使得电网整体电压维持在一个较为稳定的水平。在不考虑 AVC 系统调控的情况下，以 5min 为一个时间点，仿真获得图 6.18，它展示了全日各时段尖山变线路所有中压节点的最高值。经统计，20kV 节点电压越线时段集中出现在上午 11:00～12:00，白天光伏出力较大时整体中压节点电压偏高。而经统计 380V 节点功率越上限情况严重，从上午 9:00 一直到下午 4:00 都存在，越限主要都集中在光伏并网点处。

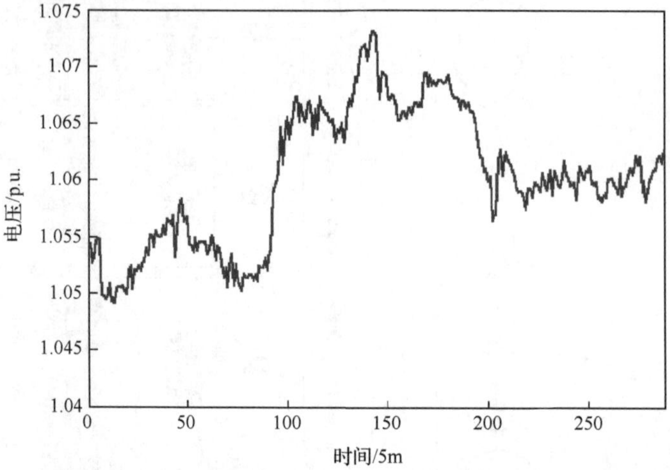

图 6.18　某典型日各时段尖山 20kV 节点电压最大值

亟需构建群控群调系统，提高分布式电源并网点和配网电压水平、降低电网损耗。根据尖山新区电网网架情况、各类负荷情况及分布式能源情况，海宁“区域集中型”示范工程选择 110kV 尖山变下的 2#和 3#主变供区范围划分为两个集群。

6.5.4　设备配置

项目设备改造共涉及 9 台逆控一体机、2 台虚拟同步机、储能及储能变流器 1 台、智能测控保护装置 7 台。并网逆变调控一体机主要部署于分布式光伏发电系统中，用于代替常规并网逆变器，主要解决由于光伏发电引起的并网点电压谐波、电压越限等各类型电能质量问题，主要型号有 500kW/630kW。虚拟同步机利用虚拟同步机技术使采用变流器的光伏具有同步发电机组的惯量、阻尼、一次调频、无功调压等并网运行的外特性，主要解决分布式电源灵活消纳、高效并网的问题，主要型号有 500kW。储能双向变流器主要功能是进行交直流电能变换，可实现储能电池和电网之间能量的双向流动，具有改善潮流分布、平滑新能源出力、参与电网调压等作用，主要型号有 150kW(配套 250kWh 电池)。智能测控保护装置采集本地多个光伏发电装置信息，并与上级区域集中型分布式电源管控系统通信，上传本地电压、电流及功率等信息，接收上级指令，具有多机功率分配及协调控制功能。

分别布置于管丽科技、华邦科技、凯耀照明、洁华环保、慧达家具、中大建材、耐奥富林共 7 个场站内。具体改造信息详见表 6.3。

表 6.3　设备改造详细信息

序号	场站	光伏装机容量/kW	并网点电压等级/kV	设备改造信息
1	管丽科技	201.96	0.4	智能测控保护装置 1 台 150kW 储能双向变流器 1 台 250kW·h 储能 1 台
2	华邦科技	2075.48	20	智能测控保护装置 1 台 500kW 虚拟同步机 2 台
3	凯耀照明	1146.75	0.4	智能测控保护装置 1 台 500kW 逆控一体机 2 台
4	洁华环保	1663.53	20	智能测控保护装置 1 台 630kW 逆控一体机 2 台
5	慧达家具	1363.23	20	智能测控保护装置 1 台 630kW 逆控一体机 2 台
6	中大建材	1088.34	0.4	智能测控保护装置 1 台 500kW 逆控一体机 1 台
7	耐奥富林	1418.31	20	智能测控保护装置 1 台 630kW 逆控一体机 2 台

6.5.5　区域集中型分布式电源运行管控系统

海宁尖山地区分布式光伏接入容量大且接入位置较为集中，针对该地区分布式光伏的接入需求高、安全管控难、倒送功率大等问题，为了进一步增强配电网对分布式电源的适应和主动控制能力，落实国家重点研发计划项目 1.3 示范要求，搭建分布式发电集群运行管控系统，通过集群并网管理、运行监测、群内自治以及群间协同功能，实现分布式发电集群的运行管控，解决分布式光伏功率倒送引起的电压越限问题。

1. 主要功能

区域集中型分布式电源运行管控系统包含四个主要功能模块，分别为集群并网管理、运行监测、群内自治及群间协同。

集群并网管理模块通过地理图形、饼图等方式，实现对海宁地区分布式光伏的并网分布状态进行统计展示，实现对集群分布动态的展示及分布特征分析。

运行监测模块实现对分布式光伏、储能运行状态以及电能质量的监测，并对监测结果进行统计展示，掌握区域内分布式光伏及储能的运行情况。

群内自治模块基于灵敏度分析协调集群内的分布式光伏及储能的无功功率或有功功率，实现对集群内分布式电源并网点的电压控制，保证集群内各分布式光伏的并网点电压偏差不超过额定电压的±7%，并对受控的分布式光伏并网点电压及功率变化情况、受控储能并网点电压、功率变化情况进行统计展示。

群间协同模块协调集群间分布式光伏无功功率及储能充放电功率，实现集群间的功率交互，保证集群的安全稳定及经济运行，并对群间协同调控的功率及中枢母线电压变化情况进行统计展示。

2. 数据交互关系

“区域集中型”分布式电源运行管控系统数据交互关系如图 6.19 所示。

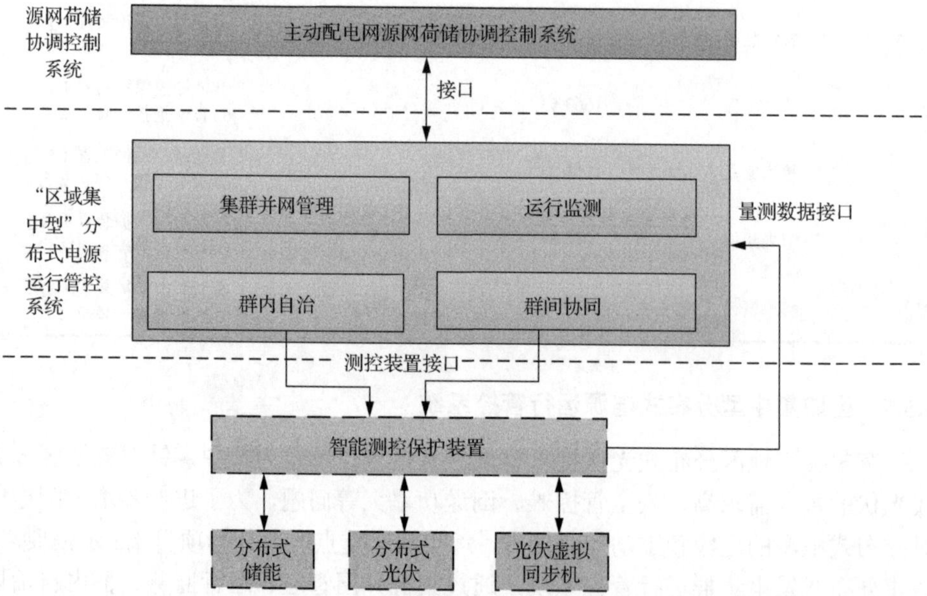

图 6.19　“区域集中型”分布式电源运行管控系统数据交互关系

1) 与智能测控保护装置数据交互

光伏逆控一体机、虚拟同步机与储能双向变流器将本地运行状态(工作状态、并网状态、有功无功出力及可调裕度、储能荷电状态、接入点电压电流)通过智能测控保护装置上传至区域集中型分布式电源运行管控系统，该数据为变位上传。区域集中型分布式电源运行管控系统可通过智能测控保护装置下发对光伏逆控一体机与储能双向变流器的遥调指令，遥调指令下发时间间隔可取 30s 或 1min。

2) 与源网荷储系统数据交互

(1) 光伏平台文件。海宁光伏平台文件由源网荷储协调控制系统在 I 区通过接口服务器以 E 语言文件形式转发至区域集中型分布式电源运行管控系统，数据转发时间间隔为 5min。

(2) 调度自动化文件。调度自动化文件由源网荷储协调控制系统在 I 区通过接口服务器以 E 语言文件形式转发至区域集中型分布式电源运行管控系统，数据转发时间间隔为 5min。

(3) 仙侠路储能站数据。仙侠路储能站由源网荷储协调系统在 I 区通过接口服务器转发至区域集中型分布式电源运行管控系统，数据转发时间间隔为 5min。

(4) 7 个改造站监测数据。7 个改造站监测数据由区域分布式电源运行管控系统在 I 区通过接口服务器转发至源网荷储协调控制系统。

6.5.6　工程效益分析

(1) 提高海宁尖山地区分布式发电并网的灵活性可控性，降低脱网风险。

通过应用即插即用并网设备、智能测控保护装置等高渗透率分布式发电系统中的关键设备，增强分布式电源并网的安全性和灵活性，提升海宁尖山地区分布式电源可控性，降低电源脱网风险。

(2) 规范海宁尖山地区大规模分布式发电有序接入电网，保障电网安全。

通过分布式电源的集群规划，在技术与经济协调优化的目标框架内，将具有时空出力互补特性、可控性互补特性的分布式电源集合在一起，实现分布式发电集群出力的友好性，有效引导海宁尖山地区大规模分布式发电有序接入电网，保障电网安全。

(3) 推动分布式发电并网装备技术升级，促进规模化、产业化发展。

通过对高效灵活并网系列装备的研究与开发，进一步推动逆变器、变流器等分布式发电并网装备技术升级，提高产品技术创新能力和竞争力，促进规模化、产业化发展，经济效益巨大，市场潜力将近百亿元(预计 2020 年 7000 万 kW 分布式光伏的 20%采用该技术并网计算)；同时将有力推动行业进步，增加装备制造业的就业机会，促进社会和谐发展。

(4) 树立典型建设模式，促进分布式发电集群规模化推广应用。

通过海宁尖山地区可再生能源集群灵活并网示范工程的建设，形成分布式发电集群典型建设模式，促进我国分布式发电集群规模化推广应用。

第7章　总结与展望

7.1　总　　结

本书针对分布式发电大规模灵活并网集成和消纳需求，提出了分布式发电集群的概念，并全面论述了分布式发电集群有序接入、灵活并网、优化调度等关键技术，涉及分布式发电集群优化规划、灵活并网、群控群调、实时仿真等方法，同时细致介绍了安徽金寨“区域分散型”和浙江海宁“区域集中型”两个典型的含多种类、多容量、大规模、高渗透率的分布式发电集群灵活并网示范工程，为后续工程实践提供了实践依据和典型建设模式。

书中涉及的技术方法经过了工程验证，相关成果有助于电网企业应对高渗透率分布式发电接入电网的挑战，有效支撑高密度分布式能源消纳最大化，形成系统性解决方案和标准，提高我国分布式能源灵活并网和高效利用水平，探索我国未来分布式电源的开发利用可行道路，为我国全面建设小康社会提供坚实的技术支撑。

7.2　展　　望

随着分布式发电技术的不断发展和国内一系列利好政策的鼓励，我国分布式发电正呈现出区域化和园区化的快速发展态势，大规模、集群化分布式发电并网将是未来重点发展方向。分布式发电集群由于其稳定、高效、灵活、友好的并网特性，将逐渐成为电力生产和可再生能源消纳的新模式。目前，关于分布式发电集群的研究已经取得了丰富的自主研发成果，未来分布式发电集群优化规划、灵活并网、优化调度方面将成为研究热点。

大规模分布式发电集群接入配电网是庞大而复杂的课题，涉及工程前期规划评估、高效并网装备研发、集群调控系统开发和实时仿真测试等内容，相关问题的攻克可以解决我国分布式电源大规模发展的切实问题，同时带动装备制造业快速发展，也有利于推动政府、电力企业、分布式可再生能源运营商、用户等多个主体的利益分配合理化，相关技术研究可以推动智能电网技术创新，支撑我国能源结构清洁化转型和能源消费革命，具有广阔的市场前景和巨大的经济、社会、生态效益。具体体现在以下几个方面。

1) 提升分布式发电并网消纳能力，促进节能减排

分布式可再生能源大规模接入配电网，形成含大规模、高渗透率分布式可再生能源的区域性电网，分布式能源的波动特性将对其发电效益和电网安全运行造成较大影响，不能仅仅将配电网视为无穷大系统。从规模化、集群式可再生能源并网角度进行优化规划、高效并网和优化调度关键技术研究，填补了大规模分布式发电集群并网的空白，可以进一步提升电网对分布式可再生能源的接纳能力，改善生态环境，支撑能源结构清洁化转型和能源消费革命。

2) 规范大规模分布式发电有序接入电网，保障电网安全

采用分布式发电集群的概念，聚合分布式可再生能源、储能和可控负荷等单元，即通过分布式电源的集群规划，在技术与经济协调优化的目标框架内，将具有时空出力互补特性、可控性互补特性的分布式电源集合在一起，实现分布式发电集群出力的友好性，有效引导大规模分布式发电有序接入电网，保障电网安全。

3) 提升能源转换效率、降低网络损耗，实现可再生能源发电最大化利用

在提高能源利用效率方面，主要体现在两个方面：①通过高功率密度、高转换效率的变流设备的大规模应用，提高一、二次能源转换效率，有助于可再生能源的最大化利用；②通过开发集群自治和群间协调多级调控系统，实现分布式发电集群规模化高效利用，同时从系统角度来实现分布式发电集群的优化运行，从而优化系统潮流，降低网损，同时能够极大地提升电网运行效率和经济效益。

4) 推动分布式发电并网装备技术升级，促进规模化、产业化发展

在实现分布式可再生能源灵活并方面，通过对高效灵活并网系列装备的自主研究方法，有助于推动逆变器、变流器等分布式发电并网装备技术升级，促进规模化、产业化发展，经济效益巨大；同时将有力推动行业进步，增加装备制造业的就业机会，促进社会和谐发展。

5) 树立典型建设模式，促进分布式发电集群规模化推广应用

通过可再生能源集群灵活并网示范工程的建设，形成分布式发电集群典型建设模式，促进我国分布式发电集群规模化推广应用。

(1) 小容量、分散型分布式发电接入模式：通过配置智能测控保护装置、光储一体化装置、储能双向变流装置和虚拟同步发电装置，实现分布式光伏安全并网，发电能量就地消纳、功率平滑输出以及电能质量友好并网。该模式可以有效应用于户用、村集体分布式光伏扶贫项目的建设。

(2) 大容量、区域分散型分布式发电接入模式：将大容量、分散型电站以集群的方式进行群控群调，实现最大化利用。该模式充分考虑当地自然资源、农牧渔业的互补因素，与当地农业、渔业及生态旅游环境建设有效结合。

(3) 大容量、区域集中型分布式发电接入模式：集中型电站建设，针对集群主体对市场环境的不同利益需求，实现集群最优调度，全频段消纳。该模式可有效的应用于工业厂区、产业园区屋顶与地面光伏发电系统建设。

(4) 大规模、高渗透率、多类型分布式发电接入模式：通过集群优化规划，即插即用并网设备、群调群控系统等综合手段，解决能源消纳问题。该模式适用于在县域或更大范围内的可再生能源并网工程建设。